Tim Siu-Lung Fargel

Neukundenakquisition

GABLER EDITION WISSENSCHAFT

Tim Siu-Lung Fargel

Neukundenakquisition

Eine Erfolgsfaktorenanalyse für erklärungsbedürftige Produkte und Dienstleistungen

Mit einem Geleitwort von Prof. Dr. Dr. h.c. Christian Homburg

Deutscher Universitäts-Verlag

Bibliografische Information Der Deutschen Nationalbibliothek
Die Deutsche Nationalbibliothek verzeichnet diese Publikation in der
Deutschen Nationalbibliografie; detaillierte bibliografische Daten sind im Internet über
<http://dnb.d-nb.de> abrufbar.

Dissertation Universität Mannheim, 2007

1. Auflage Juli 2007

Lektorat: Frauke Schindler / Stefanie Loyal

Der Deutsche Universitäts-Verlag ist ein Unternehmen von Springer Science+Business Media.
www.duv.de

Umschlaggestaltung: Regine Zimmer, Dipl.-Designerin, Frankfurt/Main
Gedruckt auf säurefreiem und chlorfrei gebleichtem Papier
Printed in Germany

ISBN 978-3-8350-0855-7

Geleitwort

In den letzten 10 bis 15 Jahren war sowohl in der Unternehmenspraxis als auch in der Marketingforschung eine starke Fokussierung auf die Kundenbindung festzustellen. Dieser Fokus ging von der Erkenntnis aus, dass in langfristigen Kundenbeziehungen häufig beträchtliche Profitabilitätspotentiale existieren. Gleichzeitig wurde in vielen empirischen Untersuchungen die Kostenintensität von Neukundenakquisition nachgewiesen. Vor diesem Hintergrund haben sich Unternehmen intensiv mit Maßnahmen zur Ausschöpfung existierender Kundenbeziehungen beschäftigt.

Die Gefahr einer solchen Konzentration liegt offensichtlich darin, dass Unternehmen, die Akquisition neuer Kunden zu stark vernachlässigen. Es hat sich gezeigt, dass eine noch so gute Kundenbindung die Beschäftigung mit Neukundenakquisition nicht voll ersetzen kann.

An dieser Problematik setzt die Dissertationsschrift von Herrn Fargel an. In konzeptioneller Hinsicht untersucht er relevante Gestaltungsfelder des Managements sowie grundsätzliche Strategien der Neukundenakquisition. Hierauf aufbauend stellt er die Frage nach zentralen Erfolgsfaktoren im Management der Neukundenakquisition und nach der Erfolgsauswirkung der Neukundenakquisition relativ zur Erfolgsauswirkung der Kundenbindung. Abschließend soll im Sinne eines „State of Practice" betrachtet werden, wie Unternehmen in verschiedenen Branchen derzeit das Management der Neukundenakquisition gestalten.

Anhand dieser Forschungsfragen leitet der Verfasser ein Untersuchungsmodell ab, gemäß dem die Gestaltung des Akquisitionsmanagements sowie der gewählte Akquisitionsansatz den Akquisitionserfolg erklären. Im Hinblick auf den Akquisitionsansatz unterscheidet er verschiedene Foki, wie zum Beispiel den Leistungsfokus, den Beziehungsfokus und den Penetrationsfokus. Der Akquisitionserfolg der durch diese Größen beeinflusst wird, wirkt sich auf den Wachstumserfolg und dieser schließlich auf den wirtschaftlichen Erfolg aus.

Für die empirische Überprüfung seines Untersuchungsmodells hat Herr Fargel eine sehr solide empirische Basis geschaffen. Auf der Grundlage einer branchenübergreifenden schriftlichen Befragung generiert er Daten von mehr als 300 Unternehmen. Positiv hervorzuheben ist zusätzlich, dass er dabei sowohl den Business-to-Consumer- als auch den Business-to-Business-Bereich abdeckt.

Die Auswertung seiner Daten liefert eine Reihe interessanter und auch überraschender Ergebnisse. Folgende Aspekte sind insbesondere erwähnenswert:

- Die Ressourcenallocation für die Neukundenakquisition wirkt sich nicht positiv, sondern sogar signifikant negativ auf den Akquisitionserfolg aus. Das Prinzip „viel hilft viel" ist also bei der Neukundenakquisition sicherlich nicht zielführend.
- Interessant ist auch, dass die Qualität der Mitarbeiter den stärksten positiven Effekt auf den Akquisitionserfolg hat. Dies unterstreicht einmal mehr die zentrale Bedeutung des Faktors Personal in der Marktbearbeitung.
- Auch im Hinblick auf die Akquisitionsansätze liefert die Arbeit interessante Erkenntnisse. Hier ist insbesondere auf den negativen Effekt des Beziehungsfokus auf den Akquisitionserfolg abzuheben. Der Versuch, Beziehungen aufzubauen, ist also im Hinblick auf die Neukundenakquisition eher schädlich. Er mag durchaus im Hinblick auf das spätere Management der Geschäftsbeziehung relevant sein, bei der Neukundenakquisition stehen jedoch die Leistung und der Preis im Vordergrund. Interessant ist auch, dass anfängliche Niedrigstpreise (Penetrationsfokus) eher schädlich sind.
- Schließlich ist hervorzuheben, dass der Akquisitionserfolg sich deutlich stärker auf den Wachstumserfolg auswirkt als der Kundenbindungserfolg. Dies unterstreicht die Relevanz der in dieser Arbeit behandelten Thematik.

Zusammenfassend hat Herr Fargel ein sehr relevantes Themenfeld auf breiter konzeptioneller Basis und mit anspruchsvoller Methodik untersucht. Auf diese Weise generiert er zahlreiche neue Erkenntnis, die sowohl in wissenschaftlicher Hinsicht als auch für die Unternehmenspraxis bedeutsam sind. Vor diesem Hintergrund ist der Arbeit eine weite Verbreitung in Wissenschaft und Praxis zu wünschen.

Christian Homburg

Vorwort

Die erfolgreiche Gewinnung neuer Kunden stellt ein zentrales Ziel im strategischen und operativen Marketing und Vertrieb dar. Die allermeisten Unternehmen sind auf eine kontinuierliche Akquisition neuer Kunden und damit neuer Kundenbindungspotenziale angewiesen. Doch trotz der hohen Relevanz dieses Themas existiert in vielen Unternehmen noch erheblicher Nachholbedarf im Management der Neukundenakquisition. Häufig zeichnet sich die Akquisition in der Unternehmenspraxis durch aufwändige und kostspielige Kundengewinnungs-Maßnahmen aus. Auch bei vermeintlichen Akquisitionserfolgen leiden Unternehmen häufig unter teuer erkauften „Pyrrhus-Siegen". Hier kann ein systematisches Akquisitionsmanagement maßgeblich dazu beitragen, die Effektivität und die Wirtschaftlichkeit der Neukundengewinnung zu verbessern.

Über die Defizite in der Praxis hinaus ist überdies die geringe wissenschaftliche Durchdringung der Thematik überraschend. Während sich die Marketing- und Vertriebsforschung seit vielen Jahren intensiv mit der Kundenbindung auseinander gesetzt hatte, mangelt es bis heute an theoretisch-konzeptionell und empirisch fundierten Arbeiten, die sich mit der Neukundenakquisition beschäftigen. Zentrales Ziel der vorliegenden Arbeit war es daher, diese Forschungslücken zu schließen und branchenübergreifende und für die Unternehmenspraxis nutzbare Erfolgsfaktoren im Management der Neukundenakquisition zu identifizieren.

Diese Arbeit entstand während meiner Tätigkeit als Wissenschaftlicher Mitarbeiter am Lehrstuhl für Allgemeine Betriebswirtschaftslehre und Marketing I an der Universität Mannheim. Sie wurde im März 2007 von der Fakultät für Betriebswirtschaftslehre der Universität Mannheim als Dissertationsschrift angenommen.

Mit diesem erfolgreichen Abschluss meines Promotionsvorhabens möchte ich mich bei all denen bedanken, die zu diesem Erfolg beigetragen haben. Mein Dank gebührt zunächst dem Betreuer dieser Arbeit, Herrn Prof. Dr. Dr. h.c. Christian Homburg. Seine strukturierte Betreuung half mir, aus einer durch hohen Pragmatismus geprägten Arbeitsweise „im Querformat" aus der Unternehmensberatung den Weg ins wissenschaftliche Arbeiten zurück zu finden. Außerdem möchte ich mich bei ihm für die Möglichkeit bedanken, dass ich über meine Promotionszeit den Kontakt zur Praxis halten konnte und spannende Projekte in Beratung und Management-Education durchführen und leiten konnte. Mein Dank gilt außerdem Frau Prof. Dr. Sabine Kuester für die bereitwillige und zügige Erstellung des

Zweitgutachtens sowie Herrn Prof. Dr. Hans H. Bauer für das spontane Einspringen im Rigorosum und seine herzliche Verabschiedungsrede.

Mein Dank richtet sich darüber hinaus an meine ehemaligen Kollegen am Lehrstuhl. Hier möchte ich zunächst Martin Klarmann danken, der mir – wie einer ganzen „Lehrstuhlgeneration" – in methodischen Fragen eine große Hilfe gewesen ist. Durch meine Pendelei nach Bonn hatte ich über Projekt-, Dissertations- und Lehrstuhlarbeit hinaus zwar insgesamt nur wenig Zeit in Mannheim verbracht. Diese restliche Zeit wurde aber durch das unmittelbare kollegiale Arbeitsumfeld angenehm geprägt. Hier möchte ich neben dem bereits genannten Kollegen auch den Lehrstuhldamen Beate Scherer, Dr. Jutta Kuhn, Jana Prigge und Sabine Winkelmann sowie den Herren Stephan Bingemer, Dr. Andreas Fürst und Dr. Bernhard Schenkel danken. Mein Dank gilt ferner den ehemaligen Kollegen bei Prof. Homburg & Partner, mit denen ich ebenso spannende wie erfolgreiche Beratungsprojekte durchführen konnte. Mein besonderer Dank gilt hier aber meinem ehemaligen Zellengenossen Dr. Marko Grozdanovic, mit dem ich viel Freud und Leid teilen konnte. Schon alleine wegen ihm hatte sich der Weg nach Mannheim gelohnt.

Über das unmittelbare Kollegenumfeld hinaus war insbesondere aber mein privates Umfeld den Restriktionen aus der Dreifachbelastung während der Promotionszeit unterworfen. Mein Dank gilt daher zum einen meinen Freunden und hier v.a. Katja Klinkenberg, Max Moldenhauer, Martin F. Brunner und Christian Weiß, die mir auch mitunter längere Phasen des Abtauchens verziehen haben. Der zentrale „Erfolgsfaktor" dieser Promotion ist jedoch meine Freundin Patricia Henneberger gewesen, die diesem Promotionsvorhaben das nötige Verständnis geschenkt hatte und mit der ich in unserem schönen Zuhause in Bonn immer ausreichend Kraft und Freude tanken konnte.

Abschließend aber vor allen Dingen möchte ich mich hiermit auch bei meinen Eltern Wai-Ying Fargel und Matthias Fargel bedanken, die mir in meinen jüngeren Jahren die Basis für dieses Dissertationsprojekt gelegt und dieses damit erst ermöglicht haben. Ihnen, dem ersten Doktor der „jüngeren" Fargel-Generation – meinem Großvater Dr. Heinrich Fargel – und meiner Patricia möchte ich diese Arbeit widmen.

Tim Siu-Lung Fargel

Inhaltsverzeichnis

Inhaltsverzeichnis ... IX

Abbildungsverzeichnis ... XI

Tabellenverzeichnis ... XIII

1. Einleitung ... 1

1.1 Ausgangspunkt der Arbeit ... 1

1.2 Forschungsfragen und Eingrenzung der Untersuchung ... 3

1.3 Gang der Untersuchung ... 7

2. Konzeptionelle Grundlagen der Untersuchung ... 9

2.1 Definitorische Grundlagen der Arbeit ... 9

2.2 Bestandsaufnahme der Literatur zur Neukundenakquisition ... 11

2.3 Bestandsaufnahme von Erkenntnisbeiträgen angrenzender Forschungsgebiete ... 17

2.3.1 Beiträge aus der Forschung zum Vertriebsmanagement ... 17

2.3.1.1 Mitarbeiterbezogene Einflussfaktoren des Verkaufserfolgs ... 18

2.3.1.2 Organisationale Einflussfaktoren des Verkaufserfolgs ... 20

2.3.2 Beiträge aus der Forschung zum Kundenbeziehungsmanagement ... 25

2.3.2.1 Beiträge zu Gestaltungsfeldern im Kundenbeziehungsmanagement ... 26

2.3.2.2 Beiträge zu Einflussfaktoren der Kundenbindung ... 27

2.3.3 Beiträge aus der Forschung zum organisationalen Kaufverhalten ... 30

2.3.3.1 Beiträge zur Lieferantenbewertung und -auswahl ... 30

2.3.3.2 Beiträge zu Einflussgrößen des Anbieterwechsels ... 32

2.4 Zusammenfassende Bewertung der Bestandsaufnahme ... 34

2.5 Theoretische Bezugspunkte der Untersuchung ... 36

2.5.1 Die Risikotheorie ... 37

2.5.2 Die Informationsökonomie ... 40

2.5.3 Der Ressourcenbasierte Ansatz ... 45

2.5.4 Zusammenfassung des Erkenntnisbeitrags der theoretischen Bezugspunkte ... 47

2.6 Ableitung des Untersuchungsmodells ... 48

3. Grundlagen der empirischen Untersuchung ... 53

3.1 Datenerhebung und Datengrundlage ... 53

3.2 Methodische Grundlagen ... 57

3.2.1 Grundlagen der Konstruktmessung ... 57

3.2.2 Grundlagen der Dependenzanalyse ... 64

4. Entwicklung des Untersuchungsmodells ... 68

4.1 Ausmaß der Ressourcenallokation ... 68

4.2 Qualität der Mitarbeiter ... 69

4.2.1 Verkaufskompetenz ... 70

4.2.2 Kundenorientiertes Verkaufsverhalten ... 72

4.3 Qualität der internen Akquisitionsunterstützung ... 76

4.3.1 Qualität der Neukundensegmentierung und -priorisierung ... 76

4.3.2 Qualität der Planung und Kontrolle ... 79

4.3.3 Qualität des Informationsmanagements ... 80

4.3.4 Akquisitions- und Leistungsorientierung der Anreizsysteme ... 82
4.3.5 Qualität der personellen u. IT-/trainingsgestützten Akquisitionsunterstützung ... 85
4.4 Akquisitionsansätze ... 87
4.4.1 Leistungsfokus ... 88
4.4.2 Leistungsprogrammbreite ... 89
4.4.3 Beziehungsfokus ... 90
4.4.4 Kommunikationsfokus ... 92
4.4.5 Stabile Niedrigpreispolitik ... 93
4.4.6 Penetrationsfokus ... 95
4.5 Erfolgsgrößen ... 97
4.5.1 Akquisitionserfolg ... 98
4.5.2 Unternehmenserfolg ... 101
4.6 Moderatorvariablen ... 102
4.6.1 Merkmale des Marktes und der Kunden ... 103
4.6.2 Merkmale der Leistung und des Anbieters ... 106
4.7 Kontrollvariablen ... 108

5. Hypothesen und Ergebnisse der empirischen Untersuchung ... 111
5.1 Gesamtmodell ... 112
5.1.1 Hypothesenformulierung ... 112
5.1.1.1 Ressourcenallokation und Akquisitionserfolg ... 112
5.1.1.2 Qualität der Mitarbeiter und Akquisitionserfolg ... 112
5.1.1.3 Interne Akquisitionsunterstützung und Akquisitionserfolg ... 115
5.1.1.4 Akquisitionsansätze und Akquisitionserfolg ... 116
5.1.1.5 Zusammenhänge zwischen den Erfolgsgrößen ... 126
5.1.2 Empirische Überprüfung der Hypothesen ... 129
5.1.2.1 Effekte der Ressourcenallokation ... 130
5.1.2.2 Effekte der Qualität der Mitarbeiter ... 131
5.1.2.3 Effekte der internen Akquisitionsunterstützung ... 132
5.1.2.4 Effekte der Akquisitionsansätze ... 132
5.1.2.5 Erfolgswirkungen ... 134
5.2 Partialmodell I – Die Qualität der Mitarbeiter ... 135
5.2.1 Hypothesenformulierung ... 135
5.2.2 Empirische Überprüfung der Hypothesen ... 137
5.3 Partialmodell II – Die Gestaltung der internen Akquisitionsunterstützung ... 139
5.3.1 Hypothesenformulierung ... 139
5.3.2 Empirische Überprüfung der Hypothesen ... 145

6. Bestandsaufnahme zum State of Practice der Neukundenakquisition ... 148
6.1 Bedeutung, Aufwand und Erfolg der Neukundenakquisition ... 148
6.2 Die Gestaltung der Neukundenakquisition ... 153

7. Zusammenfassende Bewertung der Arbeit ... 157
7.1 Zusammenfassung der zentralen Ergebnisse ... 157
7.2 Implikationen für die Forschung ... 161
7.3 Implikationen für die Unternehmenspraxis ... 163

8. Literaturverzeichnis ... 167

Abbildungsverzeichnis

Abbildung 1-1: Grundlegender Untersuchungsrahmen und Forschungsfragen der Arbeit ... 5
Abbildung 2-1: Das Untersuchungsmodell im Überblick ... 51
Abbildung 5-1: Hypothesen der Untersuchung im Gesamtmodell ... 129
Abbildung 5-2: Ergebnisse der Hypothesenprüfung im Gesamtmodell ... 130
Abbildung 5-3: Ergebnisse der Hypothesenprüfung im Partialmodell I ... 138
Abbildung 5-4: Ergebnisse der Hypothesenprüfung im Partialmodell II ... 146
Abbildung 6-1: Beurteilung der derzeitigen Wichtigkeit der Neukundenakquisition ... 148
Abbildung 6-2: Neukundenanteil am Geschäftsvolumen ... 150
Abbildung 6-3: Beurteilung der zukünftigen Bedeutung der Neukundenakquisition ... 151
Abbildung 6-4: Anzahl persönlicher Kontakte bis zum Erstauftrag und Dauer der Neukundenakquisition ... 152
Abbildung 6-5: Anteil gewonnener und später gebundener Neukunden ... 153
Abbildung 6-6: Status Quo der Strategiewahl zur Neukundenakquisition ... 154
Abbildung 6-7: Status Quo zum Kriterieneinsatz im Rahmen der Neukundenpriorisierung ... 155
Abbildung 6-8: Status Quo der akquisitionsbezogenen Informationserhebung ... 155
Abbildung 6-9: Status Quo der Planung und Kontrolle der Neukundenakquisition ... 156
Abbildung 6-10: Status Quo der Gestaltung der Anreizsysteme ... 156

Tabellenverzeichnis

Tabelle 2-1: Definitionen zur „Neukundenakquisition" im Überblick ... 10

Tabelle 2-2: Übersicht zu ausgewählten Forschungsarbeiten zur Neukundenakquisition ... 16

Tabelle 2-3: Übersicht zu ausgewählten Untersuchungen mit Erklärungsbeitrag zum Verkaufserfolg ... 25

Tabelle 2-4: Übersicht zu ausgewählten Beiträgen zum Kundenbeziehungsmanagement ... 30

Tabelle 2-5: Übersicht zu ausgewählten Arbeiten zum organisationalen Beschaffungsverhalten ... 34

Tabelle 3-1: Auswahl der Branchen für die Untersuchung ... 53

Tabelle 3-2: Beschreibung der effektiven Stichprobe ... 56

Tabelle 4-1: Informationen zum Faktor „Ausmaß der Ressourcenallokation" ... 69

Tabelle 4-2: Informationen zum Faktor „Verkaufskompetenz der Mitarbeiter" ... 72

Tabelle 4-3: Informationen zum Faktor „Kundenorientiertes Verkaufsverhalten" ... 74

Tabelle 4-4: Gesamtes Messmodell zur „Qualität der Mitarbeiter" ... 75

Tabelle 4-5: Fornell/Larcker-Kriterium zur Beurteilung der Diskriminanzvalidität der Faktoren der „Qualität der Mitarbeiter" ... 76

Tabelle 4-6: Informationen zum Faktor „Qualität der Neukundensegmentierung" ... 78

Tabelle 4-7: Informationen zum Faktor „Qualität der Neukundenpriorisierung" ... 79

Tabelle 4-8: Informationen zum Faktor „Qualität der Planung und Kontrolle" ... 80

Tabelle 4-9: Informationen zum Faktor „Qualität des Informationsmanagements" ... 82

Tabelle 4-10: Informationen zum Faktor „Akquisitionsorientierung des Anreizsystems" ... 83

Tabelle 4-11: Informationen zum Faktor „Leistungsorientierung des Anreizsystems" ... 84

Tabelle 4-12: Informationen zum Faktor „Qualität der personellen Akquisitionsunterstützung" ... 85

Tabelle 4-13: Informationen zum Faktor „Qualität der IT-/trainingsgestützten Akquisitionsunterstützung" ... 87

Tabelle 4-14: Informationen zum Faktor „Beziehungsfokus" ... 92

Tabelle 4-15: Informationen zum Faktor „Stabile Niedrigpreispolitik" ... 95

Tabelle 4-16: Informationen zum Faktor „Effektivität der Neukundenakquisition" ... 99

Tabelle 4-17: Informationen zum Faktor „Effizienz der Neukundenakquisition" ... 100

Tabelle 4-18: Gesamtes Messmodell zum Akquisitionserfolg ... 100

Tabelle 4-19: Fornell/Larcker-Kriterium zur Beurteilung der Diskriminanzvalidität der Faktoren des Akquisitionserfolgs ... 101

Tabelle 4-20: Informationen zum Faktor „Wachstumserfolg“ 102
Tabelle 4-21: Informationen zum Faktor „Marktdynamik“ 104
Tabelle 4-22: Informationen zum Faktor „Wettbewerbsintensität“ 105
Tabelle 4-23: Informationen zum Faktor „Kundenheterogenität“ 106
Tabelle 4-24: Informationen zum Faktor „Leistungskomplexität“ 107
Tabelle 4-25: Informationen zum Faktor „Kundenbindungserfolg“ 110

1. Einleitung

1.1 Ausgangspunkt der Arbeit

Unternehmen können marketing- und vertriebsstrategisch zwei grundsätzliche Ziele verfolgen: die Akquisition neuer Kunden und die Bindung bestehender Kunden. Im Fokus stand über lange Zeit die Gewinnung neuer Kunden. Vor dem Hintergrund stagnierender Märkte und zunehmenden Wettbewerbs haben aber seit Mitte der neunziger Jahre sowohl die Unternehmenspraxis als auch die Marketingforschung eine Neuorientierung hin zur Bindung und Durchdringung existierender Kunden vollzogen (vgl. Grönroos 1994, S. 4 ff.; Peter 2001, S. 2). Man sprach von einem „Paradigmenwechsel der Unternehmensführung" (Meffert 2005, S. 147): weg von einem Transaktionsfokus, hin zu einem Beziehungsfokus.

Mittlerweile stellt die Kundenbindung ein zentrales Ziel vieler Unternehmen dar (vgl. Homburg/Bruhn 2003, S. 16). Im Gegensatz zur kostspieligen Gewinnung neuer Kunden wird darin eine Möglichkeit gesehen, auch in einem schwierigen Marktumfeld profitabel zu wachsen (vgl. Diller 1995, S. 81 f.; Backhaus 1997, S. 19 ff.; Diller/Kusterer 1988, S. 211 ff.). Diese Annahme wurde durch zahlreiche Untersuchungen gestützt, in denen Profitabilitätsvorteile der Kundenbindung gegenüber der Neukundenakquisition betont wurden (vgl. Finkelman/Goland 1990; Müller/Riesenbeck 1991; Krafft 1999). Neben positiven Umsatzeffekten (z.B. durch Cross-Selling, vgl. Homburg/Schäfer 2001) wurden v.a. die Kostenvorteile der Kundenbindung hervorgehoben (vgl. Benkenstein/Stuhldreier 1991; Reeves 1998; Hart/Heskett/Sasser 1990).

Doch in der jüngeren Vergangenheit mahnen Marketingforscher zunehmend wieder zu einer differenzierteren Betrachtung (vgl. Homburg/Krohmer 2006, S. 409; Homburg/Fargel 2006, S. 96; Belz 2004, S. 5; Verhoef/Langerak 2002, S. 73; Reinartz/Kumar 2000, S. 27 ff.). So mehren sich die Warnungen, dass bei einem zu starken Fokus auf die Kundenbindung die Gefahr besteht, Chancen im Neukundengeschäft ungenutzt zu lassen (vgl. Karg 2001, S. 5; Köhler 2001, S. 83; Stahl/Matzler 2001, S. 57; Dittrich 2000, S. 219). Für die meisten Unternehmen muss die Akquisition neuer Kunden stets ein fester Bestandteil der Marktbearbeitung bleiben. Denn eine vollständige Kundenbindung ist selbst für Firmen mit hohen Bindungsraten nicht erreichbar (vgl. Stahl/Matzler 2001, S. 57; Blattberg/Getz/Thomas 2001b, S. 41): Kunden wechseln aufgrund unterschiedlichster Faktoren (z.B. Veränderungen in ihren Präferenzen und ihrer finanziellen Situation) und auch bei hoher Zufriedenheit (vgl. McKenna 1991, S. 109 f.; Stahl/Matzler 2001, S. 57; Dalrymple 1988, S. 3). Die kontinuierliche Akquisition neuer Kunden muss diese unvermeidbare Kundenfluktuation ausgleichen und muss gleichzeitig das Risiko einer übermäßigen Abhängigkeit von wenigen Kunden reduzieren (vgl. Blattberg/Getz/Thomas 2001b, S. 35; Krafft 2002, S. 166). Darüber hinaus ist zu beobachten, dass Absatzpotenziale bei bestehenden Kunden häufig weitgehend ausgeschöpft sind und nennenswerte Wachstumspotenziale nur durch die Neukundenakquisition erschlossen werden können (vgl. Homburg/Krohmer 2006, S. 409). Vor diesem Hintergrund gewinnt die Neukundenakquisition in der Unternehmenspraxis seit einigen Jahren wieder an Gewicht (vgl. Belz 2002, S. 119 ff.; Dannenberg 2002, S. 33; Meffert 2005, S. 128).

Doch ungeachtet der hohen Bedeutung der Gewinnung neuer Kunden für den Unternehmenserfolg gibt es deutliche Hinweise, dass sich viele Unternehmen einem großen Optimierungsbedarf im Rahmen ihrer Neukundenakquisition gegenübersehen (vgl. Stahl/Matzler 2001, S. 56 f.; Karg 2001, S. 5). Mehrere praxisorientierte Studien zeigen: Ein Großteil der Unternehmen sieht die eigenen Akquisitionsbemühungen als unbefriedigend an. In einer Studie von Mercuri International waren lediglich 29 % der Befragten mit der eigenen Kundengewinnung zufrieden (vgl. Dannenberg 2002). Neben unzureichender Effektivität (vgl. Jenner 1999) deuten diese Untersuchungen insbesondere auf Effizienzdefizite bei den auf die Neukundengewinnung gerichteten vertrieblichen Aktivitäten hin (vgl. Jaster 2001; Krafft et al. 2000). Als Indikator für den großen Verbesserungsbedarf kann v.a. das Versäumnis vieler Unternehmen angeführt werden, potenzielle Neukunden konsequent zu priorisieren. Stattdessen erfolgt die Neukundenakquisition in vielen Unternehmen „nach dem Gießkannenprinzip“ (vgl. Homburg/Werner 1998, S. 127; Gelbrich 2001).

Angesichts der zentralen Bedeutung und des deutlichen Optimierungspotenzials in der Neukundenakquisition ist es überraschend, dass dieses Themenfeld wissenschaftlich bislang kaum durchdrungen worden ist. Im Gegensatz zum Kundenbindungsmanagement hat eine systematische wissenschaftliche Auseinandersetzung mit dem Management der Neukundenakquisition bisher kaum stattgefunden (vgl. Kohrmann 2003, S. 4). So konstatiert Haas (2003a, S. 295): „Bei der Frage, wie ein systematisches Interessentenmanagement inhaltlich aussehen kann, erfährt die Praxis durch die Wissenschaft bisher nur wenig Unterstützung.“ Forschungsbedarf zur Neukundenakquisition bestehe insbesondere „in der Frage [...], wodurch sich unternehmensseitig unterschiedlicher Erfolg in der Neukundenakquisition erklärt“ sowie hinsichtlich ihrer Erfolgswirkungen (vgl. Haas 2003a,

S. 23). Auch die internationale Marketingforschung fordert vor diesem Hintergrund eine intensivere Auseinandersetzung mit dem Thema (vgl. Reinartz/Krafft/Hoyer 2005, S. 293 f.; Evans et al. 2000, S. 523). Das angesehene Marketing Science Institute bezeichnet die Neukundenakquisition in seinen „Research Priorities 2002-2004" als „one of the topics of greatest interest."

Wie die Bestandsaufnahme der Literatur zur Neukundenakquisition (vgl. Abschnitt 2.2) noch zeigen wird, weist die wissenschaftliche Auseinandersetzung mit dem Thema nach wie vor deutliche Defizite auf. Das Schließen der bestehenden Forschungslücken stellt das Ziel der vorliegenden Arbeit dar.

1.2 Forschungsfragen und Eingrenzung der Untersuchung

Die Untersuchung der Neukundenakquisition erfolgt über die Beantwortung der folgenden *vier Forschungsfragen*:

Im Rahmen unserer ersten Forschungsfrage geht es zunächst auf *konzeptioneller Ebene um die Gestaltung der Neukundenakquisition*. Die Neukundenakquisition wird häufig auf Verkaufsstrategien und -instrumente reduziert. Dabei deutet ein Überblick über akquisitions- und verkaufsbezogene Beiträge auf ein breites Spektrum möglicher Einflussfaktoren des Akquisitionserfolgs hin (vgl. Abschnitte 2.2 und 2.3). Auch die umfassenderen existierenden Arbeiten in diesem Bereich decken jeweils nur Teilbereiche der Neukundenakquisition ab. Es fehlt eine integrative Untersuchung der Neukundenakquisition aus Managementsicht. Daher soll es bei der ersten Forschungsfrage um die Konzeptualisierung (zum Begriff der „Konzeptualisierung" vgl. Homburg/Giering 1996, S. 5) der unterschiedlichen nach außen und innen gerichteten Gestaltungsfelder im Management der Neukundenakquisition gehen. Darüber hinaus existiert bislang keine Konzeptualisierung grundsätzlicher Strategien bzw. Ansätze zur Akquisition neuer Kunden. Auch dies soll im Rahmen der ersten Forschungsfrage adressiert werden. Bei der Ableitung der Gestaltungsfelder und Strategien greifen wir auf die existierende Literatur zur Neukundenakquisition sowie auf angrenzende Literaturfelder zurück. Die Forschungsfragen 1a und 1b lauten somit:

1a. Welches sind die zentralen Gestaltungsfelder im Management der Neukundenakquisition?

1b. Welche grundsätzlichen Strategien zur Neukundenakquisition können unterschieden werden?

Aufbauend auf Forschungsfrage 1 befasst sich unsere zweite Forschungsfrage mit der Identifikation anbieterbezogener Einflussfaktoren des Akquisitionserfolgs (nachfolgend Erfolgsfaktoren genannt – zum Begriff des „Erfolgsfaktors" vgl. Homburg 2000, S. 25 f.; Bauer 1991, S. 224 f.). Die Kenntnis der zentralen *Erfolgsfaktoren* der Neukundenakquisition versetzt Unternehmen in die Lage, effektiver und effizienter zu akquirieren. Zwar finden sich vor allem in praxisorientierten Publikationen Hinweise auf einzelne Erfolgsfaktoren. Wodurch sich anbieterseitig unterschiedlicher Erfolg in der Neukundenakquisition erklärt, ist aber bislang nur unzureichend fundiert. Der existierenden Literatur fehlt zum einen das theoretische Fundament. Die Identifikation potenzieller Erfolgsfaktoren basiert meist auf Plausibilitätsüberlegungen. Besonders auffällig ist zum anderen der Mangel an empirisch fundierten Untersuchungen. Dies gilt insbesondere hinsichtlich branchenübergreifender Erfolgsfaktoren. Die theoretisch und empirisch fundierte Untersuchung der Erfolgsfaktoren der Neukundenakquisition stellt die zentrale Zielsetzung dieser Arbeit dar. Daher lautet unsere Forschungsfrage 2a:

2a. Welches sind die zentralen Erfolgsfaktoren im Management der Neukundenakquisition?

Die Neukundenakquisition findet nicht im „luftleeren Raum" statt, sondern unterliegt unterschiedlichen internen und externen Einflüssen. Ein tieferer Einblick in die Zusammenhänge zwischen der Gestaltung der Akquisition und dem Akquisitionserfolg kann dadurch erlangt werden, dass Bedingungen untersucht werden, unter denen diese Zusammenhänge stärker oder schwächer wirken. Doch auch der Einfluss solcher *moderierender Faktoren* auf die Beziehung zwischen Erfolgsfaktoren und dem Akquisitionserfolg wurde empirisch bisher kaum untersucht. Daher lautet unsere Forschungsfrage 2b:

2b. Inwiefern existieren moderierende Effekte auf die Beziehung zwischen Erfolgsfaktoren und dem Akquisitionserfolg?

Die dritte Forschungsfrage befasst sich mit den Erfolgswirkungen der Neukundenakquisition. Dass die erfolgreiche Akquisition neuer Kunden auch den Unternehmenserfolg fördert, ist plausibel und wird gemeinhin angenommen. Unseres Wissens nach existieren aber bisher nur wenige empirisch fundierte Nachweise dieses Effekts. Dies gilt insbesondere für die relative Wirkungsstärke des Akquisitions- und des Kundenbindungserfolgs. Zwar gibt es eine Anzahl von Studien, die die Kostenvorteile der Kundenbindung gegenüber der Neukundenakquisition betonen, doch ein direkter Vergleich der Wachstumswirkung dieser beiden Marketingziele ist bislang nicht erfolgt. Vor diesem Hintergrund stellt sich Forschungsfrage 3:

3. Welches sind die (relativen) Erfolgswirkungen der Neukundenakquisition?

Schließlich existieren im Hinblick auf die Bedeutung und Ausgestaltung der Neukundenakquisition in der Unternehmenspraxis lediglich ältere Untersuchungen, die sich zudem auf einzelne Branchen oder das deutschsprachige Ausland beschränken. Unsere letzte Forschungsfrage widmet sich daher einem branchenübergreifenden und aktuellen Überblick zum *State of Practice*. Dabei soll es im Wesentlichen um die Bedeutung und um ausgewählte Gestaltungselemente der Neukundenakquisition gehen. Somit lautet Forschungsfrage 4:

4. Welchen Stellenwert hat die Neukundenakquisition aktuell in unterschiedlichen Branchen und wie wird das Management der Neukundenakquisition in der unternehmerischen Praxis gestaltet?

Abbildung 1-1 gibt einen Überblick zum Untersuchungsrahmen und den Forschungsfragen.

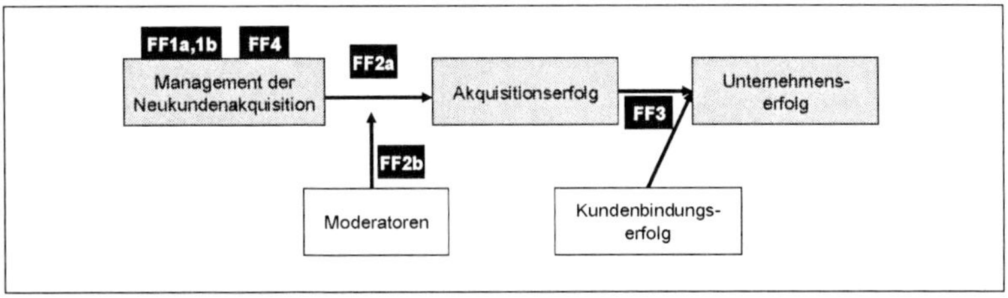

Abbildung 1-1: Grundlegender Untersuchungsrahmen und Forschungsfragen der Arbeit

Angesichts der inhaltlichen Breite der Forschungsfragen ist es notwendig, den *Untersuchungsgegenstand* der vorliegenden Arbeit einzugrenzen. Im Folgenden soll daher die grundsätzliche Ausrichtung der Arbeit anhand der Faktoren „Produkte/Dienstleistungen" und „Kunde" näher präzisiert werden.

Der vorliegenden Arbeit wird der *erweiterte Produktbegriff* zugrunde gelegt, der sowohl materielle als auch immaterielle Leistungen vereint (Homburg/Krohmer 2006, S. 459). Betrachtet werden dabei ausschließlich existierende Produkte und Dienstleistungen (nachfolgend als *Leistungen* bezeichnet). Es geht hier also nicht um die Gewinnung neuer Kunden im Rahmen der Markteinführung neuer Leistungen. Die wichtigste Eingrenzung des Untersuchungsgegenstands betrifft den Aspekt des *Erklärungsbedarfs* der betrachteten Leistungen: im Rahmen dieser Arbeit soll es ausschließlich um Leistungen gehen, die sich durch einen erhöhten Erklärungsbedarf auszeichnen. Die Frage, ob eine Leistung erklärungsbedürftig ist oder nicht, wird in der betriebswirtschaftlichen Literatur häufig im Hinblick auf die Handhabung bzw. Bedienung und der damit verbundenen und notwendigen Beratungsleistung des Anbieters beantwortet (vgl. Knoblich 1969; Seyffert 1972; Holler 1998). Grundsätzlich kann davon ausgegangen werden, dass erklärungsbedürftige Leistungen i.d.R. vertrieblich anspruchsvoller sind als Leistungen mit geringem Erklärungsbedarf. Dies bedingt u.a., dass der persönliche Verkauf in den betrachteten Branchen von großer Bedeutung ist. Erklärungsbedürftige Leistungen zeichnen sich darüber hinaus häufig durch eine erhöhte Kaufbedeutung für den Kunden aus. Dies hat mehrere Implikationen für die Kaufsituation und -entscheidung (vgl. Schmidt 2001): Zum einen sind oftmals mehrere Personen in den Kaufentscheidungsprozess eingebunden (Buying Center im BtoB-Bereich, „Familienrat" im privaten Kontext). Zum anderen zeichnen sich Kaufentscheidungen im Umfeld erklärungsbedürftiger Leistungen typischerweise durch ein hohes Maß an Unsicherheit hinsichtlich der Leistungsfähigkeit, Problemlösungskompetenz und der (Folge-) Kosten der Anschaffung aus. Damit besteht sowohl ein erhöhtes faktisches als auch ein erhöhtes wahrgenommenes Kaufrisiko (vgl. Lehmann/O'Shaughnessy 1974).

Eine weitere leistungsbezogene Eingrenzung betrifft die Wiederbeschaffungsrate der betrachteten Leistungen: In dieser Arbeit sollen nur Leistungen betrachtet werden, die einer gewissen *Regelmäßigkeit der Beschaffung* unterliegen. Es sollen damit anbieterseitig nur Unternehmen betrachtet werden, in denen sowohl die Neukundenakquisition als auch die Kundenbindung von Bedeutung ist. Der eher durch Einmalgeschäft und sehr lange Wiederbeschaffungszyklen geprägte Anlagenbau wird damit nicht in die Betrachtung einfließen.

Eine weitere Präzisierung des Untersuchungsgegenstandes bezieht sich auf die *Kunden*: Für eine verbesserte Verallgemeinerbarkeit der Ergebnisse betrachten wir die Neukundenakquisition gegenüber Individualkunden sowie gegenüber organisationalen Kunden. Eine wichtige Einschränkung soll aber hinsichtlich zweier anderer Aspekte vorgenommen werden: Erstens werden nur Neukunden im engeren Sinne betrachtet. Nicht von Interesse ist damit die Kundenrückgewinnung. Diese wird zwar von einigen Autoren aufgrund bestimmter funktionaler Ähnlichkeiten als Teilelement der Kundenakquisition angesehen (vgl. Büttgen 2003, S. 62 ff.; Fiala 1998, S. 1127), soll hier aber aus folgendem Grund nicht betrachtet werden: Im Gegensatz zur Neukundenakquisition kennen sich

Anbieter und Kunde bei der Kundenrückgewinnung bereits. Dies stellt einen wichtigen konzeptionellen Unterschied zur Neukundenakquisition dar, in der die potenziellen Neukunden ebenso wie die Anbieter eine erhöhte Unsicherheit dadurch erfahren, dass sie ihr Gegenüber nicht kennen. Für eine weiterführende Literatur zum Thema Kundenrückgewinnung verweisen wir auf Homburg/Hoyer/Stock-Homburg (2007) und Sieben (2002). Zweitens sollen nur Neukunden betrachtet werden, die intern entwickelt werden. Durch Fusionen und Akquisitionen gewonnene Neukunden werden nicht betrachtet.

1.3 Gang der Untersuchung

Die vorliegende Arbeit ist in sieben Kapitel gegliedert. Im Anschluss an das erste Kapitel werden in *Kapitel 2* die konzeptionellen Grundlagen der Untersuchung dargestellt. Nach der Vorstellung der definitorischen Grundlagen der Arbeit (Abschnitt 2.1) erfolgt eine systematische Aufarbeitung der für die Forschungsfragen relevanten Literatur. Dazu nehmen wir zum einen eine umfassende Bestandsaufnahme des bisherigen Forschungsstands zur Neukundenakquisition vor (Abschnitt 2.2). Zum anderen werden angrenzende Forschungsgebiete auf für die Untersuchung relevante Erkenntnisse hin untersucht (Abschnitt 2.3). In Abschnitt 2.4 erfolgt eine zusammenfassende Bewertung der Bestandsaufnahme. Abschnitt 2.5 widmet sich den dieser Arbeit zugrunde liegenden theoretischen Bezugspunkten. Hier werden mit der Risikotheorie ein verhaltenswissenschaftlicher Ansatz sowie mit der Informationsökonomie und dem ressourcenbasierten Ansatz zwei ökonomisch orientierte Theorien betrachtet. Auf dieser Basis erfolgt in Abschnitt 2.6 eine erste Ableitung des Untersuchungsmodells, das in Kapitel 4 dann im Detail hergeleitet wird.

In *Kapitel 3* werden die Grundlagen der empirischen Untersuchung beschrieben. Abschnitt 3.1 stellt die Datenerhebung und die Datengrundlage vor. In Abschnitt 3.2 werden im Rahmen der methodischen Grundlagen wichtige Aspekte der Konstruktmessung und der Dependenzanalyse vorgestellt.

Kapitel 4 beschreibt die Entwicklung des Untersuchungsmodells. Hier erfolgt eine detaillierte Definition der einzelnen Dimensionen und Konstrukte des Modells. Darüber hinaus werden die Ergebnisse der Messung der einzelnen Modellkonstrukte vorgestellt. Dabei decken die Abschnitte 4.1 bis 4.4 die unterschiedlichen Gestaltungsfelder im Management der Neukundenakquisition ab. Abschnitt 4.5 widmet sich den Erfolgsgrößen des Modells. Die im

Modell ebenfalls integrierten Moderator- und Kontrollvariablen werden in den Abschnitten 4.6 und 4.7 definiert und gemessen.

In *Kapitel 5* werden die Hypothesen zu ausgewählten Wirkungsbeziehungen (zu Haupt- und moderierenden Effekten) im Modell abgeleitet und die Ergebnisse der Hypothesenprüfung aus der Kausalanalyse erläutert. Dies erfolgt differenziert im Gesamtmodell (Abschnitt 5.1) und in zwei Partialmodellen (Abschnitte 5.2 und 5.3).

In *Kapitel 6* werden ausgewählte Ergebnisse der State of Practice-Analysen zum Management der Neukundenakquisition dargestellt. Der aktuelle Stand in der Unternehmenspraxis wird anhand von deskriptiven Statistiken beschrieben.

Im abschließenden *Kapitel 7* erfolgt eine zusammenfassende Bewertung der Arbeit. In Abschnitt 7.1 werden die wesentlichen Erkenntnisse der Arbeit zusammengefasst. Abschnitt 7.2 diskutiert den wissenschaftlichen Erkenntnisgewinn der vorliegenden Arbeit und zeigt Ansatzpunkte für weitere Forschungsarbeiten auf. Abschnitt 7.3 widmet sich den Implikationen der Arbeit für die Unternehmenspraxis.

2. Konzeptionelle Grundlagen der Untersuchung

Die Beantwortung der in Abschnitt 1.2 vorgestellten Forschungsfragen stützt sich auf unterschiedliche konzeptionelle und empirische Grundlagen. Dieses Kapitel dient zunächst der Darstellung der konzeptionellen Grundlagen der Untersuchung und ist in sechs Abschnitte eingeteilt, die sich mit den folgenden Inhalten beschäftigen:

- Definitorische Grundlagen der Arbeit (vgl. Abschnitt 2.1);
- Bestandsaufnahme der Literatur zur Neukundenakquisition (vgl. Abschnitt 2.2);
- Analyse angrenzender Literaturgebiete auf für die Arbeit relevante Erklärungsbeiträge (vgl. Abschnitt 2.3);
- Zusammenfassende Bewertung der Literaturbestandsaufnahme (vgl. Abschnitt 2.4);
- Darstellung der theoretischen Bezugspunkte der Arbeit (vgl. Abschnitt 2.5);
- Vorstellung eines aus den vorgenannten Grundlagen abgeleiteten Untersuchungsmodells (vgl. Abschnitt 2.6).

2.1 Definitorische Grundlagen der Arbeit

In der Literatur fehlt ein einheitliches Verständnis zum Begriff der Neukundenakquisition. Für die Beantwortung der Forschungsfragen ist es aber notwendig, eine klare Vorstellung zu dem zugrunde liegenden Untersuchungsgegenstand zu entwickeln. Daher nehmen wir im Folgenden eine Definition des Begriffs der Neukundenakquisition vor. Dabei geht es insbesondere um die Frage, wann ein Kunde als „gewonnen" anzusehen ist.

Wie bereits in Abschnitt 1.2 erwähnt, ist das Thema der Neukundenakquisition bislang wissenschaftlich kaum durchdrungen. Entsprechend eingeschränkt ist sowohl die Quantität als auch die Qualität existierender Definitionen zum Begriff der *Neukundenakquisition*. Tabelle 2-1 gibt einen Überblick zu existierenden prozessbezogenen Definitionen der Neukundenakquisition.

Autor(en) (Jahr, Seite)	Definition der Neukundenakquisition
Blattberg/Getz/Thomas (2001b, S. 41)	„Customer acquisition includes the first purchase as well as other non-purchase encounters that both precede and follow the purchase, up until the time the customer makes a repeat purchase."
Bruhn (2000a, S. 36)	„Die Kontaktanbahnung und Initiierung einer potenziellen Geschäftsbeziehung"
Fiala (1998, S. 1127 f.)	„Alle Maßnahmen [...], die der systematischen Konzeption, Planung, Umsetzung und Kontrolle von Aktivitäten dienen, [um] Personen von der eigenen Leistung zu überzeugen, die bislang über keinen aktuellen Bedarf für diese Leistung verfügen oder aber ihren Bedarf bisher woanders gedeckt haben."
Haas (2003b, S. 4)	„... alle Aktivitäten [...], die dazu dienen, den Kaufprozess von Neukunden zu initiieren, zu gestalten und mit einem Verkauf zum Abschluss zu bringen."
Karg (2001, S. 8 f.)	„Sämtliche Maßnahmen, die dazu führen, dass ein Kunde erstmalig beim Anbieter kauft."

Tabelle 2-1: Definitionen zur „Neukundenakquisition" im Überblick

Es wird deutlich, dass nicht einheitlich definiert ist, wann ein potenzieller Neukunde als „gewonnen" zu bezeichnen ist. Nach Karg (2001) ist dies der Zeitpunkt, zu dem der Kunde erstmalig beim neuen Anbieter kauft. Aus unserer Sicht greift eine Betrachtung bis zum ersten Kaufabschluss jedoch zu kurz. Die Gewinnung eines neuen Kunden muss nicht zwangsläufig mit der ersten getätigten Transaktion zusammenfallen. Entscheidend ist vielmehr, inwiefern der Neukunde einen tatsächlich vollwertigen Kauf beim Anbieter getätigt hat – oder ob er die Leistungsfähigkeit des Anbieters zunächst nur getestet hat. Im letzteren Fall tätigt er einen *Versuchskauf* (vgl. Smith/Swinyard 1983, S. 259; Scott 1976, S. 264; Blattberg/Getz/Thomas 2001, S. 48). Ein solcher Versuchskauf beinhaltet häufig eine Testleistung des Anbieters und stellt für den Kunden nur ein begrenztes Risiko dar.

Nur wenn es dem Unternehmen gelingt, das wahrgenommene Risiko des Kunden auf ein für ihn akzeptables Niveau zu senken, wird der Kunde einem Kaufabschluss, der nicht mehr ein Versuchskauf ist, zustimmen (vgl. Kroeber-Riel/Weinberg 2003, S. 399). Die Reduktion des Risikos ist also von zentraler Bedeutung für den Erfolg der Neukundenakquisition (vgl. Kaas/Schade 1995 S. 1075 ff.; Karg 2001, S. 24; Tomczak/Karg 1999, S. 4). Auf diesen Aspekt werden wir in Abschnitt 2.5.1 näher eingehen.

In Anlehnung und als Weiterentwicklung der zuvor dargestellten Literatur wird die *Neukundenakquisition* im Rahmen dieser Arbeit folgendermaßen definiert:

> *Die Neukundenakquisition umfasst alle anbieterseitigen Maßnahmen und Interaktionen mit dem potenziellen Kunden bis es gelingt, diesen zu einem Kaufabschluss zu bewegen, der nicht (mehr) den Charakter eines Versuchskaufs hat.*

2.2 Bestandsaufnahme der Literatur zur Neukundenakquisition

Im Folgenden wollen wir eine Bestandsaufnahme der Literatur vornehmen, die sich dediziert mit der Neukundenakquisition auseinandersetzt. Artikel in führenden wissenschaftlichen deutschsprachigen und internationalen Zeitschriften, die sich auf die Neukundenakquisition konzentrieren, stellen jedoch die absolute Ausnahme dar. Daher diskutieren wir auch Literatur mit nur eingeschränktem wissenschaftlichen Anspruch sowie rein praxisorientierte Arbeiten, sofern diese einen inhaltlichen Beitrag für die vorliegende Arbeit leisten können. Die existierenden wissenschaftlichen und praxisbezogenen Beiträge können hinsichtlich der *Breite der abgedeckten Themenfelder* zur Neukundenakquisition unterschieden werden.

Zunächst gehen wir auf Arbeiten ein, die sich dem Thema der Neukundenakquisition umfassender widmen. In der deutschsprachigen Forschung wird in diesem Zusammenhang die Neukundenakquisition als eine der Kernaufgaben des *„Aufgabenorientierten Ansatzes"* untersucht (vgl. Tomczak et al 1998, S. 3; Tomczak/Reinecke 1998, S. 9). In mehreren Dissertationen und Untersuchungen wurde sie konzeptionell aufgearbeitet und teilweise empirisch untersucht. Zu nennen sind hier die Arbeiten von Karg (2001), Tomczak et al. (1998), Tomczak/Reinecke (1998) und Mühlmeier (2004).

Die Arbeit von Karg (2001) stellt die nach unserer Kenntnis bislang umfassendste konzeptionelle Darstellung der Neukundenakquisition dar. Zum einen thematisiert Karg die nach außen gerichteten Maßnahmen zur Ansprache potenzieller Neukunden und zur Überwindung bestehender Kundenbindungen (vgl. Karg 2001, S. 98 ff.). In diesem Zusammenhang betont der Autor die Bedeutung der Reduktion des wahrgenommenen Risikos potenzieller Neukunden als Grundvoraussetzung einer erfolgreichen Neukundenakquisition. Zum anderen bezieht er aber auch unterschiedliche interne Entscheidungen und Prozesse als elementare Bestandteile des Akquisitionsmanagements mit ein. Dazu zählen insbesondere die Analyse der Bedürfnisse potenzieller Zielgruppen sowie die Identifikation und Priorisierung von „Kundenpotenzialen" (vgl. Karg 2001, S. 37). Darüber hinaus unterstreicht er die Relevanz einer systematischen Kontrolle der Neukundenakquisition (vgl. Karg 2001, S. 143 ff.). Insgesamt bleiben die von Karg (2001) entwickelten Aussagen zum Management der Neukundenakquisition jedoch sehr generisch. Praxisbezogene Informationen fließen ausschließlich in Form von Expertengesprächen und -workshops in die Ausführungen ein. Eine empirische Validierung der postulierten Erfolgsfaktoren erfolgt nicht.

Im Rahmen einer großzahligen empirischen Erhebung zum „Aufgabenorientierten Ansatz" beschreiben Tomczak et al. (1998) und Tomczak/Reinecke (1998) praktische Erfahrungen von Unternehmen in der Neukundenakquisition. Dazu werden die Ergebnisse einer branchenübergreifenden Befragung von über 600 Unternehmen mit Hilfe deskriptiver Statistiken analysiert. Die Ergebnisse unterstreichen die branchenübergreifende Bedeutung der Akquisition neuer Kunden. Darüber hinaus untersuchen Tomczak/Reinecke (1998) die Erfolgswirkung unterschiedlicher Akquisitionsmaßnahmen und zeigen, dass erfolgreiche Unternehmen in der Akquisition besonders häufig niedrige Preise einsetzen. Tomczak et al. (1998, S. 56 ff.) belegen ferner, dass in der Neukundenakquisition erfolgreiche Unternehmen einen überdurchschnittlichen wirtschaftlichen Erfolg aufweisen.

Mühlmeier (2004) nimmt eine anspruchsvollere empirische Analyse der Neukundenakquisition vor. Auf Basis eines eigenen konzeptionellen Modells und über deskriptive Statistiken sowie multiple und moderierte Regressionsanalysen untersucht sie Erfolgsfaktoren, Erfolgswirkungen und potenzielle Moderatoren der Neukundenakquisition. In der empirischen Überprüfung gelingt Mühlmeier aber lediglich der Nachweis eines positiven Zusammenhangs zwischen informationsbezogenen Gestaltungsvariablen und dem Akquisitionserfolg (vgl. Mühlmeier 2004, S. 196 ff.). Alle weiteren Hypothesen zu den Erfolgsfaktoren können nicht bestätigt werden. Hinsichtlich der Erfolgswirkungen der Akquisition auf den Unternehmenserfolg kann Mühlmeier einen positiven Effekt aufzeigen. Dabei differenziert sie zwischen Markterfolg (Kundenzufriedenheit, Marktanteilsgewinne) und wirtschaftlichem Erfolg. Wiederum keine empirische Bestätigung erhält allerdings ihre Hypothesenüberprüfung zum moderierenden Einfluss der Marktdynamik, der Wettbewerbsintensität und der Nachfragerunsicherheit auf die Beziehung zwischen Gestaltungsvariablen und Akquisitionserfolg (vgl. Mühlmeier 2004, S. 234 f.).

Ein ebenfalls umfassenderes Verständnis der Neukundenakquisition liegt der konzeptionellen Arbeit von Haas (2003b) zugrunde. Haas arbeitet mit dem Begriff des *„Interessentenmanagements"* und unterscheidet hierzu eine Informationsseite und eine Aktionsseite (vgl. Haas 2003b, S. 8). Die Informationsseite beinhaltet mit der Sammlung und Verarbeitung von Informationen sowie der Identifikation, Qualifizierung und Priorisierung potenzieller Kunden ausschließlich interne Entscheidungsfelder der Neukundenakquisition. Nur auf Basis eines solchen Informationsmanagements können Strategien und Maßnahmen zur Neukundenakquisition sinnvoll entwickelt werden (vgl. Haas 2003b, S. 8 ff.). Auf der

Aktionsseite differenziert Haas (2003b, S. 5) zwei aufeinander abzustimmende Aufgaben: die Interessentengenerierung und die Interessentenkonversion. Zunächst geht es darum, Interessenten zu gewinnen (Interessentengenerierung). Dies ist im Wesentlichen über die Kommunikationspolitik zu erreichen. Potenzielle Interessenten müssen den Anbieter als Problemlösungsalternative ansehen und diesen im weiteren Entscheidungsprozess berücksichtigen. Im zweiten Schritt steht die Interessentenkonversion im Mittelpunkt, die darauf abzielt, diese potenziellen Kunden tatsächlich zu einem Kaufabschluss zu bewegen.

Auch die Arbeit von Blattberg/Getz/Thomas (2001b) leistet einen rein konzeptionellen Beitrag. Die Autoren betrachten die Neukundenakquisition v. a. aus einer prozessbezogenen Sicht, diskutieren aber ebenfalls unterschiedliche nach außen und innen gerichtete Managemententscheidungen. So sind auch hier die Kundenanalyse, die Priorisierung, die Planung und Kontrolle sowie die Ressourcenbalance zwischen Akquisition und Bindung zentrale Bestandteile der Neukundenakquisition. Hinsichtlich nach außen gerichteter Akuisitionsstrategien sehen Blattberg/Getz/Thomas (2001b, S. 47 f.) im Penetration („Acquisition") Pricing eine wirksame Strategie, um den Kunden in die Versuchsphase zu bringen.

Ein inhaltlich umfassenderes Verständnis zur Neukundenakquisition liegt auch einer Reihe *wissenschaftlicher branchenspezifischer* Arbeiten zur Neukundenakquisition zugrunde. Dazu zählen die Untersuchungen zur Neukundengewinnung im Versandhandel von Breitschuh (1999) und Dorner (1999) sowie die Arbeiten zur Auftragsakquisition in der Unternehmensberatung von Kaas/Schade (1995) und Schade (1997). Hier wird insbesondere die Erfolgswirkung unterschiedlicher Strategien (Leistungspolitik, Kommunikationsfokus) und Instrumente (Direktmarketing, Geschäftsfreundschaften) empirisch und teilweise theoretisch fundiert. So nutzen Kaas/Schade (1995, S. 329 ff.) die neue Institutionenlehre (Informationsökonomie) zur theoretischen Fundierung der Wirkung erfolgsrelevanter Akquisitionsstrategien von Unternehmensberatern.

Schließlich existieren einige *praxisbezogene Arbeiten,* die sich dem Thema Neukundenakquisition ebenfalls umfassender nähern. Auf Basis der Ergebnisse der Mercuri Neukunden-Studie 2000 leitet Dannenberg (2002) Erfolgsfaktoren der Neukundenakquisition ab. Zu diesen zählt die Auswahl der richtigen „Präferenzstrategie" (vgl. Dannenberg 2002, S. 35). Häufig erfolgreich eingesetzte Präferenzstrategien sind der Studie nach insbesondere bessere Preise bzw. Konditionen (vgl. Dannenberg 2002, S. 41). Dies deckt sich mit den

Ergebnissen einer aktuellen Studie der Deutschen Gesellschaft für Qualität (2005). Wichtige Erfolgsfaktoren sind nach Dannenberg (2002) aber auch im internen Management der Neukundenakquisition zu finden: die Definition von konkreten, messbaren Zielen sowie die Qualifizierung, Weiterbildung und Motivation der Mitarbeiter. Die Arbeit von Dannenberg (2002) kann darüber hinaus einen konzeptionellen Beitrag leisten. So differenziert er zwei Arten grundsätzlicher Akquisitionsstrategien: Push- und Pull-Strategien. Diese unterscheiden sich hinsichtlich der Aggressivität, mit welcher der Anbieter den Kaufabschluss zu erzielen gedenkt. Direkt auf den Kaufabschluss ausgerichtet ist die Push-Strategie. Einen eher langfristig ausgerichteten Verkauf strebt dagegen die Pull-Strategie an, bei der ein frühzeitiger und intensiver Beziehungsaufbau zwischen dem Akquisiteur und dem potenziellen Kunden stattfindet (Dannenberg 2002, S. 37). Dannenberg sieht darin die beste Strategie zur Überwindung einer starken Kundenbindung.

Neben den aufgeführten Arbeiten, welche die Neukundenakquisition umfassender diskutieren, existieren wissenschaftliche und praxisorientierte Arbeiten, die sich bestimmter *Einzelthemen* fokussiert annehmen. Eine wichtige wissenschaftliche und empirische Untersuchung zur Priorisierung potenzieller Neukunden stellt die Arbeit von Gelbrich (2001) dar. Die Autorin greift die in den vergangenen Jahren zunehmend auftretende Forderung nach einer wertorientierten Ausrichtung der Kundenakquisition auf. Ziel der Arbeit ist die Entwicklung eines Kundenwert-Modells, welches Empfehlungen bzgl. der Allokation des Akquisitionsbudgets geben soll (Gelbrich 2001, S. 6). Gelbrich weist nach, dass eine systematische Priorisierung neuer Kunden zu einer Effizienzsteigerung in der Neukundenakquisition führt. Diese Neukundenpriorisierung hat ferner einen positiven Effekt auf den wirtschaftlichen Unternehmenserfolg. Knappe Ressourcen des Unternehmen können so effektiver eingesetzt und der Anteil profitabler Kunden erhöht werden.

Weitere wissenschaftliche Untersuchungen von Kohrmann (2003), Hansotia/Wang (1997) und Hedaa (1996) sowie die eher praxisorientierten Beiträge von Bailom et al. (1999) und Stahl/Matzler (2001) unterstreichen ebenfalls die Bedeutung der Neukundenpriorisierung und -segmentierung. Der Schwerpunkt dieser Arbeiten liegt v. a. auf der Vorstellung unterschiedlicher Methodiken und Kriterien der Segmentierung und Priorisierung neuer Kunden. Hinsichtlich der Neukundensegmentierung wird in diesen Arbeiten insbesondere die Bedeutung der Kundenbedürfnisse als Segmentierungskriterium hervorgehoben.

Beiträge, die sich explizit mit Akquisitionsstrategien befassen, sind kaum vorhanden. Eine Ausnahme stellt die Arbeit von Banasiewicz (2004) dar. Banasiewicz setzt sich kritisch mit dem „Penetration Pricing" auseinander: „Many of the acquisition's shortcomings are encapsulated in its most common tool, a discount-based open offer" (Banasiewicz 2004, S. 21). Neben der Gewinnschmälerung pro Transaktion sieht er insbesondere die Erhöhung der Preissensitivität der Kunden als großes Problem an. Im Allgemeinen erhöhen solche Rabatte zudem die Abhängigkeit der Umsätze von Preissenkungen. Dabei handele es sich um einen Irrglauben, dass regulär bepreiste Folgeumsätze Neukundenrabatte kompensieren könnten (vgl. Banasiewicz 2004, S. 22). Die Arbeiten von Fiala (1998) und Tomczak/Karg (1999) setzen sich – ebenfalls rein deskriptiv – mit der Wirkung von Vorleistungen bzw. Vorabinvestitionen auseinander. Diese werden von den Autoren als wirksame Mittel zum Vertrauensaufbau und zur Überwindung bestehender Kundenbindungsmaßnahmen genannt.

Erfolgsfaktoren im Rahmen der internen Akquisitionsunterstützung wie die Segmentierung, die Kundenanalyse und die kontinuierliche Kontrolle der Neukundenakquisition werden schließlich in einer Reihe *rein praxisbezogener* Akquisitionsratgeber hervorgehoben (vgl. Detroy 2005; Lasko/Busch 2003; Marzian/Smidt 2002; Pfeiffer/della Schiava 1996). Diese Arbeiten basieren ausschließlich auf Praxiserfahrungen der Autoren und umfassen keinerlei wissenschaftlich fundierte Belege. Dennoch können sie in Ergänzung zu den betrachteten wissenschaftlichen Arbeiten durchaus Hinweise auf potenziell relevante Gestaltungsfelder und Erfolgsfaktoren geben.

Tabelle 2-2 stellt ausgewählte Arbeiten zur Neukundenakquisition im Überblick dar.

Autor(en) (Jahr)	Relevanter Schwerpunkt der Arbeit	Datengrundlage	Methodik	Zentrale Ergebnisse
Banasiewicz (2004)	Darstellung von Erfahrungen und Empfehlungen zur Akquisition profitabler Kunden	-	-	-Unternehmen setzen häufig Penetration-Pricing zur Akquisition neuer Kunden ein. Dies führt u.a. zu einer Erhöhung der Preissensitivität der Kunden und erhöht die Abhängigkeit der Umsätze von Preissenkungen.
Blattberg/Getz/ Thomas (2001b)	Konzeption eines Prozesses zur Neukundenakquisition	-	-	-Die Erhebung kundenbezogener Informationen, die Planung und Kontrolle sowie die Segmentierung und Priorisierung von Neukunden sind wichtige Voraussetzungen für die Neukundenakquisition. - Das "Acquisition"-Pricing ist ein besonders wirkungsvoller Akquisitionsansatz.
Dannenberg (2002)	Untersuchung der Erfolgsfaktoren im Management der Neukundenakquisition	Schriftl. Befragung von 500 Unternehmen	Deskriptive Statistik	-Erfolgsfaktoren der Neukundenakquisition sind die Auswahl der richtigen Präferenzstrategie, die Definition von konkreten, messbaren Zielen und die Qualifizierung, Weiterbildung und Motivation der Mitarbeiter.

Autor(en) (Jahr)	Relevanter Schwerpunkt der Arbeit	Datengrundlage	Methodik	Zentrale Ergebnisse
Deutsche Gesellschaft für Qualität (2005)	Analyse der Einflussfaktoren auf die Kaufentscheidung von Kunden ggü. bestehenden und neuen Anbietern	Schriftl. Befragung von 1.000 Konsumenten im Gebrauchsgütermarkt	Multiple lineare und nicht-lineare Regressionsanalysen	-Qualität und Preis sind die wichtigsten Entscheidungsfaktoren aus Sicht der Kunden beim Kauf bei einem neuen Anbieter.
Fiala (1998)	Beschreibung einer prozessorientierten Kundengewinnung für Dienstleistungsanbieter	-	-	- Bekanntmachungs- und andere Vorleistungen fördern die Reputation und das Vertrauen und reduzieren die Unsicherheit des Kunden.
Gelbrich (2001)	Untersuchung der Ausgestaltung und Auswirkungen einer kundenwertorientierten Akquisition	Schriftl. Befragung von ca. 6.000 Neuwagenkäufern	Analytisches Modell, deskriptive Statistik	-Eine systematische Neukundenpriorisierung erhöht die Effizienz der Akquisition. -Eine „Qualitätsorientierung" in der Neukundenakquisition erhöht den Unternehmenserfolg.
Haas (2003b)	Darstellung eines Konzepts zu einem systematischen Interessentenmanagement	-	-	-Ein erfolgreiches Interessentenmanagement basiert auf der Identifikation, Qualifizierung u. Priorisierung pot. Neukunden.
Hansotia/ Wang (1997)	Identifikation von Variablen, die mit einer höheren Neukundenattraktion einhergehen	-	-	-Die systematische Neukundenpriorisierung und -segmentierung ist Voraussetzung für eine wirtschaftliche Neukundenakquisition. -Die Priorisierung potenzieller Neukunden sollte auf Basis der Akquisitionskosten, des Kundenwerts und der Akquisitionswahrscheinlichkeit erfolgen.
Hedaa (1996)	Konzeption segmentspezifischer BtoB-Akquisitionsstrategien	Befragung von 75 Außendienstmitarbeitern	Deskriptive Statistik	-Die bedürfnisorientierte Segmentierung neuer Kunden ist ein zentraler Erfolgsfaktor der Neukundenakquisition.
Karg (2001)	Konzeption eines umfassenden Akquisitionsmanagements	Expertengespräche und -workshops	-	-Das Akquisitionsmanagement muss neben nach außen gerichteten Strategien auch interne Entscheidungsfelder umfassen. -Die Neukundensegmentierung und -priorisierung sowie ein systematisches Informationsmanagement und Controlling sind wichtige Elemente im Rahmen der Neukundenakquisition.
Kohrmann (2003)	Ausgestaltung einer mehrstufigen Marktsegmentierung zur Neukundenakquisition	Telef. Befragung von 394 Kunden im Telekommunikationsmarkt	Clusteranalyse, deskriptive Statistik	-Eine bedürfnis- und kaufverhaltensbezogene Neukundensegmentierung kann die Effektivität und Effizienz der Neukundenakquisition verbessern.
Mühlmeier (2004)	Theoretische Fundierung und empirische Untersuchung der Einflussfaktoren und Erfolgswirkungen der Neukundenakquisition	Schriftl. Befragung von 202 Schweizer Unternehmen	Faktorenanalyse, multiple und moderierte Regressionsanalysen	-Ein systematisches Informationsmanagement ist ein wichtiger Erfolgsfaktor im Rahmen der Neukundenakquisition. -Die Akquisition neuer Kunden hat eine positive Wirkung auf den Markt- und wirtschaftlichen Erfolg.
Tomczak et al. (1998); ähnlich: Tomczak/ Reinecke (1998)	Untersuchung von „Best Practices" in der Neukundenakquisition; Erhebung von „Merkmalsunterschieden" zwischen erfolgreichen u. nicht-erfolgreichen Firmen.	Schriftl. Befragung von 618 Unternehmen verschiedener Branchen	Deskriptive Statistik	-Best-Practice-Typen sind: „Marktherausforderer", „Spezialisten", „Preisaggressive", „Marktführer". -Unternehmen, die ihren Fokus auf die Neukundenakquisition legen, haben einen überproportional starken Umsatzzuwachs.
Tomczak/Karg (1999)	Darstellung unterschiedlicher Strategien der Kundenakquisition	-	-	-Die Reduktion des wahrgen. Risikos ist Grundvoraussetzung für eine erfolgreiche Neukundenakquisition. -Der Vertrauensaufbau durch Vorabinvestitionen überwindet „psychologische" Kundenbindungsbarrieren.

Tabelle 2-2: Übersicht zu ausgewählten Forschungsarbeiten zur Neukundenakquisition

Zusammenfassend ist festzuhalten, dass die existierende Literatur zur Neukundenakquisition zwar eine Reihe von Ansatzpunkten für die vorliegende Untersuchung liefert. Aufgrund der meist unzureichenden theoretischen und empirischen Validierung ist der gesicherte Erkenntnisstand jedoch sehr gering.

2.3 Bestandsaufnahme von Erkenntnisbeiträgen angrenzender Forschungsgebiete

Wissenschaftliche Arbeiten zur Neukundenakquisition liegen wie in Abschnitt 2.2 dargestellt nur in sehr begrenztem Umfang und insgesamt in eingeschränkter wissenschaftlicher Qualität vor. Vor diesem Hintergrund soll zu einer weiteren wissenschaftlichen Durchdringung des Themas auf Beiträge aus angrenzenden Forschungsgebieten zurückgegriffen werden.

Für die Neukundenakquisition relevante Erkenntnisse lassen sich v. a. aus der Forschung zum Vertriebsmanagement und persönlichen Verkauf (vgl. Abschnitt 2.3.1), zum Kundenbeziehungsmanagement (vgl. Abschnitt 2.3.2) sowie zum organisationalen Beschaffungsverhalten (vgl. Abschnitt 2.3.3) ziehen. Eine separate Analyse der Forschung zum individuellen Kaufverhalten erfolgt hier nicht. Diesbezüglich relevante Erkenntnisbeiträge kann die in Abschnitt 2.5.1 betrachtete Risikotheorie liefern.

2.3.1 Beiträge aus der Forschung zum Vertriebsmanagement

Die Neukundenakquisition weist eine enge Verbindung zum Vertriebsmanagement und persönlichen Verkauf auf. Denn die Vertriebspolitik zielt im Rahmen ihrer marktgerichteten akquisitorischen Aktivitäten „mehr oder minder unmittelbar auf das Erzielen von Verkaufsabschlüssen“ (Homburg/Krohmer 2006, S. 701). In der Literatur wird die Neukundenakquisition daher als eine der zentralen Aufgaben des Vertriebs angesehen (vgl. Johnson et al. 1986, S. 60 ff.; Anderson 1987, S. 12 f.; Homburg/Krohmer 2006, S. 735 f.; Dalrymple 1988, S. 60 f.). Dies gilt insbesondere für die „Interessentenkonversion“ (Haas 2003a, S. 300), im Rahmen derer der persönliche Verkauf eine zentrale Rolle einnimmt. Aus der Forschung zum Vertriebsmanagement und persönlichen Verkauf können daher relevante Erkenntnisbeiträge für die vorliegende Arbeit gezogen werden (für einen Überblick dieser Literatur vgl. Reid/Plank 2000, S. 104 ff.).

Hier sind insbesondere die Arbeiten von Interesse, die sich mit den Einflussfaktoren des Verkaufserfolgs bzw. der Effektivität von Verkaufsorganisationen befassen. Für eine Strukturierung dieser Literatur lehnen wir uns an Walker/Churchill/Ford (1979) an. Demnach wird die Effektivität einer Verkaufsorganisation durch mitarbeiterbezogene sowie organisationale Faktoren beeinflusst.

2.3.1.1 Mitarbeiterbezogene Einflussfaktoren des Verkaufserfolgs

Die für den Verkaufserfolg notwendigen Eigenschaften und Verhaltensweisen von Mitarbeitern wurden in einer Vielzahl wissenschaftlicher Arbeiten untersucht. Eine wichtige Klassifizierung der Forschung wurde durch Reeves/Barksdale (1984, S. 8 ff.) vorgenommen:

Statisch-einseitige Ansätze setzen sich mit den Zusammenhängen zwischen nicht veränderlichen *Persönlichkeitsmerkmalen* und dem Verkaufserfolg auseinander. Besonders häufig weisen Studien in diesem Zusammenhang auf die Bedeutung des Einfühlungsvermögens, der Intelligenz, des Selbstbewusstseins, der Proaktivität, der Ausdauer sowie der Risikofreude hin (vgl. Lamont/Lundstrom 1977; Morris/Avila/Teeple 1990; Rasmusson 1999; Wotruba 1996; Ingram/Schwepker/Hutson 1992).

Dynamisch einseitige Ansätze betrachten Verhalten und Kompetenzen des Verkäufers im Verkaufsprozess. Eine empirisch fundierte Konzeptualisierung erfolgsrelevanter Verkäuferkompetenzen nehmen Rentz et al. (2002) vor: Demnach müssen Verkäufer über Fachkompetenz, soziale Fähigkeiten sowie verkaufsprozessbezogene Fähigkeiten verfügen (vgl. auch Walker/Churchill/Ford 1977). Insbesondere die Erfolgswirkung der *Fachkompetenz* wurde vielfach untersucht und bestätigt. So können beispielsweise Crosby/Evans/Cowles (1990) mittels einer Kausalanalyse die positiven Effekte der Fachkompetenz von Vertriebsmitarbeitern auf den Verkaufserfolg aufzeigen (vgl. auch Boles/Johnson/Barksdale 2000; Baldauf/Cravens 2003). Andere Studien belegen den positiven Einfluss der Fachkompetenz auf den Vertrauens- und Zufriedenheitsaufbau der Kunden (vgl. Liu/Leach 2001; Lau/Chin 2003). *Soziale Kompetenzen* (z. B. die Kommunikationsfähigkeit und die Fähigkeit, Konflikte zu lösen) als Einflussfaktoren des Verkaufserfolgs wurden durch Ford et al. (1987) und Zahn (1997) empirisch untersucht und in ihrer Erfolgsrelevanz bestätigt. Hinsichtlich *verkaufsprozessbezogener Fähigkeiten* (z. B. die Beherrschung von Frage- und Abschlusstechniken) zeigen Churchill et al. (1985) im Rahmen einer Metaanalyse, dass diese zentrale Einflussfaktoren des Verkaufserfolgs darstellen. Marshall/Goebel/Moncrief (2003) identifizieren in diesem Zusammenhang insbesondere die Fähigkeit zum „Prospecting" – das Identifizieren und Ansprechen potenzieller Neukunden – als erfolgsrelevante Kompetenz.

Zweiseitig statische Ansätze befassen sich mit der Ähnlichkeit der Persönlichkeitsmerkmale von Käufer und Verkäufer und deren Einfluss auf die Kaufwahrscheinlichkeit. Der Mehrzahl der empirischen Studien gelingt der Nachweis einer positiven Wirkung der Ähnlichkeit auf den Verkaufserfolg (vgl. Reeves/Barksdale 1984; Plötner 1999).

Dynamisch zweiseitige Ansätze untersuchen den Interaktionsprozess zwischen Verkäufer und Käufer und damit das Verkaufsverhalten. Häufig werden vier grundsätzliche Verkaufsstrategien (vgl. Weitz/Bradford 1999, S. 242 f.; Rackham/DeVincentis 1998, S. 71 f.) unterschieden. Eine erste Verkaufsstrategie besteht im *transaktionalen Verkauf*. Hier wickelt der Verkäufer den Kauf lediglich ab. Für die Neukundenakquisition spielt diese Art des Verkaufs heutzutage keine Rolle mehr. Eine zweite Verkaufsstrategie ist das sog. *Hard Selling*. Hier steht die Erzielung eines Verkaufsabschlusses im Mittelpunkt (vgl. Haas 2001; Dwyer/Hill/Martin 2000). Jede Handlung eines Hard-Selling-Verkäufers ist abschlussrelevant. Eine dritte Verkaufsstrategie ist der *„beratende Verkauf"* (vgl. Weitz/Bradford 1999, S. 243). Das wichtigste Ziel ist auch hier der Verkaufsabschluss. Der Verkäufer nimmt überdies aber eine beratende Funktion gegenüber dem potenziellen Käufer ein, wobei sich die Beratung auf die angebotenen Leistungen beschränkt (Haas 2001, S. 12). Eine letzte Verkaufsstrategie ist die *„Partner-Rolle"* (Weitz/Bradford 1999, S. 243). Im Gegensatz zu den vorgenannten Strategien steht hier der Aufbau langfristiger Kundenbeziehungen im Fokus („building and maintaining the relationship with the customer versus maximizing short-term sales", Weitz/Bradford 1999, S. 243). Durch intensive Auseinandersetzung mit den Anforderungen des Kunden werden individuelle Lösungen erarbeitet. Die Kundenorientierung kann in diesem Falle sogar soweit gehen, dass der Verkäufer dem Kunden von der Beschaffung der eigenen Leistung zu einem bestimmten Zeitpunkt abrät (Haas 2001, S. 12).

Im „beratenden Verkauf" und der „Partner-Rolle" ist die Forschung zur Kundenorientierung von Mitarbeitern (vgl. Saxe/Weitz 1982) und zum Adaptive Selling angesiedelt (vgl. Spiro/Weitz 1990; Szymanski 1988; Weitz/Sujan/Sujan 1986). Die positive Wirkung *kundenorientierten Verkaufsverhaltens* auf den Verkaufserfolg konnte vielfach empirisch bestätigt werden (vgl. Boorom/Goolsby/Ramsey 1998; Sujan/Weitz/Kumar 1994; Swenson/Herche 1994; Haas 2001). Goff et al. (1997) zeigen ferner, dass kundenorientiertes Verkaufsverhalten positiv auf die Produktbewertung des Kunden wirkt. Darüber hinaus wird der Vertrauensaufbau beim Kunden gefördert. Dies gilt nach Kennedy/Ferrell/LeClair (2001) insbesondere für die Explorationsphase zu Beginn einer Geschäftsbeziehung. Auch die positive Wirkung des *Adaptive Selling* auf den Verkaufserfolg gilt als unumstritten und konnte in mehreren Studien bestätigt werden (vgl. Dwyer et al. 2000; Marshall/Goebel/Moncrief 2003; Boorom/Goolsby/Ramsey 1998; Szymanski 1988; Porter/Wiener/Frankwick 2003). Empirische Studien berichten zudem vom positiven Einfluss eines beziehungsorientierten Verkaufsverhaltens (vgl. Beverland 2001; Crosby/Evans/Cowles 1990). Eine solche Verkaufsstrategie ist besonders bei komplexen Leistungen wichtig.

Die genannten mitarbeiterbezogenen Einflussfaktoren des Verkaufserfolgs werden zumeist in einem nicht näher differenzierten vertrieblichen Kontext untersucht. Mehrere Autoren weisen aber darauf hin, dass die Neukundenakquisition besondere Anforderungen an die Verkaufsmitarbeiter und die notwendigen Kompetenzen, Persönlichkeitsmerkmale und Verkaufsstrategien stellt (vgl. Weitz 1981; Kahn/Shuchman 1961; Ford et al. 1987; Evans et al. 2000). So wird beispielsweise betont, dass Mitarbeiter in der Neukundenakquisition eine erhöhte Misserfolgstoleranz und Risikoneigung aufweisen müssen (vgl. Kahn/Shuchman 1961). Insgesamt überwiegt aber die Aussage, dass die Neukundenakquisition eher eine stärkere Ausprägung der für den Verkauf im Allgemeinen notwendigen Kompetenzen anstelle grundsätzlich anderer Fähigkeiten und Merkmale erfordert.

2.3.1.2 Organisationale Einflussfaktoren des Verkaufserfolgs

Neben mitarbeiterbezogenen Einflussgrößen haben auch unterschiedliche organisationale Faktoren Einfluss auf den Verkaufserfolg. So identifiziert Szymanski (1988) neben der Qualifikation der Mitarbeiter die systematische *Priorisierung* von Kunden und ein systematisches *Informationsmanagement* als zentrale Einflussfaktoren des Verkaufserfolgs. Hintergrund ist die Heterogenität der Kunden hinsichtlich ihrer Wertigkeit und Präferenzen. Auch Sharma/Pillai (1996) zeigen die Erfolgswirkung einer systematischen Informationserhebung und -nutzung sowie einer konsequenten Priorisierung auf.

Ein weiterer wichtiger Aspekt im Vertriebsmanagement ist die adäquate Ausgestaltung der *Steuerungs- und Kontrollsysteme*. Empirische wissenschaftliche Studien von Babakus et al. (1996) und Baldauf/Cravens (2003) bestätigen die positive Wirkung auf den Verkaufserfolg bzw. auf die Effektivität von Verkaufsorganisationen. Auch die empirischen praxisorientierten Untersuchungen von Hesse/Evanschitzky (2004) und Krafft et al. (2000) unterstreichen die Erfolgsrelevanz einer systematischen Vertriebskontrolle.

Darüber hinaus ist die adäquate Gestaltung des *Anreizsystems* im Vertrieb von großer Bedeutung für den Verkaufserfolg (vgl. Höhn 1990; Anderson/Oliver 1987). Häufig untersucht wurde insbesondere der Einfluss kundenorientierter Anreizsysteme (vgl. Oliver/Anderson 1994; Sharma/Sarel 1995). Die einschlägige Literatur weist dabei auf die Notwendigkeit eines *„Fits"* zwischen der Gestaltung des Anreizsystems und den angestrebten Verkaufsstrategien hin (vgl. Cravens et al. 1993, S. 57). Krafft (1995) betont ferner die Notwendigkeit einer akquisitionsspezifischen Anreizgestaltung, denn Verkaufsmitarbeiter tendierten häufig dazu, sich auf bequemere Betreuungsaktivitäten zu konzentrieren.

Als ein weiterer wichtiger Erfolgsfaktor wird die *Unterstützung des Verkaufs* durch IT-Systeme und zusätzliche personelle Ressourcen angesehen. Eine empirische Untersuchung zu den Erfolgswirkungen des Einsatzes von IT im Verkauf liefert Brandt (1998). Er zeigt, dass computergestützte Verkaufssysteme den Verkaufserfolg hinsichtlich der Effektivität und Wirtschaftlichkeit erheblich steigern können. Als Erklärung wird insbesondere die verbesserte Verkaufsberatung und die interaktive Informationsbereitstellung angeführt. Johnson/Bharadwaj (2005) heben in ihrer empirischen Untersuchung v. a. die technik-induzierte Zeitersparnis hervor. Neben der IT erfüllen aber auch adäquate Trainings der Mitarbeiter eine wichtige Unterstützungsfunktion. So kommen Ingram/Schwepker/Hutson (1992) zu dem Ergebnis, dass Trainings wesentlich zum Verkaufserfolg beitragen können. Auch der personellen Unterstützung der Verkäufer durch zusätzliche Mitarbeiter (im Innendienst) wird eine wichtige Rolle zugeschrieben. So zeigen Krafft et al. (2000) im Rahmen des Vertriebsinformations-Panels (VIP), dass die Zahl der Außendienstbesuche durch adäquate personelle Unterstützung der Verkäufer deutlich erhöht werden kann. Die Unterstützung der Verkäufer durch Personal im Innendienst führe außerdem zu einer erhöhten Flexibilität im Vertrieb und gehe mit höheren Umsätzen und Deckungsbeiträgen einher. Die Bedeutung von sog. Selling-Teams (vgl. Moon/Gupta 1997) auf den Verkaufs- und Beziehungserfolg wird durch Helfert (1998) unterstrichen. Helfert weist empirisch nach, dass der Einsatz von quantitativ und qualitativ adäquat besetzten Teams einen positiven Einfluss auf den Verkaufserfolg hat.

Tabelle 2-3 gibt einen Überblick ausgewählter wissenschaftlicher Arbeiten zu den Einflussgrößen des Verkaufserfolgs mit einem Erklärungsbeitrag für die Untersuchung.

Autor(en) (Jahr)	Relevanter Schwerpunkt der Arbeit	Datengrundlage	Methodik	Zentrale Ergebnisse
Babakus et al. (1996)	Untersuchung des Einflusses der Steuerungssysteme auf den Verkaufserfolg	Schriftl. Befragung von 146 Unternehmen	Kausalanalyse (LISREL)	-Die Ausgestaltung der Steuerungssysteme hat einen großen Einfluss auf den Verkaufserfolg.
Baldauf/ Cravens (2003)	Untersuchung der Einflussfaktoren der Effektivität von Verkaufsorganisationen	Schriftl. Befragung von 159 Verkaufsleitern	Kausalanalyse (LISREL)	-Die Qualifikation sowie systematisches Coaching und Kontrolle der Mitarbeiter beeinflussen die Effektivität der Verkaufsorganisation.
Beverland (2001)	Exploratorische Untersuchung der Einflussfaktoren und Auswirkungen des „Relationship Selling"	46 Expertengespräche mit Verkaufsmitarbeitern aus 5 Industrien	Deskriptive Statistik	-In der Akquisitionsphase ist es von zentraler Bedeutung, dass Verkäufer systematisch Kundeninformationen erheben. -Im Rahmen der Akquisition sollte die Leistung und weniger der Beziehungsaufbau im Vordergrund stehen.
Boles/ Johnson/ Barksdale (2000)	Replikation der Ergebnisse von Crosby/Evans/Cowles im BtoB-Kontext	Schriftl. Befragung von 1.009 Firmenkunden eines TK.-Dienstleisters	Kausalanalyse (LISREL)	-Die Beziehungsqualität und die Kompetenz des Verkäufers haben einen positiven Einfluss auf den Verkaufserfolg.
Boorom/ Goolsby/ Ramsey (1998)	Untersuchung der Wirkung des Verkaufsverhaltens auf die Effektivität des Verkaufs	Schriftl. Befragung von 239 Vertriebsmitarbeitern im Versicherungsbereich	Kausalanalyse (LISREL)	-Kundenorientiertes Verkaufsverhalten wirkt sich positiv auf die Verkaufseffektivität aus. -„Adaptiveness" im Verkaufsverhalten ist ein zentraler Erfolgsfaktor.
Brandt (1998)	Untersuchung der Wirkung computergestützter Angebotssysteme in der Verkaufsberatung für erklärungsbedürftige Produkte	Schriftl. Befragung von 134 Verkäufern in drei Branchen (Nutzfahrzeuge, Fertighäuser, Möbel)	Faktorenanalyse	-Computergestützte Verkaufssysteme wirken unsicherheitsreduzierend und verbessern den Verkaufserfolg hinsichtlich Effektivität und Wirtschaftlichkeit.
Churchill et al. (1985)	Untersuchung der Einflussfaktoren des Verkaufserfolgs	116 Studien zu den Einflussfaktoren des Verkaufserfolgs	Metaanalyse	-Es gibt 5 wesentliche Einflusskategorien des Verkaufserfolgs: Motivation, Fachkompetenz, Verkaufsfähigkeiten, Aufgabenklarheit und Umweltvariablen. -Verkaufsfähigkeiten haben einen besonders starken Einfluss auf den Verkaufserfolg.
Cravens et al. (1993)	Untersuchung der Erfolgswirkungen bestimmter Verkäuferkompetenzen in unterschiedlichen Steuerungssystemen	Schriftl. Befragung von 144 Verkaufsmanagern	Kausalanalyse (LISREL)	-Kundenorientiertes Verkaufsverhalten ist ein wichtiger Erfolgsfaktor in verhaltensorientierten Steuerungssystemen. -Anreizsystem und Verkaufsstrategien müssen aufeinander abgestimmt sein.
Crosby/ Evans/ Cowles (1990)	Untersuchung des Zusammenhangs zwischen Fachkompetenz, relationalem Verkaufsverhalten, Beziehungsqualität und Verkaufserfolg	Schriftl. Befragung von 151 Privatkunden eines Versicherungsdienstleisters	Kausalanalyse (LISREL)	-Relationales Verkaufsverhalten hat einen positiven Einfluss auf die Beziehungsqualität und ist besonders wichtig, wenn das Produkt komplex und die Umwelt dynamisch ist. -Die Beziehungsqualität (Vertrauen, Zufriedenheit) hat keinen Einfluss auf den Verkaufserfolg. -Die Fachkompetenz hat einen positiven Einfluss auf den Verkaufserfolg.

Autor(en) (Jahr)	Relevanter Schwerpunkt der Arbeit	Datengrundlage	Methodik	Zentrale Ergebnisse
Dwyer/Hill/ Martin (2000)	Untersuchung der Erfolgsfaktoren im Verkaufsprozess	Schriftl. Befragung von 309 Versicherungs-agenten	Logistische Regression	-Top Performer (operationalisiert über Verkaufskommissionen, Übertreffen der Verkaufsziele, Umsätze aus Neukunden und bestehenden Kunden, allgemeiner Verkaufserfolg) haben mehr Verkaufs-erfahrung, nutzen verstärkt Referenzen und verzichten auf Kalt-Akquise. -Wenig erfolgreiche Verkäufer nutzen einen ausgeprägten „Hard-Selling" Ansatz.
Evans et al. (2000)	Untersuchung der Erfolgsfaktoren im Erstkontakt zwischen Anbieter und Kunde	116 Verkäufer-Kunden Dyaden im Experiment	Deskriptive Statistik	-Der Erstkontakt zwischen Verkäufer und einem neuen Kunden stellt die entschei-dende Phase für den Verkaufsverlauf dar. -Entscheidend ist der erste Eindruck und insbes. die Fähigkeit des Mitarbeiters, die Bedürfnisse des Kunden richtig zu erfassen. Dies stellt im Erstkontakt besonders hohe Anforderungen.
Goff et al. (1997)	Untersuchung des Einflusses des Verkäufer-verhaltens auf die Produktbewertung durch den Kunden	Schriftl. Befragung von 2.000 Neuwagen-käufern	Kausalanalyse (LISREL)	-Kompetenz und Verkaufsverhalten der Mitarbeiter eines neuen Anbieters wirken positiv auf Produktbewertung. -Dies gilt v.a. dann, wenn die Produkt-qualität schwierig zu bewerten ist.
Haas (2001)	Untersuchung der Wirkung unterschiedlicher Verkaufsstrategien (nach Weitz/Bradford 1999) auf den Verkaufserfolg	Durchführung von 60 Verkaufs-gesprächen im Experiment	Deskriptive Statistik	-Kundenorientierter beratender Verkauf hat die stärkste Wirkung auf den Verkaufs-erfolg; weniger erfolgreich sind dagegen das langfristige „Partnering" und das Hard-Selling.
Helfert (1998)	Untersuchung der Einflussfaktoren des Verkaufserfolgs von Teams im Beziehungsmarketing	Schriftl. Befragung von 233 Verkaufs-mitarbeitern	Kausalanalyse (LISREL)	-Selling Teams, die quantitativen und qualitativen Anforderungen genügen, erhöhen den Verkaufserfolg. -Bessere/ausführlichere Information des Kunden durch erhöhte Kontaktintensität hat einen positiven Effekt auf den Verkaufserfolg.
Hesse/ Evanschitzky (2004)	Untersuchung der Erfolgsfaktoren im Verkauf	Delfi-Befragung von 75 Vertriebs-managern	Deskriptive Statistik, exploratorische Faktoren-analyse	-„Erfolgsfaktoren" im Verkauf sind: kompetente Mitarbeiter, eine klare Vertriebsstrategie, Leistungsqualität, Vertriebscontrolling, Koordination zwischen Marketing und Vertrieb, Salesforce Automation.
Ingram/ Schwepker/ Hutson (1992)	Untersuchung der Einflussfaktoren des Misserfolgs im Vertrieb	Schriftl. Befragung von 200 Verkaufs-mitarbeitern	Deskriptive Statistik	-Wesentliche Gründe für das Scheitern im Vertrieb können durch geeignete Trainings vermieden werden.
Johnson/ Bharadwaj (2005)	Untersuchung der Erfolgswirkungen webbasierter Support-Systeme im Außendienst	Schriftl. Befragung von 168 Verkaufs-mitarbeitern	Konfirmato-rische Fakto-renanalyse, Clusteranalyse	-Der Einsatz webbasierter Instrumente im Außendienst verbessert die Effektivität des Mitarbeiters und erhöht den für die Neukundenakquisition verfügbaren Zeitanteil des Mitarbeiters.
Kennedy/ Ferrell/ LeClair (2001)	Untersuchung der Einflussfaktoren des Vertrauensaufbaus	Schriftl. Befragung von 786 Automobilkunden	Kausalanalyse (LISREL)	-Die Explorationsphase einer Geschäfts-beziehung (Informationssuche, erster Kauf) ist die wichtigste Phase für den Vertrauens-aufbau. Vertrauen und Kundenzufrieden-heit werden durch „Low Pressure Selling Tactics" und durch kompetente Mitarbeiter gefördert. -Die Kaufabsicht des Kunden hängt vom Vertrauen in den Mitarbeiter und in den Anbieter ab.

Autor(en) (Jahr)	Relevanter Schwerpunkt der Arbeit	Datengrundlage	Methodik	Zentrale Ergebnisse
Krafft et al. (2000)	Untersuchung des State-of-Practice und der Erfolgsfaktoren im Vertrieb	Panel-Befragung von 50 Geschäftsführern und Vertriebsleitern aus der Investitionsgüterindustrie	Deskriptive Statistik	-Die Zahl der Außendienstbesuche erhöht den absoluten Verkaufserfolg. -Die Unterstützung der Verkäufer durch Personal im Innendienst kann die Zahl der Außendienstbesuche deutlich erhöhen und geht mit höheren Umsätzen und Deckungsbeiträgen einher. -Systematische Kontrolle ist ein zentraler Erfolgsfaktor im Vertrieb. -Unternehmen, die sich stark auf Neukunden konzentrieren, sind überdurchschnittlich erfolgreich.
Lau/Chin (2003)	Untersuchung der Einflussgrößen des Vertrauensaufbaus im persönlichen Verkauf	Schriftl. Befragung von 150 Verkäufern	Exploratorische Faktorenanalyse, multiple lineare Regression	-Die Kompetenz der Mitarbeiter und ihr Verhalten fördern den Vertrauensaufbau beim Kunden.
Liu/Leach (2001)	Untersuchung des Zusammenhangs zwischen Verkaufsverhalten, Kompetenz und Kundenzufriedenheit und Kundenbindung	Schriftl. Befragung von 169 Einkäufern	Kausalanalyse (LISREL)	-Die Kompetenz der Mitarbeiter wirkt positiv auf Vertrauen und Zufriedenheit des Kunden.
Marshall/ Goebel/ Moncrief (2003)	Identifikation der erfolgsrelevanten Eigenschaften und Kompetenzen von Verkäufern	Schriftl. Befragung von 215 Verkaufsmanagern	Deskriptive Statistik	-Wichtigste Eigenschaften/Fähigkeiten erfolgreicher Verkäufer sind: Zuhören, Adaptive Selling, Verhandlungsfähigkeiten, Prospecting Fähigkeiten, Fachwissen.
Moon/Gupta (1997)	Entwicklung eines konzeptionellen Modells zu den Erfolgswirkungen von Selling Centern	-	-	-„Responsiveness“ gegenüber dem Kunden ist ein wichtiger Erfolgsfaktor; diese wird durch in Qualität und Quantität adäquaten „non-sales resources“ unterstützt.
Morris/Avila/ Teeple (1990)	Untersuchung der für den Verkaufsprozess relevanten Persönlichkeitsmerkmale	Explorative Befragung von 114 Verkaufsmanagern	Deskriptive Statistik, Korrelationsanalyse	-Erfolgsrelevante Persönlichkeitsmerkmale von Verkaufsmitarbeitern sind: „Drive“, Selbstbewusstsein, Proaktivität, Ausdauer, Risikofreude.
Oliver/ Anderson (1994)	Untersuchung der Erfolgswirkungen kundenorientierter Anreizsysteme	Schriftl. Befragung von 356 Verkäufern	Faktorenanalyse, Korrelationsanalyse	-Kundenorientierte Anreizsysteme wirken positiv auf die Kundenorientierung.
Porter/ Wiener/ Frankwick (2003)	Untersuchung der moderierenden Wirkung der Kaufsituation auf die Beziehung zwischen Adaptive Selling und Verkaufserfolg	Schriftl. Befragung von 168 Verkaufsmitarbeitern	Moderierte Regressionsanalyse	-Adaptive Selling ist insbesondere in der "Neukauf "-Situation erfolgsrelevant.
Rackham/ DeVincentis (1998)	Untersuchung von Einflussgrößen auf die Wahl versch. Verkaufsstrategien	Schriftl. Befragung von 170 Vertriebsmitarbeitern	Moderierte Regressionsanalyse	-Die Heterogenität der Kunden hat einen wesentlichen Einfluss auf die Wirkung unterschiedlicher Verkaufsansätze.
Rentz et al. (2002)	Skalenentwicklung zu Verkaufskompetenzen auf Basis der Konzeptualisierung nach Walker/Churchill/ Ford	Schriftl. Befragung von 106 Verkaufsmitarbeitern	Kausalanalyse (LISREL)	-Verkaufskompetenzen lassen sich in drei Dimensionen operationalisieren: soziale Fähigkeiten, Verkaufsfähigkeiten und technische Fähigkeiten.
Sharma/ Pillai (1996)	Untersuchung der Folgen unterschiedlicher Entscheidungsstile von Kunden auf den Verkauf des Anbieters	Schriftl. Befragung von 109 Einkäufern	Deskriptive Statistik, Clusteranalyse, Diskriminanzanalyse	-Die systematische Erhebung von Kundeninformationen führt zu einer wesentlichen Zeit- und Aufwandsreduktion bei der Identifikation von Kunden und der Entwicklung von Verkaufsstrategien. -Die Anreizsysteme im Verkauf müssen an die Entscheidungsstile des Kunden angepasst werden.

Autor(en) (Jahr)	Relevanter Schwerpunkt der Arbeit	Datengrundlage	Methodik	Zentrale Ergebnisse
Sharma/ Sarel (1995)	Untersuchung der Erfolgswirkungen kundenorientierter Anreizsysteme	Experiment mit 130 Studenten	Deskriptive Statistik, Varianz- und Kovarianz-analyse	-Kundenorientierte Anreizsysteme haben einen positiven Einfluss auf den Verkaufserfolg.
Spiro/Weitz (1990)	Konzeptualisierung und Untersuchung der Wirkung des kundenorientierten Verkaufsverhaltens	Schriftl. Befragung von 268 Vertriebs-mitarbeitern einer Versicherung	Faktoren-analyse, Korrelations-analyse	-Kundenorientiertes Verkaufsverhalten hat einen positiven Einfluss auf die Verkaufseffektivität.
Sujan/Weitz/ Kumar (1994)	Untersuchung des Einflusses des kundenorientierten Verkaufsverhaltens auf die Verkaufseffektivität	Befragung von 190 Vertriebsmitarbei-tern	Kausalanalyse (LISREL)	-Kundenorientiertes Verkaufsverhalten hat einen positiven Einfluss auf die Verkaufseffektivität.
Swenson/ Herche (1994)	Untersuchung der Wirkung kundenorientierten Verkaufsverhaltens auf den Verkaufserfolg	Schriftl. Befragung von 281 Verkäufern (branchen-übergreifend)	Faktoren-analyse, Regressions-analyse	-Kundenorientiertes Verkaufsverhalten hat einen positiven Einfluss auf die Verkaufseffektivität.
Szymanski (1988)	Entwicklung eines konzeptionellen Modells zur Bestimmung der Einflussfaktoren des Verkaufserfolgs	-	-	-Die Priorisierung neuer Kunden und ein systematisches Informationsmanagement sind wichtige Erfolgsfaktoren im Rahmen der Neukundenakquisition.
Weitz (1981)	Konzeptualisierung der Einflussfaktoren der Effektivität von Vertriebsmitarbeitern	-	-	-Fähigkeiten und Verkaufsverhalten der Vertriebsmitarbeiter haben einen starken Einfluss auf den Verkaufserfolg. -Dieser Einfluss wird durch die Kaufsitua-tion und durch Charakteristika der Geschäftsbeziehung moderiert. -Die Neukundenakquisition stellt besondere Anforderungen an das Verkaufsverhalten und die Fähigkeiten der Mitarbeiter.
Weitz/ Bradford (1999)	Entwicklung einer Typologie unterschiedlicher Verkaufsstile/-strategien	-	-	-Vertriebsmitarbeiter können vier Verkaufs-stile wählen: Abwicklung, Hochdruck-verkauf, Marketing und Partnering.

Tabelle 2-3: Übersicht zu ausgewählten Untersuchungen mit Erklärungsbeitrag zum Verkaufserfolg

2.3.2 Beiträge aus der Forschung zum Kundenbeziehungsmanagement

Konzeptionell stellt die Neukundenakquisition das auf potenzielle bzw. neue Kunden ausgerichtete Aufgabenfeld des Kunden- bzw. Kundenbeziehungsmanagements dar (vgl. Homburg/Schäfer 1999, S. 1; Diller 1995, S. 1363; Bruhn 2001, S. 48). Dieses beinhaltet damit neben der Gestaltung und Erhaltung von Kundenbeziehungen auch all diejenigen Aktivitäten, die nötig sind, um Geschäftsbeziehungen zu initiieren (vgl. Reinartz/Krafft/Hoyer 2005, S. 294; Stauss 2000, S. 15 f.; Dwyer/Shurr/Oh 1987, S. 21). Vor diesem Hintergrund erwarten wir uns auch aus diesem Forschungsgebiet relevante Erkenntnisse zum Management der Neukundenakquisition.

Die Forschung zum Kundenbeziehungsmanagement umfassend darzustellen, würde den Rahmen dieser Arbeit sprengen. Wir beschränken uns daher auf Beiträge, die sich explizit mit der Neukundenakquisition oder mit verwandten Aspekten auseinandersetzen. Die Analyse dieser Literatur soll v.a. weitere fundierte Hinweise auf potenzielle Gestaltungsfelder (vgl. Abschnitt 2.3.2.1) und Einflussfaktoren (vgl. Abschnitt 2.3.2.2) der Neukundenakquisition geben.

2.3.2.1 Beiträge zu Gestaltungsfeldern im Kundenbeziehungsmanagement

Die Literatur zum Kundenbeziehungsmanagement hebt unterschiedliche Gestaltungsfelder hervor (vgl. z. B. Bruhn 2001, S. 9; Gouthier 2004b, S. 401). Typischerweise werden folgende Themen im Kundenbeziehungsmanagement gesehen: Maßnahmen der Analyse, der Planung und Kontrolle, der Priorisierung sowie der Gestaltung der Anreizsysteme.

Ein erster und zentraler Analyse- und Planungsinhalt des Kundenbeziehungsmanagements bezieht sich auf die *Ressourcenallokation* auf die unterschiedlichen Marketingziele. Diese Frage ist in der jüngeren Vergangenheit in einer Vielzahl konzeptionell und methodisch anspruchsvoller Arbeiten untersucht worden. Dabei befassen sich die meisten dieser Arbeiten mit der Entwicklung analytischer Modelle zur Optimierung des Kundenwerts bzw. der „Customer Equity" durch Bestimmung der optimalen Budgetallokation zwischen Neukundenakquisition und Kundenbindung (vgl. Berger/Bechwati 2001; Blattberg/Deighton 1996; Blattberg/Getz/Thomas 2001a; Berger et al. 2002; Krafft 2002; Reinartz/Thomas/ Kumar 2005). Unterschiede zwischen diesen Arbeiten bestehen in erster Linie hinsichtlich der getroffenen Annahmen (z. B. zum Vorhandensein von Budgetrestriktionen, Differenzierung von Kundenbindungs- und Akquisitionsquoten). Alle Modelle basieren auf der Annahme, dass eine Mehrinvestition in die Neukundenakquisition mit einem erhöhten Akquisitionserfolg einhergeht. Hierbei wird meist ein degressiv steigender Zusammenhang zwischen Akquisitionsbudget und Akquisitionserfolg modelliert (vgl. z. B. Krafft 2002).

Auch die wertorientierte *Priorisierung* von Kunden stellt ein wichtiges Element eines systematischen Kundenbeziehungsmanagements dar (vgl. Venkatesan/Kumar 2004). Die Priorisierung betrifft nicht nur die Qualität der zugrunde liegenden Analyse, sondern auch die Konsequenz in ihrer Umsetzung. Es besteht Konsens darüber, dass ein solches wertorientiertes Kundenmanagement den Unternehmenserfolg positiv beeinflusst (vgl. Günter/Helm 2004; Venkatesan/Kumar 2004). So erbringen beispielsweise Venkatesan/ Kumar (2004, S. 118 ff.) den empirischen Nachweis, dass eine auf Basis des Kundenwerts vorgenommene Kundenselektion und Ressourcenallokation zu einem höheren wirtschaftlichen Erfolg führt. In einer konzeptionellen Abhandlung zum CRM stellt Köhler (2001) darüber hinaus die Erfolgsrelevanz einer systematischen *Planung und Kontrolle* für eine effektive und wirtschaftliche Akquisition (und Bindung) von Kunden heraus. Berger et al. (2000) unterstreichen dagegen v. a. die Bedeutung des Informationsmanagements und der bedürfnisorientierten Kundensegmentierung für ein erfolgreiches Kundenmanagement.

Hinsichtlich *Anreizsystemen* liefern schließlich Reinartz/Krafft/Hoyer (2005) einen wichtigen konzeptionellen und empirischen Beitrag. Die Autoren untersuchen die Erfolgsfaktoren der CRM-Implementierung im Rahmen der drei Phasen „Initiation", „Maintenance" und „Termination" (vgl. Reinartz/Krafft/Hoyer 2005, S. 29 ff.). Hinsichtlich der „Initiation"-Phase können die Autoren empirisch zeigen, dass die adäquate Ausrichtung der Anreizsysteme und der Organisationsstruktur einen positiv moderierenden Effekt auf die Beziehung zwischen dem Akquisitionsprozess und dem Unternehmenserfolg aufweist. Demnach hat die Neukundenakquisition dann eine positive Wirkung auf den Unternehmenserfolg, wenn das Unternehmen ein Anreizsystem bereitstellt, das ein akquisitionsbezogenes Verhalten honoriert.

2.3.2.2 Beiträge zu Einflussfaktoren der Kundenbindung

Ein weiterer, für die vorliegende Untersuchung relevanter Forschungszweig befasst sich mit den Einflussfaktoren der Kundenbindung. Die folgenden Faktoren wurden in der Literatur konzeptionell und empirisch ausführlich untersucht:

- Vertrauen;
- Kundenzufriedenheit;
- Einflussgrößen des Wechselverhaltens.

Der positive Einfluss des *Vertrauens* in den Anbieter auf die Kundenbindung gilt in der Literatur als gesichert (vgl. Doney/Cannon 1997). Vertrauen lässt sich als Erwartung des Kunden auffassen, dass sich der Anbieter gegenüber dem Kunden wohlwollend bzw. nicht opportunistisch verhalten wird (vgl. Bouncken 2000, S. 5 f.; Morgan/Hunt 1994, S. 23 f.). Die Literatur weist darauf hin, dass Vertrauen auch ohne bestehende Geschäftsbeziehung existieren kann und damit auch im Rahmen der Geschäftsbeziehungsanbahnung von Bedeutung ist (vgl. Doney/Cannon 1997). Nach Ansicht von Kennedy/Ferrell/LeClair (2001) stellt sogar gerade die Explorationsphase einer Kundenbeziehung (vgl. Dwyer/Schurr/Oh 1987) die entscheidende Phase für den Vertrauensaufbau dar. Demnach ist das Vertrauen nicht nur für den Wiederkauf, sondern insbesondere auch für den Erstkauf bei einem Anbieter ein wichtiger Einflussfaktor. Das Vertrauen wird in dieser Phase v. a. durch kundenorientiertes Verkaufsverhalten und die Kompetenz des Mitarbeiters gefördert (vgl. Doney/Cannon 1997; Holden 1990). Darüber hinaus kann das Vertrauen durch eine erhöhte Interaktionshäufigkeit zwischen Anbieter und Kunde positiv beeinflusst werden (vgl. Doney/Cannon 1997).

Ein weiterer bedeutender und häufig untersuchter Einflussfaktor auf die Kundenbindung ist die *Kundenzufriedenheit*. Auch hinsichtlich dieses Faktors betont die Literatur, dass diese nicht nur im Rahmen bestehender Kundenbeziehungen, sondern auch in der Kundenakquisitions- und Neukundenphase von großer Bedeutung ist (vgl. Georgi 2000, S. 241 f.; Gouthier 2004b, S. 403 ff.). Nur bei Kundenzufriedenheit in diesen frühen Beziehungsphasen kann der Grundstein für eine stabile Kundenbindung gelegt werden (vgl. auch Thomas 2001). Kundenzufriedenheit im Rahmen der Akquisition muss zum einen durch eine qualitätsorientierte Leistungspolitik gewährleistet werden (vgl. Georgi 2000, S. 238). Zum anderen hat aber auch die Art und Weise der Verkaufsprozessgestaltung einen großen Einfluss auf den Aufbau der Kundenzufriedenheit. Leuthesser/Kohli (1995) können z. B. zeigen, dass insbesondere in im Aufbau befindlichen Geschäftsbeziehungen eine erhöhte Interaktionshäufigkeit die Kundenzufriedenheit steigern kann.

Weitere Arbeiten befassen sich explizit mit den *Einflussfaktoren des Wechselverhaltens* von Kunden. So haben Bansai/Taylor/St. James (2005) herausgefunden, dass der „Pull-Effekt" – die Attraktivität des Angebots anderer Anbieter – eine starke Wirkung auf das Wechselverhalten von Kunden hat. Demnach wechseln Kunden auch ohne Fehler des bestehenden Anbieters bei ausreichend hoher Attraktivität neuer Anbieter. Die Wechselwahrscheinlichkeit wird weiterhin durch das Ausmaß des Wissens der Kunden zu alternativen Angeboten bestimmt (vgl. Burnham/Freis/Mahajan 2003; Capraro/Broniarczyk/ Srivastava 2003). Neue Anbieter sollten daher versuchen, das Informationslevel potenzieller Kunden hinsichtlich ihrer Angebote zu verbessern.

Tabelle 2-4 gibt einen Überblick zu ausgewählten Arbeiten zum Kundenbeziehungsmanagement mit einem Erklärungsbeitrag für die vorliegende Untersuchung.

Autor(en) (Jahr)	Relevanter Schwerpunkt der Arbeit	Datengrundlage	Methodik	Zentrale Ergebnisse
Bansai/ Taylor/ St. James (2005)	Untersuchung der Einflussfaktoren des Wechselverhaltens von Kunden	Schriftl. Befragung von 680 Endkonsumenten	Kausalanalyse (LISREL)	-Die "Alternative Attractiveness" hat starke Wirkung auf das Wechselverhalten der Kunden. -Kunden wechseln auch ohne Zutun des bestehenden Anbieters bei ausreichend hoher Attraktivität des neuen Anbieters.
Berger et al. (2002)	Konzeptionelle Herleitung von Erfolgsfaktoren des Kundenmanagements	-	-	-Für ein erfolgreiches Kundenmanagement ist ein systematisches Informationsmanagement und eine bedürfnisorientierte Kundensegmentierung notwendig.
Blattberg/ Deighton (1996)	Maximierung der Customer Equity über eine optimale Budgetallokation	-	Analytisches Modell	-Entwicklung eines deterministischen Modells zur Bestimmung des optimalen Akquisitions- und Bindungs-Budgets; keine Budgetrestriktion.
Burnham/ Freis/ Mahajan (2003)	Untersuchung der Einflussfaktoren der Wechselkosten von Kunden	Schriftl. Befragung von 203 Telefon- und Kreditkartenkunden	Kausalanalyse (LISREL)	-Leistungskomplexität, geringes Kundenwissen und eine große Leistungsprogrammbreite erhöhen die Wechselkosten für die Kunden.
Capraro/ Broniarczyk/ Srivastava (2003)	Untersuchung des Kundenwissens als Einflussfaktor des Wechselverhaltens	Schriftl. Befragung von 235 Versicherungskunden	Deskriptive Statistik, logistische Regression	-Die Wechselwahrscheinlichkeit des Kunden wird wesentlich durch sein Wissen zu alternativen Angeboten bestimmt.
Doney/ Cannon (1997)	Untersuchung der Einflussfaktoren des Vertrauens und seiner Erfolgswirkungen	Schriftl. Befragung von 210 Einkaufsmanagern	Kausalanalyse (LISREL), logistische Regression	-Vertrauen in den Anbieter kann auch ohne bestehende Geschäftsbeziehung existieren. -Die Expertise des Verkäufers und die Interaktionshäufigkeit haben einen positiven Einfluss auf den Vertrauensaufbau beim Kunden. -Das Vertrauen hat einen positiven Einfluss auf die Kaufabsicht des Kunden -In der Anbieterwahl hat ein relativer Preisvorteil aber einen stärkeren Einfluss.
Köhler (2001)	Beschreibung der Elemente eines systematischen Kundenmanagements	-	-	-Die Ressourcenallokation zwischen Akquisition und Bindung muss durch den Kundenwert bestimmt sein. -Die systematische Planung und Kontrolle sind wichtige Voraussetzungen für eine effektive und wirtschaftliche Neukundenakquisition.
Krafft (2002)	Bewertung analytischer Modelle zur optimalen Ressourcen-allokation	-	-	-Es existiert ein degressiv steigender Zusammenhang zwischen Akquisitionsbudget und Akquisitionsquote.
Leuthesser/ Kohli (1995)	Untersuchung der Einflussfaktoren der Kundenzufriedenheit in Geschäftsbeziehungen	Schriftl. Befragung von 454 Einkäufern	Kausalanalyse (LISREL)	-Insbesondere in jungen Geschäftsbeziehungen haben die Interaktionshäufigkeit und die proaktiven Bemühungen des Anbieters zur Bedürfnisbefriedigung des Kunden einen positiven Einfluss auf die Kundenzufriedenheit.
Reinartz/ Krafft/ Hoyer (2005)	Untersuchung der Einflussfaktoren des Erfolgs in den verschiedenen Phasen des CRM (u.a. der „Initiation")	Schriftl. Befragung von 306 CRM-Verantwortlichen (branchen- und länderübergreifend)	PLS, moderierte Regressionsanalyse	-Die Ausrichtung der Anreizsysteme und die Organisationsstruktur haben einen positiven moderierenden Effekt auf die Beziehung zwischen dem Akquisitionsprozess und dem wirtschaftlichen Erfolg. -Die interne Akquisitionsunterstützung spielt für den Erfolg der Akquisition eine wichtige Rolle.

Autor(en) (Jahr)	Relevanter Schwerpunkt der Arbeit	Datengrundlage	Methodik	Zentrale Ergebnisse
Reinartz/ Thomas/ Kumar (2005)	Herleitung und Ausgestaltung einer optimalen Ressourcenbalance zwischen Neukundenakquisition und Kundenbindung	Auswertung von Daten zu 12.000 Kunden eines High-Tech Unternehmens	Analytisches Modell, zweistufiges PLS Modell	-Es ist besser, zuviel in die Neukundenakquisition zu investieren, als zu wenig. -Persönliche Verkaufskontakte haben einen stärkeren Einfluss auf die Akquisitionswahrscheinlichkeit als unpersönliche Kontaktformen.
Venkatesan/ Kumar (2004)	Untersuchung der Auswirkungen einer kundenwertorientierten Kundenselektion und Ressourcenallokation	Auswertung von 2.200 Kundendaten eines High-Tech-Unternehmens	Markov Ketten, Monte Carlo-Methode	-Eine auf Basis des Kundenwerts vorgenommene Kundenselektion und Ressourcenallokation führt zu erhöhtem wirtschaftlichen Erfolg.

Tabelle 2-4: Übersicht zu ausgewählten Beiträgen zum Kundenbeziehungsmanagement

2.3.3 Beiträge aus der Forschung zum organisationalen Kaufverhalten

Auch wenn im Rahmen der vorliegenden Arbeit eine Anbieterperspektive eingenommen wird, spielt das Kaufverhalten der Kunden ebenfalls eine wichtige Rolle. Auf Aspekte im Kaufverhalten von Individuen gehen wir im Rahmen der Diskussion der theoretischen Grundlagen noch ein (vgl. Abschnitt 2.5). Hier konzentrieren wir uns dagegen auf die Darstellung relevanter Erkenntnisse aus der Forschung zum organisationalen Kaufverhalten. Die Analyse dieses Forschungsgebiets soll v. a. Aufschluss hinsichtlich der Kaufentscheidungskriterien organisationaler Kunden geben. Hieraus sollten sich für die vorliegende Untersuchung nutzbare Hinweise zur Erfolgsrelevanz unterschiedlicher Akquisitionsansätze sowie weiterer Erfolgsfaktoren für neue Anbieter ergeben.

Die Forschung zum organisationalen Beschaffungsverhalten deckt eine große Breite an Themen ab (vgl. Reid/Plank 2000). Daher beschränken wir auch hier die Bestandsaufnahme auf ausgewählte, inhaltlich für die vorliegende Untersuchung relevante Arbeiten. Eine nähere Betrachtung der Literatur erfolgte für die folgenden Themengebiete:

- Beiträge zur Lieferantenbewertung und -auswahl im Allgemeinen;
- Beiträge zu Einflussgrößen des Anbieterwechsels.

2.3.3.1 Beiträge zur Lieferantenbewertung und -auswahl

Zu diesem Themengebiet zählen die Studien zu Modellen des organisationalen Beschaffungsverhaltens (vgl. Reid/Plank 2000, S. 36). Unter den in diesem Kontext diskutierten Modellen greifen wir für diese Arbeit den Kaufklassenansatz nach Robinson/Faris/Wind (1967) auf. Demzufolge können drei Typen von *Kaufklassen* unterschieden werden: der Neukauf, der modifizierte Wiederkauf sowie der Wiederkauf. Diese Kaufklassen unterscheiden sich hinsichtlich der durch den Kunden benötigten

Informationen und des wahrgenommenen Risikos in seiner Beschaffungsentscheidung (vgl. auch Weitz 1981). Der *Neukauf* stellt eine neue Aufgabe für den Kunden dar. Entsprechend hoch ist das Risiko und der Informationsbedarf des Kunden sowie das Ausmaß der Berücksichtigung neuer Alternativen (vgl. Bunn 1993, S. 46). Nach Weitz (1981) entspricht der Verkauf an Neukunden dem Neukauf bzw. dem modifizierten Wiederkauf und der Verkauf an bestehende Kunden dem Wiederkauf (vgl. Weitz 1981, S. 93; vgl. auch Mühlmeier 2004, S. 122). Auch wenn die späteren Modelle von Sheth (1973) und Webster/Wind (1972) Determinanten der Beschaffungsentscheidung umfassender berücksichtigen (zu einer Kritik am Kaufklassen-Modell vgl. auch Homburg/Schneider 2001, S. 595), gibt das Kaufklassenmodell einige wertvolle Hinweise für die vorliegende Untersuchung. So hängt nach Weitz (1981, S. 87 ff.) die Erfolgswirkung spezifischer Verkaufsstrategien und -kompetenzen von der Kaufklasse ab. Hinsichtlich der Kaufklasse „Neukauf" können Porter/Wiener/Frankwick (2003) beispielsweise zeigen, dass der positive Effekt des Adaptive Selling auf den Verkaufserfolg besonders stark ausgeprägt ist.

Daneben werden im Rahmen dieses Themengebiets die Einflussgrößen der Bewertung und der Auswahl von Anbietern untersucht. Denn organisationale Beschaffungsentscheidungen können grundsätzlich von unterschiedlichsten Faktoren beeinflusst werden. Für die vorliegende Arbeit sind insbesondere Merkmale des Anbieters und der zu beschaffenden Leistung (vgl. Möller/Laaksonen 1986, S. 187; Johnston/Lewin 1996, S. 2) relevant.

Hinsichtlich der *Merkmale des Anbieters* unterscheidet Spekman (1988, S. 320 ff.) fünf Kriteriengruppen der Lieferantenbewertung (vgl. auch Petroni/Braglia 2000; Garvin 1988): produktbezogene Aspekte (z. B. Produktqualität des Anbieters), servicebezogene Aspekte (z.B. Zuverlässigkeit, Schnelligkeit), erfahrungsbezogene Aspekte (Reputation des Anbieters, eigene frühere Kontakte mit dem Anbieter), preisbezogene Aspekte (Preis-Leistungsverhältnis, produktbezogene Gesamtkosten) sowie stabilitäts- bzw. verfügbarkeitsbezogene Aspekte (Breite des Leistungsspektrums, finanzielle Stabilität des Anbieters, geografische Nähe). Insbesondere die akquisitorische Wirkung der Leistungsprogrammbreite wird in der einschlägigen Literatur häufig hervorgehoben (vgl. Engelhardt/Günther 1981; Wind 1967; Hill/Hillier 1977; Specht 1985; Parkinson/ Baker/Möller 1986).

Merkmale der zu beschaffenden Leistung umfassen in diesem Zusammenhang die Bedeutung, den Neuigkeitsgrad, die Beschaffungsfrequenz sowie die Komplexität der Leistung. Dabei ist

v. a. der Einfluss der Leistungskomplexität auf das organisationale Kaufverhalten in zahlreichen Studien untersucht worden (vgl. z. B. Hakansson/Wootz 1979; McQuiston 1989; Immes 1993; Claycomb/Frankwick 1997). Der Fokus liegt meist auf den Auswirkungen der Komplexität auf das Risikoempfinden und das Problemlösungs- und Suchverhalten der Kunden (vgl. Gronhaug 1977; Moriarty/Galper 1978; Puto/Patton/King 1985; Hakansson/Johanson/Wootz 1977). So leiten beispielsweise Claycomb/Frankwick (1997) her, dass der Kunde bei hoher Leistungskomplexität an einer intensiven Interaktion mit dem Anbieter interessiert ist.

2.3.3.2 Beiträge zu Einflussgrößen des Anbieterwechsels

Beiträge zu den Einflussgrößen des Anbieterwechsels sind für die Neukundenakquisition naheliegenderweise von großer Bedeutung. Neben aufgabenbezogenen, arbeitsvereinfachenden und organisationalen Variablen (vgl. Wind 1967, 1970) stellen die Kundenzufriedenheit, das Vertrauen und das Bestreben nach Risikovermeidung wichtige Einflussfaktoren der Lieferantentreue dar (vgl. Wind 1967; Bubb/van Rest 1973). Empirisch kann Wind (1970) zeigen, dass sich Kunden v. a. dann treu verhalten, wenn Kostenüberlegungen diese nicht zur Erwägung neuer Lieferanten führen. Andere Autoren (Bubb/van Rest 1973) sehen die Lieferantentreue als Ergebnis organisationaler Trägheit an. Diese Trägheit stellt einen wichtigen Vorteil des bestehenden Lieferanten (sog. „In-Supplier“, vgl. Robinson/Faris/Wind 1967, S. 202 ff.) gegenüber neuen Anbietern dar (sog. „Out-Supplier“, vgl. Engelhardt/Günther 1981, S. 66; Brown 1995, S. 171 ff.). Bubb/van Rest (1973, S. 29) gehen darüber hinaus davon aus, dass die Lieferantentreue im Sinne tatsächlichen Wiederkaufverhaltens weniger auf „psychological bonds“, als auf das Streben nach Risikoreduktion, den wahrgenommenen Mangel an Beschaffungsalternativen oder die Reduzierung des Beschaffungsaufwands zurückgeführt werden kann (vgl. auch Sheth 1973; Puto/Patton/King 1985; Jarvis/Wilcox 1977). Insbesondere die Bedeutung des wahrgenommenen Risikos auf die Lieferantentreue wird in der Literatur häufig hervorgehoben (vgl. Choffray/Johnston 1979; Puto/Patton/King 1985; Tullous/Munson 1992; Newall 1977; Immes 1993; Hawes/Barnhouse 1987; Bunn/Liu 1996).

Einige Untersuchungen befassen sich explizit mit Kaufentscheidungen für bzw. gegen neue Anbieter (vgl. Brown 1995; Wathne/Biong/Heide 2001; Heide/Weiss 1995). So weist Brown (1995) nach, dass sich organisationale Kunden für einen neuen Anbieter nicht auf Basis von dessen Leistungsüberlegenheit, sondern anhand von „extrinsic cues“ (z.B. allgemeiner Eindruck des Mitarbeiters, Risiko, Wichtigkeit der Beschaffung) entscheiden. Er leitet daraus ab, dass neue Anbieter versuchen sollten, die Erfahrung des potenziellen Kunden mit den eigenen Produkten zu erhöhen und möglichst intensiven Kontakt zwischen Verkäufern und Kunden aufbauen sollten. Eine weitere wichtige empirische Untersuchung stammt von Wathne/Biong/Heide (2001). Die Autoren untersuchen die relative Wichtigkeit ausgewählter Kriterien im Rahmen der Entscheidung zur Auftragsvergabe an den bestehenden oder einen neuen Anbieter. Sie finden heraus, dass aus Kundensicht weniger interpersonelle Beziehungen die Entscheidung für oder gegen den bestehenden Anbieter bestimmen, sondern v. a. der Angebotspreis, die Kosten des Anbieterwechsels und die Leistungsprogrammbreite des Anbieters ausschlaggebende Entscheidungskriterien darstellen. Im Angebot niedriger Preise sehen die Autoren die beste Strategie eines neuen Anbieters zum Aufbrechen existierender Geschäftsbeziehungen.

Ein Überblick über ausgewählte Arbeiten zum organisationalen Beschaffungsverhalten findet sich in Tabelle 2-5.

Autor(en) (Jahr)	Relevanter Schwerpunkt der Arbeit	Datengrundlage	Methodik	Zentrale Ergebnisse
Brown (1995)	Untersuchung von Erfolgsfaktoren für neue Anbieter in Abhängigkeit der Entscheidungskriterien der Kunden	Schriftl. Befragung von 379 Einkäufern	Kausalanalyse (LISREL)	-Der Kunde entscheidet sich für einen neuen Anbieter anhand „extrinsic cues" wie dessen Mitarbeiter. Neue Anbieter sollten versuchen, die Erfahrung des pot. Kunden mit den eigenen Mitarbeitern und Produkten zu erhöhen.
Bunn (1993)	Typologisierung unterschiedlicher organisationaler Beschaffungssituationen	Schriftl. Befragung von 836 Einkäufern	Clusteranalyse, MANOVA	-Die Informationssuche des Kunden und die Neigung zur Berücksichtigung von neuen Anbietern ist beim Neukauf am stärksten ausgeprägt.
Claycomb/ Frankwick (1997)	Entwicklung eines konzeptionellen Modells zu den Einflussfaktoren der Kaufentscheidung und Lieferantentreue bei industriellen Kunden	-	-	-Bei komplexen Produkten hängt das Kundenurteil stark von dem Vertrauen ab, das der Kunde dem Anbieter entgegenbringt. -Der Kunde ist bei komplexen Produkten an einer intensiven Interaktion und Kommunikation interessiert, um seine Unsicherheit gegenüber dem neuen Anbieter abzubauen.
Hakansson/ Johanson/ Wootz (1977)	Untersuchung unterschiedlicher Verhandlungstaktiken in Abhängigkeit der Verhandlungsobjekte	3 Unternehmens-Fallstudien	Qualitative Auswertung	-Der Schwerpunkt des Interesses bei komplexen Gütern liegt auf der Problem-lösungsqualität, weil dort die größte wahrgenommene Unsicherheit herrscht. -Um als neuer Anbieter als Alternative wahrgenommenen zu werden, ist die Erhöhung der wahrgenommenen Unsicherheit des Kunden eine wirksame Taktik, um Suchprozesse des potenziellen Kunden bzgl. neuer Alternativen zu fördern.
Hakansson/ Wootz (1979)	Beschreibung der Einflussfaktoren des organisationalen Kaufverhaltens und der Lieferantenauswahl	-	-	-Erhöhte Unsicherheit bedeutet ein größeres Bedürfnis des Kunden nach „sozialem Austausch" mit dem Anbieter. -Je höher das Risiko aufgrund von Unsicherheit über die notwendigen Spezifikationen, desto geringer sind die Chancen von Niedrigpreisanbietern.

Autor(en) (Jahr)	Relevanter Schwerpunkt der Arbeit	Datengrundlage	Methodik	Zentrale Ergebnisse
Heide/Weiss (1995)	Untersuchung der Einflussfaktoren der Lieferantenauswahl und des Wechselverhaltens von Kunden	Schriftl. Befragung von 215 Einkäufern in High-Tech-Märkten	Exploratorische und konfirmatorische Faktorenanalyse, sequenzielles Logit Modell	-Die Marktdynamik erhöht die Unsicherheit und das Informationsbedürfnis der Kunden. -Bei hoher Marktdynamik spielt die angebotene Kernleistung des Anbieters eine zentrale Rolle.
Immes (1993)	Untersuchung der Einflussfaktoren des wahrgenommenen Risikos bei der industriellen Kaufentscheidung	Schriftl. Befragung von 72 Einkäufern	Korrelationsanalyse, Faktorenanalyse, Varianzanalyse	-Kunde ist nicht an produktbezogenen Detailinformationen, sondern an leichter bewertbaren Ersatzinformationen interessiert. -Anbieter muss die Informationssuche des Kunden zu Qualitätsindikatoren umlenken.
McQuiston (1989)	Untersuchung kunden- und produktbezogener Einflussfaktoren des industriellen Kaufverhaltens	Schriftl. Befragung von 182 Einkäufern im Maschinenbau	Kausalanalyse (LISREL)	-Neuheit, Komplexität und Wichtigkeit der Beschaffungsentscheidung sind wichtige Einflussgrößen des Beschaffungsverhaltens.
Puto/Patton/ King (1985)	Untersuchung der industriellen Beschaffungsentscheidung unter Risiko	Schriftl. Befragung von 271 Einkäufern	Experiment, Qualitative Auswertung	-Neue Anbieter sollten über teilweise Bedarfsdeckung existierende Beziehungen aufbrechen.
Robinson/ Faris/ Wind (1967)	Entwicklung des Kaufklassen-Ansatzes: Unterscheidung der Kaufklassen Neukauf, modifizierter Wiederkauf, Wiederkauf	-	-	-Beim Neukauf ist der Informationsbedarf des Kunden sehr hoch. Preisliche Faktoren spielen hier eine untergeordnete Rolle und neue Alternativen werden verstärkt berücksichtigt.
Tullous/ Munson (1992)	Untersuchung der Wirkung der Unsicherheit auf die relative Wichtigkeit unterschiedlicher Einkaufskriterien	88 Interviews mit Einkäufern	Conjoint Analyse	-Bei niedriger Unsicherheit ist der Preis das wichtigste Einkaufskriterium. -Bei erhöhter Unsicherheit ist die Qualität das wichtigste Kriterium.
Wathne/ Biong/ Heide (2001)	Untersuchung der Wirkung von Beziehungs- und Marketing-Variablen auf die Kaufentscheidung für oder gegen neue Anbieter	Schriftl. Befragung von 114 Kunden und 37 Key-Account-Managern	Multiple Regressionsanalyse	-Nicht interpersonelle Beziehungen, sondern der Angebotspreis, die Kosten des Anbieterwechsels und die Leistungsprogrammbreite sind die wichtigsten Determinanten der Beschaffungsentscheidung.

Tabelle 2-5: Übersicht zu ausgewählten Arbeiten zum organisationalen Beschaffungsverhalten

2.4 Zusammenfassende Bewertung der Bestandsaufnahme

In diesem Abschnitt wird der Erkenntnisbeitrag der ausgewerteten Literatur zur Beantwortung der Forschungsfragen zusammengefasst. Dies erfolgt im Hinblick auf die Gestaltungsfelder (Forschungsfrage 1a, b), die Erfolgsfaktoren (Forschungsfragen 2a, b), die Erfolgswirkungen (Forschungsfrage 3) sowie den State of Practice (Forschungsfrage 4).

Forschungsfrage 1a und 1b:

Obwohl sich einige Beiträge durchaus umfassender mit der Neukundenakquisition auseinandersetzen, existieren bislang nur wenige Arbeiten, die eine wirklich integrative Betrachtung der Neukundenakquisition aus Managementperspektive vornehmen. Dies gilt insbesondere für eine Konzeptualisierung und Übersicht zu grundsätzlichen Strategien der

Akquisition neuer Kunden. Dennoch lassen sich aus der Betrachtung der Forschung zur Neukundenakquisition sowie der Literatur aus den angrenzenden Forschungsfeldern viele relevante Erkenntnisse zu Gestaltungsfeldern und Strategien ziehen.

Forschungsfragen 2a und 2b:
Hinsichtlich der zweiten Forschungsfrage lassen sich nur eingeschränkt Erkenntnisse aus der Literatur zur Neukundenakquisition gewinnen. Die Bestandsaufnahme offenbarte große Forschungsdefizite im Hinblick auf Quantität und Qualität der existierenden Beiträge zu den Erfolgsfaktoren der Neukundenakquisition. Eine gleichermaßen theoretisch und empirisch fundierte Untersuchung der Erfolgsfaktoren der Neukundenakquisition liegt nach Kenntnis des Verfassers zur Zeit nicht vor. Auch bzgl. Forschungsfrage 2b liefert die existierende Literatur kaum fundierte Erkenntnisse. Moderierende Effekte wurden bisher weitestgehend ausgeklammert. Eine Ausnahme stellt die Arbeit von Mühlmeier (2004) dar. Hier konnten die Hypothesen zu den moderierenden Effekten allerdings nicht bestätigt werden.

Empirisch fundierte Erkenntnisse zu potenziellen Erfolgsfaktoren der Neukundenakquisition lassen sich dagegen den angrenzenden Literaturgebieten entnehmen. Strukturiert man die relevanten Erkenntnisse, wird offensichtlich, dass Erfolgsfaktoren aus folgenden Bereichen besonders häufig genannt werden:

Merkmale der Mitarbeiter: Hier gibt die Forschung zum Vertriebsmanagement und persönlichen Verkauf fundierte Hinweise auf unterschiedliche Persönlichkeitsmerkmale und Kompetenzen sowie auf Merkmale erfolgreichen Verkaufsverhaltens.

Merkmale der internen Akquisitionsunterstützung: Die Bestandsaufnahme der Literatur zum Vertriebs- und Kundenbeziehungsmanagement konnte zeigen, dass die adäquate Gestaltung des Anreizsystems und die Qualität des Informationsmanagements den Verkaufserfolg wesentlich beeinflussen können. Darüber hinaus wird in der Literatur auf die Bedeutung einer systematischen Priorisierung und Segmentierung sowie einer angemessenen Unterstützung des Verkaufs durch Personal und adäquate IT und Trainings hingewiesen.

Merkmale der Akquisitionsstrategie: Hinsichtlich der Wirkung unterschiedlicher Strategien der Neukundenakquisition (z. B. Preis, Leistungsprogrammbreite und Interaktionsintensität bzw. Beziehungsorientierung) lassen sich wertvolle Erkenntnisse insbesondere aus der Forschung zum Kundenbeziehungsmanagement und zum organisationalen Beschaffungsverhalten ziehen.

Schließlich kann v. a. die Forschung zum organisationalen Beschaffungsverhalten wertvolle Hinweise zu *potenziell moderierenden Einflussgrößen* liefern (z.B. Leistungskomplexität, Marktdynamik).

Forschungsfrage 3:
Im Hinblick auf Forschungsfrage 3 und die Erfolgswirkungen der Neukundenakquisition existieren einige wenige Arbeiten, die sich auch empirisch mit diesem Thema auseinandergesetzt haben (vgl. Mühlmeier 2004; Tomczak et al. 1998). Bislang unerforscht ist dagegen die relative Wirkungsstärke der Neukundenakquisition auf den Unternehmenserfolg verglichen mit dem Kundenbindungserfolg.

Forschungsfrage 4:
Bezüglich des State of Practice der Neukundenakquisition können existierende Arbeiten nur eingeschränkt zu einer zufrieden stellenden Beantwortung beitragen. Die existierenden Studien sind älteren Datums (vgl. Mercuri Neukunden-Studie 2000 in Dannenberg 2002) bzw. beschränken sich auf die Status Quo-Darstellung in einzelnen Branchen (vgl. z. B. Krafft et al. 2000) oder das deutschsprachige Ausland (vgl. Tomczak et al. 1998).

Trotz der genannten Mängel im theoretisch-konzeptionellen und empirischen Bereich können aus den existierenden Beiträgen eine Reihe von Hinweisen auf relevante Gestaltungsaspekte, Erfolgsfaktoren und Erfolgswirkungen gezogen werden. Auch für die Konzeptualisierung bestimmter Konstrukte ergeben sich wertvolle Ansatzpunkte. Somit können wichtige Grundlagen für die Beantwortung der Forschungsfragen der vorliegenden Arbeit gelegt werden. Die Ergebnisse der Literaturbestandsaufnahme bestärken aber die Motivation der vorliegenden Arbeit, zur Schließung der existierenden Forschungslücken beizutragen.

2.5 Theoretische Bezugspunkte der Untersuchung

Im Gegensatz zu den meisten existierenden Arbeiten zur Neukundenakquisition liegt ein wesentlicher Anspruch der vorliegenden Arbeit in der theoretischen Fundierung des Untersuchungsgegenstands. Zur Erklärung der Erfolgsfaktoren im Management der Neukundenakquisition soll zum einen auf ökonomisch orientierte Ansätze wie die Informationsökonomie und den ressourcenbasierten Ansatz zurückgegriffen werden. Zum anderen soll mit der Risikotheorie auch ein verhaltenswissenschaftlicher Ansatz herangezogen werden. Damit folgt die vorliegende Arbeit der Leitidee des komplementären theoretischen Pluralismus, wie ihn z. B. Fritz (1995, S. 27) oder Homburg (2000, S. 69) für die Marketingforschung fordern.

Grundsätzlich ließen sich zur Erklärung unterschiedlicher Teilaspekte der Neukundenakquisition zwar eine Vielzahl weiterer Theorien heranziehen. Wir wollen uns aber auf die drei genannten Theorien konzentrieren, da hierüber ein wesentlicher Anteil der relevanten Wirkungszusammenhänge fundiert werden kann.

2.5.1 Die Risikotheorie

Die Risikotheorie ist schon seit langer Zeit ein fester Bestandteil der Betriebswirtschaftslehre. Bereits zu Beginn des 20. Jahrhunderts haben sich Nicklisch (1912) und Leitner (1915) mit betrieblichen Verlustgefahren und der Risikopolitik beschäftigt (Kupsch 1973, S. 16 f.). Seitdem wurde in den unterschiedlichsten Bereichen der betriebswirtschaftlichen Theorie und Forschung das Konstrukt Risiko behandelt.

Thematisiert wurde das Konstrukt des wahrgenommenen Risikos für den Konsumentenbereich erstmals durch Bauer (1967). Bauer (1967, S. 24) stellte folgende Basisüberlegung auf: "Consumer behavior involves risk in the sense that any action of a consumer will produce consequences which he cannot anticipate with anything approximating certainty, and some of which at least are likely to be unpleasant." Seine rein konzeptionelle Arbeit zog eine Vielzahl empirischer Studien in den 60er und 70er Jahren nach sich, wodurch sich die Theorie des wahrgenommenen Risikos zu einem eigenständigen Forschungszweig der Konsumentenforschung entwickelte (vgl. Bauer/Sauer/Becker 2003).

Kaplan/Szybillo/Jacoby (1974) gehörten zu den Ersten, die eine mehrdimensionale Operationalisierung des wahrgenommenen Risikos durch Aufspaltung in Teilrisiken nach Risikoarten vorgenommen haben. Üblicherweise wird heute zwischen finanziellem, funktionalem, physischem, psychologischem und sozialem Risiko differenziert (vgl. Bauer/Sauer/Becker 2003; Immes 1993; Stone/Mason 1995). Dies deutet bereits darauf hin, dass das Ausmaß des wahrgenommenen Kaufrisikos unterschiedlichen externen und internen Einflussfaktoren unterliegt. Zu den externen Einflussfaktoren zählen umweltbezogene Einflüsse, die z. B. von verschiedenen Gruppen wie Referenzgruppen oder vom Buying Center ausgehen. Des Weiteren existieren situationsbezogene Einflüsse, die durch die Wahl bestimmter Einkaufsmodi entstehen (vgl. Cox/Rich 1964; Bauer/Sauer/Becker 2003). Von großer Bedeutung für das wahrgenommene Risiko sind daneben kaufobjektbezogene

Einflüsse. Hierzu zählen neben dem Preis auch die Komplexität des Produktes (vgl. Folkes 1988) sowie das Marken- oder Unternehmensimage (vgl. Cox/Rich 1964; Dunn/Murphy/Skelly 1986). Darüber hinaus existieren interne Einflussfaktoren des wahrgenommenen Risikos. Diese sind im Problemlösungsprozess des Kunden anzusiedeln (vgl. Panne 1977). Da eine detaillierte Analyse der Entscheidungsprozesse von Endkonsumenten in dieser Arbeit nicht vorgenommen wird, soll an dieser Stelle auf eine weitere Ausführung verzichtet werden.

Eine der zentralen Aussagen der Risikotheorie ist, dass das Kaufverhalten von Kunden wesentlich durch Versuche zur Reduzierung des subjektiv wahrgenommenen Risikos bestimmt wird (vgl. Bauer 1960). Dieses subjektiv wahrgenommene Risiko ist definiert als „the extent to which the consumer is uncertain about the consequences of an action" (Hoyer/MacInnis 2001, S. 45). Nimmt ein Kunde in einer Kaufentscheidungssituation ein hohes Risiko wahr (das sog. „inherent risk" bzw. „Initialrisiko", vgl. Bettman 1973, S. 184), so versucht er dieses durch Risikoreduktionsstrategien auf ein für ihn hinnehmbares Restrisikoniveau zu reduzieren (das sog. „residual risk" bzw. „Residualrisiko", vgl. Panne 1977, S. 59). Erst dann wird er sich für den Kauf der Leistung entscheiden (vgl. Kroeber-Riel/Weinberg 2003). Alternativ kommt es zum Kaufaufschub oder -abbruch (vgl. Mitchell/McGoldrick 1996). Hinsichtlich Maßnahmen zur Risikoreduktion kann zwischen ätiologischen und palliativen Maßnahmen unterschieden werden (vgl. Kupsch 1973; Philipp 1967; Lisowsky 1948). Ätiologische Maßnahmen sollen die Risikoursachen beseitigen. Palliative Maßnahmen sind dagegen darauf ausgerichtet, die ungünstigen Konsequenzen zu verringern (vgl. Immes 1993; Kupsch 1973). Die meisten Risikoreduktionsstrategien sind ätiologischer Natur (vgl. Mitchell/McGoldrick 1996), weswegen sich folgende Ausführungen auf diese fokussieren werden.

Ätiologische Maßnahmen zur Risikoreduktion werden auch als ursachenbezogene Risikopolitik bezeichnet, die „auf eine Verminderung der Intensität des wahrgenommenen Risikos durch eine Senkung der Wahrscheinlichkeit des Schadenseintrittes" (Immes 1993, S. 75) abzielt. Obwohl eine Vielzahl unterschiedlicher Möglichkeiten existiert, wird die Gewinnung zusätzlicher Informationen als wichtigste Maßnahme zur Bekämpfung der Risikoursachen betrachtet (vgl. Kupsch 1973; Immes 1993; Mitra/Reiss/Capella 1999). Dies beruht darauf, dass ein Großteil des wahrgenommenen Risikos im Kaufentscheidungsprozess durch unvollkommene Information entsteht (vgl. Wittmann 1959; Kupsch 1973).

Kunden sind allerdings nur selten in der Lage, sich vollständige Informationen über Leistung und Anbieter zu beschaffen. Dies kann zum einen daran liegen, dass ihre Informationsverarbeitungskapazität überlastet ist. Zum anderen ist es möglich, dass über die Leistung selbst nicht ausreichend Informationen verfügbar sind. In derartigen Situationen wenden Kunden *Heuristiken* an (vgl. Panne 1977; Gürhan-Canli/Batra 2004). Heuristiken sind vereinfachte Entscheidungsregeln, die auf Basis bestimmter Teilinformationen verschiedene Alternativen eliminieren und somit zu einer eindeutigen Lösung führen (vgl. Homburg/Krohmer 2006, S. 60). Diese Teilinformationen sind „Schlüsselinformationen, die als Indikatoren für andere Informationen stehen und dadurch die Informationsverarbeitung entlasten" (Kaas/Busch 1996, S. 245). Zur Kategorisierung dieser Informationen gibt es mehrere Ansätze. So unterscheidet Olson (1977) zwischen intrinsischen und extrinsischen Informationen. Erstere stellen einen Bestandteil einer Leistung dar und werden auf Grund ihrer hohen Reliabilität bevorzugt zur Entscheidungsfindung herangezogen. Extrinsische Informationen dagegen stammen von Attributen, die nicht unmittelbar Teil der Leistung sind. Dazu gehören die Reputation des Anbieters, der Preis oder auch die Mitarbeiter des Anbieters (vgl. Olson 1977). Da der Kunde in der Kaufsituation selten vorab alle relevanten intrinsischen Leistungsmerkmale beurteilen kann, muss er sich häufig auf extrinsische Informationen verlassen, um das wahrgenommene Risiko zu mindern (vgl. Panne 1977).

Eine der wichtigsten Teilinformationen, die zur Risikoreduktion im Rahmen der Entscheidungsfindung beitragen, ist der *Preis*. Insbesondere die Preis-Qualitäts-Beziehung wurde vielfach empirisch untersucht. Ist vor dem Kauf keine klare Qualitätsbeurteilung des Kaufobjekts möglich, oder fehlen andere objektive Kriterien, so wird vom Preis auf die Qualität geschlossen. Je höher der Preis ist, desto höher scheint die Qualität und desto geringer ist folglich das wahrgenommene Risiko (vgl. Olson 1977). Auf der anderen Seite bedeutet ein höherer Preis aber auch ein erhöhtes finanzielles Risiko (vgl. Adler 1996; Erevelles/Roy/Yip 2001). Insgesamt wirkt der Preis negativ auf das Risiko, d. h. ein höherer Preis wird eher mit mehr als mit weniger Risiko assoziiert (vgl. Olshavsky/Aylesworth/Kempf 1995).

Die Risikotheorie liefert folgende Erklärungsbeiträge für die vorliegende Arbeit:

- Das „handled risk" ist das Residualrisiko, das nach den Risikoreduktionsprozessen des Kunden übrig bleibt (vgl. Bettman 1973). Nur wenn dieses unterhalb des individuellen Toleranzniveaus des Kunden liegt, wird sich der Kunde für einen Kauf entscheiden. Gerade der Kauf bei einem aus Sicht des Kunden neuen Anbieter ist für Kunden mit einem erhöhten Risiko verbunden, da ihm zum Anbieter und dessen Leistungen nur wenige Informationen vorliegen. Die Reduktion des wahrgenommenen Risikos ist daher eine der zentralen Voraussetzungen für die erfolgreiche Neukundenakquisition (vgl. Kuhlmann 2001, S. 244).

- Kunden verfügen i. d. R. nicht über alle notwendigen Informationen zu einem neuen Anbieter und seinen Leistungen. Daher greifen sie auf Heuristiken zurück und nutzen risikoreduzierende Teilinformationen wie die Reputation, den Preis und die Mitarbeiter des Anbieters (vgl. Olson 1977). Damit schlägt die Risikotheorie Ansätze vor, wie die für die Neukundenakquisition erforderliche Risikoreduktion unterstützt werden kann.
- Zu den Einflussfaktoren des wahrgenommenen Risikos zählt die Leistungskomplexität. Diese wirkt risikoerhöhend (vgl. Kleinaltenkamp 1992). Erhöhtes Risiko erfordert Maßnahmen der Kommunikations- und Preispolitik des Anbieters, um dieses Risiko für den Kunden zu reduzieren (vgl. Adler 1996). Daraus lassen sich Hinweise zur Beantwortung von Forschungsfrage 2b hinsichtlich potenziell moderierender Effekte auf die Beziehung zwischen Erfolgsfaktoren und dem Akquisitionserfolg ableiten.

2.5.2 Die Informationsökonomie

Die Informationsökonomie geht auf Marschak (1954) und Wittmann (1959) zurück und stellt einen Ansatz der neuen Institutionenökonomie dar (vgl. Kaas 1995b; Weiber/Adler 1995a). Neben der Informationsökonomie umfasst die neue Institutionenökonomie auch die Principal-Agent-Theorie (vgl. Alchian/Demsetz 1973; Spence 1976), die Transaktionskostentheorie (vgl. Coase 1937; Picot 1982) und die Property-Rights-Theorie (vgl. Alchian/Demsetz 1973) (für einen umfassenden Überblick und Vergleich der verschiedenen Ansätze vgl. Stock 2001, S. 62).

Als Ansatz der neuen Institutionenökonomie geht die Informationsökonomie von der Grundannahme aus, dass Märkte durch asymmetrische Informationen und Unsicherheiten der Mitarbeiter im Markt gekennzeichnet sind. Basierend auf dieser Annahme werden Voraussetzungen und Auswirkungen der Marktunsicherheit untersucht (vgl. Kaas 1995a). Dabei wird die Unvollkommenheit der Information nicht als unabänderlich, sondern als durch die Marktteilnehmer beeinflussbar angenommen. Diese Beeinflussung und die Strategien des Informationstransfers sind Gegenstand der Informationsökonomie.

Zwei Arten von Unsicherheit können unterschieden werden: die Ergebnisunsicherheit und die Marktunsicherheit (vgl. Hirshleifer 1973, S. 33; Kaas 1990, S. 541; Weiber/Adler 1995b, S. 47). Die *Ergebnisunsicherheit* ist nicht beeinflussbar und entsteht durch mangelnde Information der Transaktionspartner zu Einflussfaktoren, die außerhalb des betrachteten ökonomischen Systems liegen (exogene Faktoren). Man spricht deshalb auch von exogener Unsicherheit (vgl. auch Kleinaltenkamp 1992, S. 813). Die *Marktunsicherheit* stellt dagegen die Unsicherheit über Informationen der anderen Marktteilnehmer dar. So verfügen Anbieter häufig nur über unvollkommene Informationen zu den Bedürfnissen der Nachfrager. Letztere wiederum können den Preis oder die Qualität der angebotenen Leistungen nur schwer abschätzen. Als endogene Unsicherheit liegt die Marktunsicherheit innerhalb des ökonomischen Systems und kann von den Marktteilnehmern verändert werden (vgl. Hirshleifer/Riley 1979). Die Informationsökonomie beschäftigt sich daher schwerpunktmäßig mit dieser veränderbaren Marktunsicherheit (vgl. Hopf 1983).

Neben Unsicherheitsarten differenziert die Informationsökonomie auch nach dem Grad der Unsicherheit. In diesem Zusammenhang erfolgt eine Differenzierung in drei Arten von Leistungseigenschaften (vgl. Weiber/Adler 1995a, S. 63 ff.; Nelson 1970, S. 311 ff.; 1974; S. 738 ff.; Darby/Karni 1973, S. 69): Such-, Erfahrungs- und Vertrauenseigenschaften. Diese Typologisierung differenziert danach, wie gut die Qualität einer Leistung von den Nachfragern überprüft werden kann und wie hoch demnach die Unsicherheit dieser Leistung ist (vgl. Kaas/Busch 1996, S. 243). Suchgüter zeichnen sich dadurch aus, dass ihre Qualität problemlos vor ihrer Nutzung geprüft werden kann. Erfahrungsgüter können dagegen erst nach ihrer Inanspruchnahme durch den Nachfrager beurteilt werden. Bei Vertrauensgütern ist selbst diese nachträgliche Beurteilung nicht möglich. Sie zeichnen sich i. d. R. durch eine erhöhte Integrationsintensität und Komplexität aus (vgl. Engelhardt/Kleinaltenkamp/Reckenfelderbäumer 1993, S. 420 ff.). Diese Leistungseigenschaften sind bei jedem Kauf in unterschiedlich hohem Ausmaß vorhanden (man spricht deshalb auch von „komplementären“ Eigenschaften, vgl. Weiber/Adler 1995b, S. 60).

Zentraler Betrachtungsgegenstand der Informationsökonomie ist die Überwindung der Unsicherheit. Häufig angewandte Instrumente zur Überwindung der Informationsasymmetrie sind der Informationstransfer und Informationssubstitute (für eine Diskussion weiterer Unsicherheitsreduktionsstrategien vgl. Kaas 1991).

Zu den Maßnahmen des *Informationstransfers* zählen das Signaling und das Screening (vgl. Weiber/Adler 1995a, S. 52). *Signaling* bezeichnet die Aktivitäten des Austauschpartners mit der besseren Informationslage (vgl. Kaas 1992, S. 36 f.). Im Gegensatz zu direkten Informationen gelten Signale als glaubwürdige Informationen. Direkte Informationen werden durch die Marktteilnehmer häufig als unglaubwürdig angesehen (vgl. Spence 1976, S. 593). Ein Signal liegt immer dann vor, wenn die Kosten (der Imitation) dieses Signals für einen Anbieter von geringer Qualität zu hoch sind (vgl. Kaas/Schade 1995, S. 1073). Signaling kann grundsätzlich sowohl vom Nachfrager als auch vom Anbieter vorgenommen werden (vgl. Kaas 1991, S. 360). Im ersten Fall gibt der Nachfrager dem Anbieter Informationen, damit dieser seine Leistung besser spezifizieren kann (vgl. Kaas 1991). Erfolgt das Signaling durch den Anbieter, überträgt dieser dem Nachfrager Informationen, um ihn von der angebotenen Leistung zu überzeugen (vgl. Kaas 1991). Insbesondere bei erhöhter Unsicherheit, z. B. bei komplexen Leistungen, sind die Nachfrager auf Signale des Anbieters angewiesen (vgl. Corsten 1986). Zur Übermittlung der Signale nehmen die Mitarbeiter des Anbieters eine zentrale Rolle ein und stellen damit einen wichtigen Erfolgsfaktor für die Wirksamkeit von Signaling-Maßnahmen dar (vgl. Rosada 1990, S. 116; Ringbeck 1986, S. 104). So gilt kundenorientiertes Verhalten als Signal, anhand dessen ein Kunde erkennen kann, dass sich der Anbieter seiner Leistungsqualität sicher ist (vgl. Kaas, 1990, S. 545).

Im Gegensatz zum Signaling geht das *Screening* immer von der weniger informierten Seite aus (vgl. Kaas 1990, S. 541). Das Screening dient der Informationsgewinnung und kann ebenfalls sowohl vom Nachfrager als auch vom Anbieter ausgehen (vgl. Kaas 1991, S. 360). Screening durch den Anbieter beinhaltet dessen Informationsgewinnung zu Präferenzen, Bedürfnissen und Einstellungen der Nachfrager. Hier sind das Informationsmanagement und die Mitarbeiter des Anbieters gefordert. Dies gilt insbesondere in Situationen, in denen sich der Anbieter sehr heterogenen Kundenstrukturen und -bedürfnissen gegenübersieht (vgl. Kaas 1991, S. 361). Beim Screening durch den Nachfrager sucht dieser selber nach Informationen über die angebotenen Leistungen, z. B. durch eigene Prüfung oder direkte Beobachtung vor dem Kauf.

Neben dem Informationstransfer kann die Unsicherheit auch durch das Heranziehen von *Informationssubstituten* reduziert werden (vgl. Weiber/Adler 1995a). Solche Informationssubstitute werden dann genutzt, wenn die Unsicherheitsreduktion durch direkte Informationssuche nicht möglich oder zu aufwändig ist. Informationssubstitute gehören nicht zum unmittelbaren Kern einer Leistung (vgl. Weiber/Adler 1995a, S. 67 ff.; Tolle 1994, S. 926). Typische Informationssubstitute sind die Mitarbeiter des Anbieters (vgl. Rosada 1990), der Preis, die Marke, die Reputation, Garantien, Empfehlungen oder die Höhe der Werbeausgaben des Anbieters (vgl. Weiber/Adler 1995a; Tolle 1994). Typischerweise werden Nachfrager zur Unsicherheitsreduktion nicht nur ein einzelnes Substitut, sondern einen Mix verschiedener Substitute nutzen (vgl. Weiber/Adler 1995a; Kaas 1995a).

Die Informationsökonomie ist vor diesem Hintergrund von großer Bedeutung für das Marketing: In einer Kaufsituation besteht für den Nachfrager Unsicherheit darüber, inwiefern und wie gut einzelne Alternativen zu seiner Bedürfnisbefriedigung beitragen (vgl. Kaas 1990, S. 541). Eine Kaufentscheidung wird der Nachfrager erst dann treffen, wenn er ein aus seiner Sicht ausreichend hohes Informationsniveau gefunden hat und er sein Unsicherheitsniveau als akzeptabel empfindet (vgl. Adler 1996, S. 82 ff.).

Für die Untersuchung kann die Informationsökonomie folgenden Erklärungsbeitrag liefern:

- Gerade im Rahmen der Neukundenakquisition sehen sich Anbieter und Nachfrager asymmetrisch verteilten Informationen gegenüber. Dies stellt eine der größten Barrieren der Kundengewinnung dar (vgl. Kroeber-Riel/Weinberg 2003, S. 399). Potenzielle Neukunden haben keinerlei eigene Erfahrungen mit dem neuen Anbieter und seinen Leistungen und empfinden daher eine erhöhte Unsicherheit. Dies wird in vielen Märkten durch sich schnell verändernde Absatzstrategien der Anbieter noch verstärkt. Auf der anderen Seite verfügt auch der Anbieter i. d. R. über unzureichende Informationen über den potenziellen Neukunden und seine Bedürfnisse (vgl. Kaas 1991, S. 360).

- Vor diesem Hintergrund hat das Akquisitionsmanagement des Anbieters zwei Aufgaben (vgl. Kaas 1990, S. 540 ff.): die Informationsgewinnung und die Informationsübertragung. Um Angebote zu entwickeln, welche die Bedürfnisse der Nachfrager besser treffen als die der Wettbewerber, müssen sich Unternehmen einen Informationsvorsprung gegenüber dem Wettbewerb herausarbeiten. Damit stellt die systematische *Informationsgewinnung* durch Kundenanalysen (Screening) eine wichtige Voraussetzung für die erfolgreiche Neukundenakquisition dar (vgl. Weiber/Adler 1995b, S. 45). Eine weitere zentrale Voraussetzung für die Neukundenakquisition ist die Senkung der Unsicherheit der Nachfrager über *Informationsübertragung*. Die Informationsökonomie zeigt Möglichkeiten auf, über gezielte Signale die wahrgenommene Unsicherheit des Kunden zu reduzieren. Solche Signale müssen von den unterschiedlichen Strategien zur Akquisition neuer Kunden ausgehen. So stellt z. B. das Angebot eines breiten Leistungsprogramms der Informationsökonomie zufolge ein unsicherheitsreduzierendes Informationssubstitut dar: Es vermittelt Kompetenz und fördert so den Unsicherheitsabbau beim Kunden (vgl. Weiss 1992, S. 165 ff.). Darüber hinaus haben die Mitarbeiter des Anbieters und die persönliche Interaktion mit dem Kunden eine hohe Bedeutung zur Reduktion der Unsicherheit. Denn zum einen sind Nachfrager häufig auf die Übermittlung von Signalen durch die Mitarbeiter angewiesen. Zum anderen kann die Wirksamkeit unsicherheitsreduzierender Signaling-Maßnahmen durch eine positive Wahrnehmung der Mitarbeiter durch die Kunden gefördert werden. Dies ist der Informationsökonomie zufolge dann der Fall, wenn Mitarbeiter vom Kunden als kompetent und kundenorientiert wahrgenommen werden (vgl. auch Stock 2001). Gleiches gilt im Rahmen der Screening-Maßnahmen des Kunden zur eigenen Unsicherheitsreduktion. Auf Basis der Informationsökonomie kann außerdem davon ausgegangen werden, dass potenzielle Kunden bei häufiger Interaktion mit den Mitarbeitern des Anbieters deren unsicherheitsreduzierende Signaling-Maßnahmen deutlicher wahrnehmen als bei relativ seltener Interaktion. Eine wirksame Akquisitionsstrategie mag daher in der Förderung einer häufigen Interaktion zwischen Mitarbeiter und Kunde bestehen. Somit kann die Informationsökonomie zur Beantwortung der Forschungsfragen 1a und 1b (Gestaltung der Neukundenakquisition) und 2a (Erfolgsfaktoren der Neukundenakquisition) beitragen.

- Die Informationsökonomie hilft bei der Identifikation von Faktoren, die den Zusammenhang zwischen Gestaltungsvariablen und dem Akquisitionserfolg verstärken oder abschwächen (Forschungsfrage 2b): So sind Signaling-Maßnahmen insbesondere bei komplexen Leistungen für den potenziellen Kunden sehr wichtig. Denn bei komplexen Leistungen sind die Möglichkeiten des Screenings durch den Kunden stark begrenzt. Auf Basis der Aussagen zur Informationsökonomie ist ferner davon auszugehen, dass die Bedeutung der Mitarbeiter in Abhängigkeit der Leistungskomplexität und der Heterogenität der Kunden unterschiedlich stark ausgeprägt ist.

2.5.3 Der Ressourcenbasierte Ansatz

Während sich Informationsökonomie und Risikotheorie mit asymmetrisch verteilten Informationen beschäftigen, befasst sich der ressourcenbasierte Ansatz mit der Analyse von *asymmetrisch verteilten Ressourcen*. Geprägt wurde der ressourcenbasierte Ansatz insbesondere durch Arbeiten von Wernerfelt (1984, 1995), Barney (1991, 2001), Grant (1991, 1996) und Peteraf (1993).

Der ressourcenbasierte Ansatz (auch „Ressourcenansatz", „Resource-Based Theory" bzw. „Resource-Based View of Strategy") ist ein Ansatz zur Erklärung des Ursprungs von Wettbewerbsvorteilen und geht von der Grundannahme aus, dass einzigartige, unternehmensspezifische Ressourcen bzw. Ressourcenkombinationen dauerhafte Wettbewerbsvorteile darstellen und so den langfristigen Unternehmenserfolg bestimmen (vgl. Wernerfelt 1984; Welge/Al-Laham 1999; Mahoney/Pandian 1992; Peteraf 1993). Unternehmen lassen sich als Bündel solcher Ressourcen darstellen (vgl. Schumpeter 1934; Penrose 1959; Barney 1991). Der ressourcenbasierte Ansatz nimmt damit eine „Inside-Out-Perspektive" ein (vgl. Collis/Montgomery 1995, S. 119). In der betriebswirtschaftlichen Forschung hat der ressourcenbasierte Ansatz eine sehr hohe Relevanz und ergänzt die „Outside-In-Perspektive" des bis in die frühen achtziger Jahre dominierenden Industrial Organization Ansatzes (vgl. Porter 1980, 1985), der den Unternehmenserfolg durch die Verhältnisse auf den Absatzmärkten erklärt (vgl. Knyphausen 1993).

Der Begriff der „Ressource" wird in der wissenschaftlichen Literatur zum ressourcenbasierten Ansatz unterschiedlich definiert (vgl. Freiling 2001, S. 14; Jenner 1999, S. 87; Wernerfelt 1984, S. 172). Dieser Arbeit soll die umfassende *Definition des Ressourcenbegriffs* von Barney (1991, S. 101) zugrundegelegt werden: „Firm resources include all assets, capabilities, organizational processes, firm attributes, information, knowledge, etc. controlled by a firm that enable the firm to conceive of and implement strategies that improve its efficiency and effectiveness."

Ressourcen können also in unterschiedlicher Form vorliegen. Auch diesbezüglich bietet die wissenschaftliche Literatur unterschiedliche Systematisierungsvorschläge (vgl. u. a. Wernerfelt 1984, S. 172; Hall 1992, S. 139). Analog zu Barney (1991, S. 101), Grant (1991, S. 119) und Bamberger/Wrona (1996, S. 132) differenzieren auch wir zwischen physischen, finanziellen (z.B. freie Liquidität, Einlagen) und intangiblen Ressourcen (z.B. Kompetenzen von Mitarbeitern, Reputation). Zudem können in Anlehnung an Morgan/Hunt (1999) unterschiedliche Arten intangibler Ressourcen den vier wesentlichen Unternehmensführungsteilsystemen zugeordnet werden: dem Personalführungssystem, dem Organisationssystem, der Unternehmenskultur sowie dem Informationssystem.

Die Literatur zum ressourcenbasierten Ansatz diskutiert verschiedene Merkmale zur Beurteilung der Erfolgsrelevanz von Ressourcen (vgl. Peteraf 1993, S. 180 ff.; Rasche/Wolfrum 1994, S. 503 ff.). Damit Wettbewerbsvorteile tatsächlich realisiert werden können, muss die Ressource verschiedene Bedingungen erfüllen. Sie muss ...

- ... *wertvoll* sein (Hunt/Morgan 1995);
- ... *selten* sein (vgl. Barney 1991; Hunt/Morgan 1995);
- ... *schwer imitierbar* sein (vgl. Barney 1991; Dierickx/Cool 1989; Peteraf 1993);
- ... *schwer substituierbar* sein (vgl. Barney 1991; Dierickx/Cool 1989; Peteraf 1993).

Insbesondere intangible Ressourcen (z.B. das Informations- und Anreizsystem sowie die Mitarbeiter) sind in der Lage diese Anforderungen zu erfüllen. Ihre Bedeutung zur Sicherung dauerhafter Wettbewerbsvorteile wird in der Literatur daher immer wieder hervorgehoben (vgl. Bharadwaj/Varadarajan/Fahy 1993; Dierickx/Cool 1989; Hall 1992).

Der ressourcenbasierte Ansatz bietet folgende Erkenntnisbeiträge für die Untersuchung:

- Der ressourcenbasierte Ansatz betont die Bedeutung interner Ressourcen für den Aufbau von Erfolgspotenzialen und zur Steigerung des Unternehmenserfolgs. Insbesondere das Informationsmanagement und das Anreizsystem werden dabei als wertvolle Ressourcen angesehen (vgl. Barney 1991; Fahy 1996; Lado/Wilson 1994; Bamberger/Wrona 1996). Die Erfolgsrelevanz dieser Ressourcen konnte auch im Rahmen der Literaturbestandsaufnahme (vgl. Abschnitte 2.2 und 2.3) unterstrichen werden.

- Der Faktor „Mitarbeiter“ als wertvolle Ressource wird in der Literatur zum ressourcenbasierten Ansatz vielfach hervorgehoben (vgl. Barney 1991; Grant 1991; Bamberger/Wrona 1996). Youndt et al. (1996, S. 839) sprechen sogar von Mitarbeitern als „ultimate source of sustained competitive advantage”. Ihre Bedeutung hängt dabei direkt mit ihrer Qualifikation und ihren Kompetenzen zusammen (vgl. Grant 1996; Hitt et al. 2001). Dies entspricht den Befunden aus der Forschung zum Vertriebsmanagement und persönlichen Verkauf (vgl. Abschnitt 2.3.1).

- Auch die Leistungen des Anbieters können als wertvolle Ressourcen aufgefasst werden. In diesem Zusammenhang wird in der Literatur v. a. die Breite des Leistungsprogramms diskutiert (vgl. z. B. Jenner 1999; Bohn 1993; Kekre/Srinivasan 1990).
- Der ressourcenbasierte Ansatz dient somit zum einen als theoretische Grundlage dafür, dass interne Ressourcen grundsätzlich als potenzielle Erfolgsfaktoren herangezogen werden. Zum anderen gibt er mit den genannten Ressourcen aber auch konkrete Hinweise auf Erfolgsfaktoren der Neukundenakquisition (Forschungsfrage 2a).

2.5.4 Zusammenfassung des Erkenntnisbeitrags der theoretischen Bezugspunkte

Die in den vorangegangenen Abschnitten vorgestellten theoretischen Bezugspunkte leisten einen wichtigen Beitrag zur Identifikation relevanter Elemente und zur Erklärung von Zusammenhängen im Rahmen der vorliegenden Untersuchung. Dafür wurden mit der Risikotheorie eine verhaltenswissenschaftliche Theorie sowie mit der Informationsökonomie und dem ressourcenbasierten Ansatz zwei ökonomisch orientierte Theorien herangezogen.

Die *Risikotheorie* erklärt das Kaufverhalten von Individuen unter Risiko. Die Reduktion des wahrgenommenen Risikos ist eine notwendige Voraussetzung für eine erfolgreiche Neukundenakquisition. Die Risikotheorie hilft dabei, die Neukundenakquisition aus Kundenperspektive nachzuvollziehen und Einflussfaktoren einer erfolgreichen Neukundenakquisition zu identifizieren. In diesem Zusammenhang ist die risikoreduzierende Wirkung der Anbieterreputation, der Mitarbeiter und der Preisgestaltung zu betonen. Im Rahmen der Formulierung der Hypothesen zu Forschungsfrage 2a und 2b werden wir daher auf die Risikotheorie zurückgreifen.

Die *Informationsökonomie* erklärt die Unsicherheit in Austauschbeziehungen durch asymmetrische Verteilung von Informationen. Ein potenzieller Neukunde wird erst dann eine Kaufentscheidung bei einem Anbieter tätigen, wenn er seine Unsicherheit auf ein für ihn akzeptables Maß reduzieren konnte. Dies kann er durch eigenes Screening sowie durch das Heranziehen von Informationssubstituten erreichen. Insbesondere bei komplexen Leistungen ist er zur Unsicherheitsreduktion aber auch auf das Signaling des Anbieters angewiesen. Dies kann aus Anbietersicht über einen kundenorientierten Beziehungsaufbau, Kommunikationsmaßnahmen oder über eine große Leistungsprogrammbreite erfolgen. Auch die Bedeutung qualifizierter Mitarbeiter und die Notwendigkeit eines systematischen anbieterseitigen Screenings zur Identifikation relevanter Kundenbedürfnisse wird über die

Informationsökonomie fundiert. Die Theorie gibt damit Hinweise auf relevante Gestaltungsfelder im Management der Neukundenakquisition (Forschungsfrage 1a), auf grundsätzliche Akquisitionsstrategien (Forschungsfrage 1b) sowie auf Erfolgsfaktoren der Neukundenakquisition (Forschungsfrage 2a). Darüber hinaus hilft die Informationsökonomie bei der Identifikation potenziell moderierender Variablen (Forschungsfrage 2b).

Der *ressourcenbasierte Ansatz* erklärt den Ursprung von Wettbewerbsvorteilen von Unternehmen durch das Vorhandensein spezifischer interner Ressourcen. Eine adäquate Gestaltung des Informations- und Anreizsystems, die Qualität der Mitarbeiter sowie eine große Leistungsprogrammbreite können als wertvolle Ressourcen aufgefasst werden und damit Erfolge in der Neukundenakquisition begründen. Der ressourcenbasierte Ansatz bildet somit eine weitere theoretische Grundlage für die Herleitung der Zusammenhänge zwischen Gestaltungsvariablen im Management der Neukundenakquisition und dem Akquisitionserfolg. Im Rahmen der Hypothesenformulierung in Kapitel 5 zur Beantwortung der Forschungsfrage 2a werden wir daher auch auf diese Theorie zurückgreifen.

2.6 Ableitung des Untersuchungsmodells

Bisher haben wir eine Bestandsaufnahme der relevanten Literatur vorgenommen sowie die theoretischen Grundlagen der Arbeit gelegt. In diesem Abschnitt soll nun die Zusammenführung der theoretischen Erkenntnisse und der Ergebnisse der Literaturbestandsaufnahme zu einem Gesamtmodell erfolgen. In Kapitel 4 werden die einzelnen Konstrukte dann ausführlich hergeleitet und ihre Operationalisierung vorgestellt. Die Formulierung und empirische Überprüfung der Hypothesen erfolgt in Kapitel 5.

Wie die Bestandsaufnahme zeigen konnte, kann der Akquisitionserfolg eines Anbieters prinzipiell von einer Vielzahl von Faktoren abhängen. Es wurde auch deutlich, dass es hinsichtlich des Akquisitionserfolgs (bzw. des verwandten Verkaufserfolgs) keinen einzelnen Faktor gibt, der diesen alleine bereits zu einem großen Teil erklären kann. Wir folgen daher der Einschätzung von Churchill et al. (1985, S. 117), die konstatieren: „Theoretical models which hypothesize multiple determinants – and categories of determinants – of sales performance are probably on the right track."

Da eine vollständige Betrachtung aller möglichen Einflussfaktoren den Rahmen der Arbeit aber sprengen würde, erscheint es sinnvoll, unsere Betrachtung einzugrenzen und zu systematisieren. Eine wichtige Eingrenzung resultiert aus der Einnahme der

Anbieterperspektive: Es sollen nur Ressourcen des Anbieters als Determinanten seines Akquisitionserfolgs betrachtet werden. Im Fokus steht damit das durch den Anbieter gestaltbare Akquisitionsmanagement in Form von Strategien, Ressourcen und Instrumenten. Die Kundenperspektive fließt in die Untersuchung v.a. dahingehend ein, dass Kunden „Anforderungen" an das Akquisitionsmanagement stellen. Hervorzuheben ist hier insbesondere die durch potenzielle Neukunden empfundene erhöhte Unsicherheit bzw. das wahrgenommene Risiko gegenüber aus Kundensicht neuen Anbietern. Dies muss durch anbieterseitige Maßnahmen wirksam adressiert werden. Faktoren, die durch den Anbieter nicht direkt beeinflusst werden können (insbesondere Merkmale aus dem Bereich des Marktes), fließen als Moderator- und Kontrollvariablen in die Untersuchung mit ein. Auf diese wird im Laufe dieses Abschnitts noch eingegangen.

Die Vielzahl potenzieller Einflussfaktoren auf den Akquisitionserfolg erfordert darüber hinaus eine Systematisierung der Themen. Im Folgenden werden all jene Elemente des Akquisitionsmanagements betrachtet, die im Zuge der Literaturbestandsaufnahme zur Neukundenakquisition (vgl. Abschnitt 2.2) sowie zu den angrenzenden Forschungsgebieten (vgl. Abschnitt 2.3) als zentrale Gestaltungsfelder und potenzielle Erfolgsfaktoren identifiziert werden konnten. Einen weiteren Hinweis auf relevante Erfolgsfaktoren liefern die in Abschnitt 2.5 diskutierten theoretischen Grundlagen.

Das Akquisitionsmanagement setzt sich demnach aus vier Hauptbestandteilen zusammen: Das erste Element bezieht sich auf die Ressourcenallokation für die Neukundenakquisition. Auf die Bedeutung der allozierten Ressourcen (insbesondere in Relation zu den Aufwendungen für die Kundenbindung) wurde insbesondere in der Literatur zum Kundenbeziehungsmanagement eingegangen (vgl. Abschnitt 2.3.2). Hier geht es also darum, „wieviel" in die Neukundenakquisition investiert wird. Die Forschung zum Vertriebsmanagement und persönlichen Verkauf hebt darüber hinaus die Bedeutung der Mitarbeiter für den Verkaufserfolg hervor. Obwohl dies zumeist nicht akquisitionsspezifisch betrachtet wurde, liefern diese Arbeiten ein deutliches Indiz für die hier unterstellte Erfolgswirkung auf den Akquisitionserfolg. Dabei liefern auch die vorgestellten Theorien deutliche Anhaltspunkte hinsichtlich der Erfolgsrelevanz der Mitarbeiter, insbesondere in der für die Neukundenakquisition typischen erhöhten Unsicherheits- und Risikosituation potenzieller Neukunden (vgl. Abschnitt 2.5). Das zweite Element stellt daher die Qualität der an der Neukundenakquisition beteiligten Mitarbeiter dar.

Darüber hinaus lässt sich v.a. aus der Literatur zum Vertriebs- und Kundenbeziehungsmanagement (Abschnitte 2.3.1 und 2.3.2) eine Vielzahl weiterer potenziell erfolgsrelevanter Gestaltungsfelder im (Neu-)Kundenmanagement ableiten. Im Rahmen der Bestandsaufnahme konnte gezeigt werden, dass das Informationsmanagement, die Kundensegmentierung- und priorisierung, eine systematische Kontrolle sowie eine adäquate Ausgestaltung von Anreizsystemen und der Verkaufsunterstützung wichtige Einflussfaktoren des Verkaufs- und Akquisitionserfolges darstellen. Auch die Informationsökonomie und der ressourcenbasierte Ansatz liefern dabei Hinweise auf ausgewählte Themen, wie z.B. das Informationsmanagement und das Anreizsystem. Diese sind unter der „Gestaltung der internen Akquisitionsunterstützung" als drittes Element unseres Untersuchungsmodells zusammengefasst.

Während die vorhergenannten Gestaltungsfelder eher das nach innen gerichtete Management der Neukundenakquisition umfassen, stellt das vierte Element – der „Akquisitionsansatz" – die nach außen gerichteten Strategien der Kundengewinnung dar. Diese sind in der bisherigen wissenschaftlichen Auseinandersetzung mit der Neukundenakquisition überraschenderweise kaum betrachtet worden. Hinweise liefern jedoch wiederum die vorgestellten Theorien und die Bestandsaufnahme zur Literatur angrenzender Themenfelder. Ausgangspunkt ist die Überlegung, dass ein erfolgreicher Akquisitionsansatz dem potenziellen Neukunden einen Mehrwert bzw. Nutzen bieten muss (vgl. auch Bansai/Taylor/St. James 2005), um ihn zu einem Wechsel von seinem bisherigen Anbieter bzw. zur erstmaligen Inanspruchnahme einer Leistung zu überzeugen (vgl. Cooper 2000). Dies kann zum einen über direkt produkt- oder preisbezogene Vorteile erfolgen, zum anderen aber auch über Strategien zur Unsicherheits- bzw. Risikoreduktion des Kunden. Die hier dargestellten Akquisitionsansätze haben zumeist beides zum Ziel. Für eine detaillierte Diskussion der einzelnen Strategien verweisen wir auf Abschnitt 4.4. All diese Elemente finden sich als Bestandteile der „Gestaltung des Akquisitionsmanagements" des in Abbildung 2-1 dargestellten Untersuchungsmodells wieder (für eine ähnliche Systematisierung eines Kundenmanagements vgl. z.B. Homburg/Workman/Jensen 2002; Walker/Churchill/Ford 1979).

Das dieser Arbeit zugrundeliegende Untersuchungsmodell betrachtet zwei Arten von Effekten: direkte und indirekte (Haupt-)Effekte sowie moderierende Effekte. Im Einklang mit anderen empirischen Arbeiten, die sich mit Erfolgsfaktoren im Kundenmanagement befassen (vgl. z.B. Schäfer 2002) nehmen wir zunächst an, dass der Akquisitionserfolg direkt von dem

Ausmaß bzw. der Qualität der unterschiedlichen Gestaltungsvariablen im Management der Neukundenakquisition beeinflusst wird. Eine solche Betrachtung läuft ebenfalls konform zum ressourcenbasierten Ansatz (vgl. Abschnitt 2.5.3), da das hier definierte Akquisitionsmanagement in weiten Teilen als erfolgsrelevante Ressource angesehen werden kann.

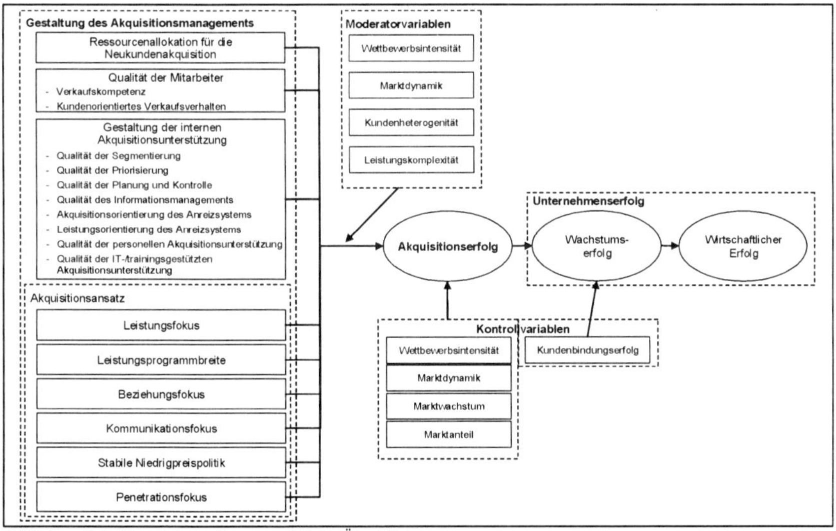

Abbildung 2-1: Das Untersuchungsmodell im Überblick

Der Einfluss des Akquisitionsmanagements auf den Akquisitionserfolg soll aber nicht isoliert betrachtet werden. Vielmehr wird – wie in Abbildung 2-1 dargestellt – eine Wirkungskette aufgezeigt, die bei der Gestaltung des Akquisitionsmanagements beginnt und beim Unternehmenserfolg endet (vgl. ähnlich Stock 2001). Dabei haben die Gestaltungsvariablen des Akquisitionsmanagements einen indirekten Einfluss auf den Unternehmenserfolg (vgl. auch Mühlmeier 2004). Wie später in Abschnitt 4.5 näher ausgeführt wird, verstehen wir unter dem Unternehmenserfolg zum einen den Wachstumserfolg und zum anderen den wirtschaftlichen Erfolg des Unternehmens. Der Akquisitionserfolg übt dabei einen direkten Einfluss auf den Wachstumserfolg und einen indirekten Einfluss auf den wirtschaftlichen Unternehmenserfolg aus. Dieser indirekte Effekt erfolgt über den „Mediator" Wachstumserfolg (vgl. Schultz-Gambard 1993, S. 132). Die Beziehung zwischen den beiden Unternehmenserfolgsgrößen ist häufig untersucht worden und liefert i.d.R. positive Ergebnisse (vgl. Buzzell/Gale 1987; Homburg/Pflesser 2000a; Hooley et al. 2003).

Neben den Haupteffekten der Gestaltungsvariablen auf den Akquisitionserfolg und von diesem auf die beiden Unternehmenserfolgsgrößen gehen wir auch von moderierenden Effekten aus (vgl. Forschungsfrage 2b). Dem liegt die Annahme zugrunde, dass der Zusammenhang zwischen den Gestaltungsvariablen und dem Akquisitionserfolg nicht immer gleich stark ist, sondern durch sog. *Moderatorvariablen* verstärkt oder abgeschwächt wird (vgl. Mühlmeier 2004). Eine Moderatorvariable ist definiert als „eine Drittvariable, die die Wirkungsbeziehung zwischen einer unabhängigen [...] und einer abhängigen [Variablen] beeinflusst." (vgl. Schultz-Gambard 1993, S. 131). Die Auswahl der Moderatorvariablen wurde vornehmlich vor dem Hintergrund der Informationsökonomie und Risikotheorie (vgl. Abschnitte 2.5.1 und 2.5.2) sowie Erkenntnissen aus der Forschung zum organisationalen Beschaffungsverhalten vorgenommen (Abschnitt 2.3.3). So werden beispielsweise im Zusammenhang mit der Informationsökonomie Bedingungen diskutiert, unter denen unsicherheitsreduzierende Signaling-Maßnahmen des Anbieters von besonderer Bedeutung sind bzw. die erhöhte Anforderungen an das anbieterseitige Screening stellen (Leistungskomplexität, Kundenheterogenität). Die Literatur zum organisationalen Beschaffungsverhalten stellt wiederum die Bedeutung der unsicherheitserhöhenden Marktdynamik heraus (vgl. z.B. Heide/Weiss 1995, S. 31).

Vorrangiges Ziel der vorliegenden Arbeit ist die branchenübergreifende Untersuchung der Erfolgsfaktoren im Management der Neukundenakquisition. Dabei sollte grundsätzlich sichergestellt sein, dass Erfolgsunterschiede tatsächlich auf eine unterschiedliche Gestaltung des Managements der Neukundenakquisition und nicht auf unterschiedliche Marktgegebenheiten oder andere Effekte zurückzuführen sind. Aus diesem Grunde haben wir *Kontrollvariablen* in das Modell aufgenommen. Diese Variablen werden aufgrund ihrer bekannten Wirkung auf den Akquisitionserfolg integriert (vgl. z.B. Porter 1980) und sollen Marktbedingungen abbilden, die außerhalb der Gestaltungsmöglichkeiten eines einzelnen Anbieters liegen. Hypothesen werden zu den Kontrollvariablen nicht formuliert.

3. Grundlagen der empirischen Untersuchung

Eine der zentralen Zielsetzungen der Arbeit liegt darin, die Erfolgsfaktoren und -auswirkungen der Neukundenakquisition empirisch zu untersuchen (vgl. Abschnitt 1.1). Die Beschreibung der methodischen Grundlagen dieser empirischen Untersuchung ist das Ziel dieses Kapitels. Dazu werden in Abschnitt 3.1 zunächst die Datenerhebung und die Datengrundlage erläutert. Anschließend werden in Abschnitt 3.2 die wichtigsten methodischen Aspekte der Untersuchung dargestellt.

3.1 Datenerhebung und Datengrundlage

Wie im Rahmen der Literaturbestandsaufnahme deutlich wurde, finden sich zur Neukundenakquisition kaum quantitative Studien. Die wenigen mit anspruchsvolleren statistischen Methoden analysierten Stichproben wurden zudem lediglich innerhalb einzelner Branchen durchgeführt. Die im Rahmen der vorliegenden Arbeit vorgenommene Untersuchung ist dagegen branchenübergreifend ausgerichtet. Die *Auswahl der zu untersuchenden Branchen* erfolgte im Wesentlichen nach zwei Kriterien: Zum einen sollten die betrachteten Branchen eine konzeptionelle Ähnlichkeit aufweisen. Diese Ähnlichkeit liegt im Vertrieb erklärungsbedürftiger, komplexer Leistungen (vgl. auch Abschnitt 1.2). Erst diese Ähnlichkeit erlaubt die Herleitung zentraler Zusammenhänge über ein gemeinsames theoretisches Fundament. Zum anderen sollte eine ausreichende Generalisierbarkeit der Ergebnisse sichergestellt werden. Daher wurden Unternehmen aus dem produzierenden bzw. verarbeitenden Gewerbe ebenso einbezogen, wie Unternehmen aus dem Dienstleistungsbereich. In beiden Bereichen wurden Unternehmen betrachtet, die im Business-to-Business-Geschäft oder im Business-to-Consumer-Geschäft agieren. Vor diesem Hintergrund wurden insgesamt sieben Branchen berücksichtigt.

Produzierendes/verarbeitendes Gewerbe	Dienstleistungen
Automobil(handel)	Finanzdienstleistungen (Banken, Versicherungen)
Healthcare (Pharma und Medizintechnik)	Marktforschung
IT/Telekommunikation (nur Business-to-Business)	Unternehmensberatung
Maschinenbau	

Tabelle 3-1: Auswahl der Branchen für die Untersuchung

Für eine umfangreiche Prüfung der Hypothesen ist eine relativ große Stichprobe erforderlich (vgl. Homburg/Baumgartner 1995a, S. 1093). Als *Methode der Datenerhebung* wurde daher eine schriftliche Erhebung mittels eines standardisierten Fragebogens gewählt. Die Vorteile liegen insbesondere in den vergleichsweise niedrigen Kosten sowie im verhältnismäßig geringen Zeitaufwand bei der Befragung einer großen Anzahl von Personen (vgl. Bereckhoven/Eckert/Ellenrieder 2004, S. 118 ff.; Herrmann/Homburg 2000, S. 2f.).

Eine weitere wichtige Entscheidung im Rahmen der Datenerhebung betrifft die *Definition der zu befragenden Personen.* Angesichts der Bandbreite managementbezogener Fragestellungen in dieser Untersuchung konnte eine Befragung „einfacher Verkäufer" nicht in Betracht gezogen werden. Daher sollten Führungskräfte befragt werden, die die Neukundenakquisition vollständig oder teilweise verantworten. In den betrachteten Branchen liegt die Verantwortung zur Neukundenakquisition in der Regel bei Vertriebs- bzw. Verkaufsleitern. Bei kleineren Unternehmen wird diese häufig durch Mitglieder der Geschäftsführung verantwortet.

Wir gehen davon aus, dass eine Person im Unternehmen über die für die Fragestellung dieser Arbeit relevanten Informationen verfügt (sog. „Key Informants", vgl. John/Reve 1982; Homburg 2000; Phillips 1981). Diese Beschränkung auf einen Informanten pro Unternehmen ist in der wissenschaftlichen Literatur durchaus nicht unumstritten. Das wichtigste Argument gegen eine solche Vorgehensweise ist, dass die Befragung einer einzigen Person aus einem Unternehmen keine validen Rückschlüsse auf das gesamte Unternehmen erlaube (vgl. Phillips 1981). Daher wird eine Befragung mehrerer Personen in einem Unternehmen empfohlen („Multiple Informants"). Ein solches Erhebungsdesign erhöht die Komplexität jedoch erheblich. Ein weiterer Nachteil ist, dass unklar ist, wie bei der Befragung mehrerer Personen eines Unternehmens eine Gesamtbewertung für das Unternehmen zustande kommen soll (vgl. Kumar/Stern/Anderson 1993). Im hier untersuchten Kontext der Neukundenakquisition ist darüber hinaus zu berücksichtigen, dass in den betrachteten Branchen in vielen Unternehmen kein zweiter Informant eindeutig zu ermitteln ist. So haben Vertriebsleiter im Maschinenbau und Healthcare-Bereich sowie Geschäftsführer in Automobilhandels- oder Beratungsunternehmen häufig keinen Kollegen, der bzgl. der Neukundenakquisition den gleichen Bereich verantwortet oder einsehen kann.

Wir sind daher den Empfehlungen von John/Reve (1982, S. 522) gefolgt, um den genannten Problemen bei der Befragung von Key Informants entgegenzuwirken. Demnach kann eine sorgfältige Selektion der Key Informants sowie die Verwendung konsistenter Multi-Item-

Skalen reliable und valide Daten hervorbringen. Außerdem erfolgte eine sorgfältige telefonische Identifikation der für die Neukundenakquisition zuständigen Führungskräfte.

Auf Basis der Erkenntnisse der Literaturbestandsaufnahme (vgl. Abschnitte 2.2 und 2.3) und den konzeptionellen und theoretischen Überlegungen (vgl. Abschnitte 2.5 und 2.6) erfolgte die *Konzeption des Fragebogens* für die empirische Untersuchung. Daneben wurde eine begrenzte qualitative Voruntersuchung durchgeführt (vgl. Kepper 1996). Diese insgesamt acht semistrukturierten persönlichen und telefonischen Interviews (mit Unternehmen aus der IT/TK-Branche, Automobilhandel, Banken und Unternehmensberatung) gaben Aufschluss auf wichtige Probleme und Herausforderungen im Management der Neukundenakquisition. Dies erlaubte die zusätzliche Gewinnung und Verifikation von Indikatoren für die Datenerhebung. Mit dem auf dieser Basis entwickelten Fragebogen wurde ein Pretest mit Führungskräften aus den gewählten Branchen und Personen aus dem akademischen Bereich durchgeführt (vgl. Hunt/Sparkman/Wilcox 1982). Dies ergab weitere wichtige Hinweise zu notwendigen Umformulierungen und Erläuterungen.

Die *Stichprobenbildung* stellt ebenfalls ein wichtiges Element empirischer Untersuchungen dar. Mittels einer geschichteten Zufallsauswahl wurden 2.200 Unternehmensadressen aus der Datenbank eines kommerziellen Adressenanbieters gezogen. Basis dieser Auswahl waren die sieben Branchen aus Tabelle 3-1. Zwischen August und September 2004 wurden die ausgewählten Unternehmen telefonisch kontaktiert, um den richtigen Key Informant zu identifizieren, der als Führungskraft Verantwortung für die Neukundenakquisition im Unternehmen hat. Diese Vorgehensweise ergab eine Stichprobe von 2.020 Unternehmen mit Namen, Funktionsbezeichnung der Ansprechpartner und Adressen.

An diese 2.020 Ansprechpartner wurde ab Oktober 2004 ein persönlich adressiertes und von Professor Homburg als Lehrstuhlinhaber unterzeichnetes Anschreiben mit beigefügtem Fragebogen versendet. Dies erfolgte mit der Bitte, den Fragebogen selbst auszufüllen oder an eine geeignete Person im Unternehmen weiterzuleiten. Um die Rücklaufquote zu verbessern (vgl. Diamantopoulos/Schlegelmilch 1996), wurden den Ansprechpartnern im Falle einer Teilnahme zwei Freiexemplare der Schriftenreihe „Management Know-how" des Instituts für Marktorientierte Unternehmensführung (IMU) im Gegenwert von 50 EUR als unmittelbares Incentive angeboten. Darüber hinaus wurde den Ansprechpartnern zum Abschluss der Auswertungen ein kostenloser branchenbezogener Ergebnisbericht zur Studie angeboten.

Vier Wochen nach dem Versand wurden die Ansprechpartner, die noch nicht geantwortet hatten, erneut angeschrieben. Diese schriftliche Nachfassaktion wurde nach der Weihnachtspause 2004/2005 ergänzt um ein telefonisches Nachfassen in Branchen, in denen die Rücklaufquote unterdurchschnittlich war. Diese Kombination aus schriftlicher und telefonischer Nachfassaktion führte dazu, dass bis Ende Februar 2005 insgesamt 321 Fragebögen eingegangen waren. In einer ersten Durchsicht wurde die Stichprobe um Fragebögen bereinigt, die größere Lücken oder stark widersprüchliche Angaben aufwiesen. Kleinere Wiedersprüche wurden durch telefonisches Nachfragen geklärt. Nach dieser Stichprobenbereinigung verblieben 307 gültige Fragebögen. Bezogen auf die ursprüngliche Stichprobengröße von 2.020 Unternehmen ergibt sich damit eine Rücklaufquote von 15,2 %. Angesichts der Länge des Fragebogens (elf Seiten) ist diese Rücklaufquote zufriedenstellend.

Die 307 verwertbaren Fragebögen aus der bereinigten Stichprobe bilden die Grundlage für die empirischen Analysen in den folgenden Abschnitten. Die Zusammensetzung der effektiven Stichprobe soll anhand der Merkmale Branchenzugehörigkeit und Position der antwortenden Person näher beschrieben werden (vgl. Tabelle 3-2).

Zusammensetzung der Stichprobe nach Branchenzugehörigkeit			
Branche	**Anteil**	**Branche**	**Anteil**
Automobil(handel)	25%	Marktforschung	10%
Finanzdienstleistungen	24%	Maschinenbau	12%
Healthcare	9%	Unternehmensberatung	10%
IT/Telekommunikation	10%		

Zusammensetzung der Stichprobe nach Position der antwortenden Personen					
Vertriebsleiter	Marketingleiter	Vorstand/ Geschäftsführer	Geschäfts-bereichsleiter	Leiter Marketing-/Vertriebs-Controlling	Sonstige
37%	8%	33%	9%	4%	9%

Tabelle 3-2: Beschreibung der effektiven Stichprobe

Die Beschreibung der Stichprobe zeigt zum einen, dass hinsichtlich der Branchenzugehörigkeit fünf der sieben Branchen relativ ausgewogen betrachtet worden sind und jeweils rund 10% der effektiven Stichprobe ausmachen. Aufgrund einer deutlich größeren Berücksichtigung in der Grundgesamtheit sind der Automobilhandel und die Finanzdienstleistungsbranche mit einer größeren Fallzahl vertreten. Zum anderen ist zu bemerken, dass die überwiegende Mehrheit der Befragten eine hohe hierarchische Position einnimmt. So gehören 42% der Befragten dem Vorstand, der Geschäftsführung oder der Geschäftsbereichsleitung ihres Unternehmens an. Fast 50% haben eine Leitungsfunktion im

Marketing- oder Vertriebsbereich des Unternehmens inne. Der hohe Anteil der Geschäftsführer innerhalb der Stichprobe lässt sich dabei insbesondere durch die Unternehmensstruktur im Automobilhandel erklären.

Abschließend stellt sich die Frage, ob die antwortenden Unternehmen bezüglich zentraler Variablen als repräsentativ für die Grundgesamtheit angesehen werden können. Zur Überprüfung dieser Frage wurde ein *Non-Response-Bias Test* durchgeführt (vgl. Colombo 2000). In Anlehnung an Armstrong/Overton (1977, S. 386 ff.) wurde angenommen, dass relativ spät antwortende Unternehmen in ihrem Antwortverhalten tendenziell den Unternehmen ähneln, die nicht geantwortet haben. Daher wurde die Stichprobe anhand des Rücklaufdatums in zwei gleich große Teile getrennt. Dies ermöglichte den Vergleich der späten Antworter mit den frühen Antwortern im Hinblick auf zentrale Variablen. Dieser über einen t-Test vorgenommene Vergleich ergab keine signifikanten Unterschiede zwischen den beiden Gruppen. Dies lässt den Schluss zu, dass kein Non-Response-Bias vorliegt.

3.2 Methodische Grundlagen

Gegenstand der folgenden Ausführungen ist das methodische Vorgehen der durchgeführten empirischen Untersuchung zur Beantwortung unserer Forschungsfragen. Abschnitt 3.2.1 widmet sich zunächst den verwendeten Methoden der Konstruktmessung. Anschließend werden wir in Abschnitt 3.2.2 die eingesetzten Verfahren der Dependenzanalyse erläutern.

3.2.1 Grundlagen der Konstruktmessung

Voraussetzung für die Beantwortung der gestellten Forschungsfragen ist, dass die erfassten Konstrukte mit ausreichender Güte gemessen werden. Die Güte der Konstruktmessung hat daher einen hohen Stellenwert im Rahmen der vorliegenden empirischen Untersuchung. Die Verfahren, die dabei zum Einsatz kommen, werden in diesem Abschnitt dargestellt.

Die Forschungsfragen der vorliegenden Arbeit betreffen Beziehungen zwischen theoretischen und komplexen Konstrukten. Ein *theoretisches Konstrukt* ist nach Bagozzi/Fornell (1982, S. 24) eine „abstract entity which represents the 'true' non-observable state of nature of a phenomenon“. Wesentliche Eigenschaft eines theoretischen Konstrukts ist, dass es sich einer einfachen, direkten Messung entzieht (vgl. Bagozzi/Phillips 1982, S. 465; Long 1983, S. 11). Solche Konstrukte bzw. latente Variablen können aber indirekt über so genannte

Indikatorvariablen bzw. Items gemessen werden. Diese sind empirisch erfassbar und stehen mit den Konstrukten in einem formalen Zusammenhang (vgl. Homburg/Giering 1996, S. 6).

Die Messung eines theoretischen Konstrukts erfordert dessen Konzeptualisierung sowie Operationalisierung. Die *Konzeptualisierung* umfasst die Erarbeitung der relevanten Dimensionen eines Konstrukts. Die *Operationalisierung* eines Konstrukts, die auf der Konzeptualisierung aufbaut, beinhaltet die Entwicklung einer geeigneten Messskala (vgl. Homburg 2000, S. 13). In der vorliegenden Arbeit setzen sich die Messskalen größtenteils aus mehreren Indikatoren zusammen. Solche Multi-Item Ansätze haben sich in der Marketingforschung seit Ende der 70er Jahre insbesondere bei der Erfassung komplexer Konstrukte durchgesetzt (vgl. auch Churchill 1979, S. 66; Jacoby 1978, S. 93).

In der Literatur wird im Rahmen der Diskussion zur Messung eines Konstrukts zwischen reflektiven und formativen Indikatoren unterschieden (vgl. Bagozzi 1979, S. 15 ff.). Der Unterschied liegt in der Richtung der Beziehung zwischen einem Faktor und seinen Indikatoren. Bei *reflektiven Indikatoren* wird davon ausgegangen, dass das Konstrukt bzw. die latente Variable die ihm zugeordneten Indikatoren „verursacht". Die einzelnen Indikatoren werden hierbei in der Regel als fehlerbehaftete Messungen des Konstrukts interpretiert (vgl. Homburg/Giering 1996, S. 6 ff.; Hunt 1991, S. 386). Die zur Messung der latenten Variablen herangezogenen Indikatoren stellen damit nur eine Auswahl möglicher Indikatoren dar. Bei *formativen Indikatoren* wird das Konstrukt als Funktion seiner Indikatorvariablen aufgefasst (vgl. Bollen/Lennox 1991, S. 305 f.; Homburg/Giering 1996, S. 6). Im Gegensatz zu reflektiven Indikatoren ist hier jeder Indikator ein zentraler Bestandteil des latenten Konstrukts. Aufgrund der Berücksichtigung von Messfehlern eignen sich reflektive Indikatoren für die Marketingforschung insgesamt besser als formative Indikatoren. Im Rahmen der vorliegenden Arbeit wird daher schwerpunktmäßig auf reflektive Indikatoren zurückgegriffen.

Die Güte der Messung eines Konstrukts kann anhand der Reliabilität (Zuverlässigkeit) und der Validität (Gültigkeit) beurteilt werden (vgl. Homburg/Giering 1996, S. 6; Homburg/Krohmer 2006, S. 223 ff.). Die *Reliabilität* eines Messinstruments beschreibt die formale Genauigkeit der Erfassung der Merkmalsausprägungen (Herrmann/Homburg 2000, S. 23). Die Reliabilität ist umso höher, je weniger Zufallsfehler bei der Messung auftreten und je höher der Anteil der Varianz der Indikatoren erklärt wird (vgl. Homburg/Pflesser 2000b, S. 421; Peter/Churchill 1986 S. 6). Eine Messung ist also dann reliabel, wenn eine

Wiederholung der Messung zum gleichen Ergebnis führt. In der vorliegenden Arbeit wird insbesondere die Interne-Konsistenz-Realibiliät untersucht. Diese bezieht sich auf die Korrelationen zwischen den Indikatoren eines Konstrukts, sie kann relativ einfach überprüft werden und hat für die Marketingforschung daher die größte Bedeutung (Hildebrandt 1998, S. 88; Steenkamp/Baumgartner 1998, S. 78 ff.).

Die *Validität* wird als konzeptionelle Richtigkeit einer Messung verstanden (Herrmann/Homburg 2000, S. 24; Homburg/Giering 1996, S. 7). Ein Messinstrument ist dann valide, wenn es auch das misst, was es messen soll (vgl. Churchill 1979, S. 65). Dies ist nur dann der Fall, wenn die Messung sowohl frei von Zufallsfehlern als auch frei von systematischen Fehlern ist (vgl. Churchill 1991). Die Reliabilität einer Messung stellt damit eine notwendige, aber nicht hinreichende Bedingung für die Validität einer Messung dar (Hildebrandt 1984, S. 42). In der vorliegenden Untersuchung sollen die folgenden drei Validitätsarten betrachtet werden: Die *Inhaltsvalidität* bezeichnet den Grad der inhaltlich-semantischen Übereinstimmung zwischen dem Konstrukt und den Indikatoren des Messinstruments (Homburg/Giering 1996, S. 7) und kann durch eine präzise Abgrenzung eines Konstrukts von anderen Konstrukten erreicht werden. Die *Konvergenzvalidität* bezeichnet das Ausmaß, in dem zwei oder mehrere Messungen des gleichen Konstrukts übereinstimmen (Bagozzi/Phillips 1982, S. 468). Eine solche Validität liegt dann vor, wenn die Indikatoren eines Konstrukts ausreichend stark miteinander in Beziehung stehen (vgl. Peter 1981, S. 136). Damit hängt die Konvergenzvalidität eng mit der Reliabilität eines Konstrukts zusammen (vgl. Peter/Churchill 1986, S. 9). Die *Diskriminanzvalidität* bezieht sich auf den Grad der Abgrenzbarkeit zweier Konstrukte (vgl. Bagozzi/Phillips 1982, S. 469). Diskriminanzvalidität liegt vor, wenn die Indikatoren eines Konstrukts untereinander eine stärkere Assoziation aufweisen als die Indikatoren unterschiedlicher Konstrukte (vgl. Bagozzi/Yi/Phillips 1991, S. 425). Konvergenz- und Diskriminanzvalidität werden in der vorliegenden Arbeit mit Hilfe konfirmatorischer Faktorenanalysen überprüft.

Abschließend soll betont werden, dass die Validität eines Konstrukts nicht ausschließlich aus empirischer Sicht beurteilt werden, sondern auch von konzeptionellen Überlegungen geprägt sein sollte (vgl. Churchill/Peter 1984, S. 370). Die Diskussion der Konstruktmessung muss deshalb neben den quantitativen Ergebnissen auch von inhaltlichen Überlegungen bestimmt sein.

Die Reliabilität und Validität der verwendeten Messskalen kann anhand verschiedener Kriterien überprüft werden. Die für die Ermittlung dieser Kriterien eingesetzten Methoden lassen sich in *Methoden der ersten und der zweiten Generation* unterscheiden (Fornell 1986; Homburg 2000, S. 75). Den Methoden der zweiten Generation, die sich auf die konfirmatorische Faktorenanalyse stützen (vgl. Jöreskog 1966, 1967, 1969), wird in der Literatur eine höhere Leistungsfähigkeit zugeschrieben (Anderson/Gerbing 1988, S. 411 ff.; Homburg/Giering 1996, S. 8). In der vorliegenden Untersuchung werden die Methoden beider Generationen kombiniert. Dazu werden die Messinstrumente zunächst anhand der Methoden der ersten Generation bewertet. Anschließend erfolgt eine Prüfung über Methoden der zweiten Generation (zu dieser Vorgehensweise vgl. Homburg 2000, S. 75).

Die folgenden *Methoden der ersten Generation* kommen hier zur Anwendung:

Die exploratorische Faktorenanalyse: Mittels dieser Methode kann eine Gruppe von Indikatoren auf die ihr zugrunde liegende Faktorenstruktur untersucht werden (vgl. Backhaus et al. 2003, S. 252 ff.; Hüttner/Schwarting 2000, S. 383 ff.). Im Gegensatz zur konfirmatorischen Faktorenanalyse wird die Faktorenstruktur nicht vorab festgelegt (Gerbing/Anderson 1988, S. 189). Die exploratorische Faktorenanalyse verfolgt das Ziel, die Gesamtheit der Indikatoren durch eine möglichst geringe Anzahl von Faktoren hinreichend gut abzubilden (Hartung/Elpelt/Klösener 1999, S. 505). Im Zuge dessen kann eine Eliminierung der Indikatoren erfolgen, die nicht ausreichend hoch auf einen Faktor laden (Malhotra 1993, S. 619). Die Faktorladung bezeichnet die Korrelation zwischen einem Indikator und einem Faktor und erlaubt erste Aussagen bezüglich der Konvergenz- und Diskriminanzvalidität (Homburg/Giering 1996, S. 8). Darüber hinaus ist die Anzahl der zu extrahierenden Faktoren zu ermitteln. Diese wird in der vorliegenden Arbeit mit Hilfe des Kaiser-Kriteriums bestimmt (vgl. Kaiser 1974). Demnach entspricht die Anzahl der zu extrahierenden Faktoren der Anzahl der Faktoren mit einem Eigenwert größer als 1. Der Eigenwert eines Faktors ergibt sich hierbei aus der Summe der quadrierten Faktorladungen über alle Indikatoren dieses Faktors. Zur Beurteilung der Messung eines Faktors kann außerdem der Anteil der erklärten Varianz der Indikatoren herangezogen werden. Homburg/Giering (1996, S. 12) empfehlen, dass ein Faktor mindestens 50 % der Varianz der zugehörigen Indikatoren erklären soll.

Das Cronbachsche Alpha: Das Cronbachsche Alpha (vgl. Cronbach 1947, 1951) ist eines der am häufigsten verwendeten Reliabilitätsmaße der ersten Generation (vgl. Peterson 1994;

Finn/Kayandé 1997). Dieses Kriterium dient der Beurteilung der Internen-Konsistenz-Reliabilität einer Gruppe von Indikatoren, die einem Faktor zugeordnet werden. Der Wertebereich des Cronbachschen Alphas liegt zwischen Null und Eins, wobei hohe Werte auf ein hohes Maß an Reliabilität hindeuten (vgl. Cortina 1994, S. 99 f.). Häufig wird in der Literatur ein Mindestwert von 0,7 gefordert (vgl. Nunnally 1978, S. 245). Dieser Mindestwert soll auch für die vorliegende Untersuchung gelten.

Die Item to Total-Korrelationen: Item to Total-Korrelationen erlauben die Beurteilung der Konvergenzvalidität. Dazu wird die Korrelation eines Indikators (Items) mit der Summe aller übrigen Indikatoren des Faktors (Total) erfasst. Besonders hohe Item to Total-Korrelationen deuten auf ein hohes Maß an Konvergenzvalidität hin (vgl. Nunnally 1978, S. 274). Ein expliziter Grenzwert für die Elimination von Indikatoren wird in der einschlägigen Literatur nicht angegeben. Bei Unterschreitung des geforderten Mindestwertes der Reliabilität (Cronbachsches Alpha) kann durch Eliminierung des Indikators mit der niedrigsten Item to Total-Korrelation die Reliabilität gesteigert werden (vgl. Churchill 1979, S. 68).

Vor dem Hintergrund der in der Literatur häufig diskutierten Schwächen der Methoden der ersten Generation (z.B. teilweise sehr restriktive zugrunde liegende Annahmen, mangelnde Berücksichtigung von Messfehlern, Anwendung von wenig transparenten Faustregeln, vgl. hierzu Bagozzi/Yi/Phillips 1991; Baumgartner/Homburg 1996; Gerbing/Anderson 1988) und dem Anspruch, die Reliabilitäts- und Validitätsprüfung zu verbessern, kommen seit einigen Jahren verstärkt Methoden der zweiten Generation zum Einsatz (vgl. Homburg/Pflesser 2000b, S. 415). Diese Methoden basieren auf der konfirmatorischen Faktorenanalyse (vgl. Jöreskog 1966, 1967, 1969), bei der im Gegensatz zur exploratorischen Faktorenanalyse einzelne Indikatoren den jeweiligen Faktoren a priori zugeordnet werden. Es wird also ein so genanntes Messmodell spezifiziert. Bei der anschließenden Parameterschätzung werden die Modellparameter so geschätzt, dass das spezifizierte Modell die empirisch ermittelten Daten möglichst gut reproduziert. Die Güte, mit der das spezifizierte Modell die erhobenen Daten widerspiegelt, wird dann im Rahmen der Modellbeurteilung geprüft.

Die Reliabilität und Validität des Messmodells kann über eine Vielzahl an Gütemaßen und inferenzstatistischen Tests beurteilt werden (vgl. Homburg/Giering 1996, S. 9). In diesem Zusammenhang wird zwischen globalen und lokalen Gütemaßen unterschieden (vgl. Sharma 1996, S. 157 ff.; Diamantopoulos/Siguaw 2000, S. 82 ff.). Während globale Gütemaße bewerten, inwieweit das gesamte Modell mit den empirischen Daten konsistent ist, bewerten lokale Anpassungsmaße die Qualität einzelner Teilstrukturen im Messmodell.

Die folgenden *globalen Gütemaße* sollen in der vorliegenden Arbeit herangezogen werden:

Der Chi-Quadrat-Test (χ^2-Test): Mit Hilfe dieses Tests wird die „Richtigkeit" des spezifizierten Modells inferenzstatistisch bewertet. Der χ^2-Teststatistik liegt die Nullhypothese zugrunde, dass die vom Modell reproduzierte Kovarianzmatrix und die empirische Kovarianzmatrix übereinstimmen (vgl. Homburg 1989, S. 188). Die Beurteilung des χ^2-Wertes erfolgt anhand der Wahrscheinlichkeit p. Diese gibt die Wahrscheinlichkeit an, einen größeren als den tatsächlich ermittelten χ^2-Wert zu erhalten, obwohl das spezifizierte Modell richtig ist (vgl. Homburg 2000, S. 84 f.). Angesichts der Restriktionen des χ^2-Tests (vgl. hierzu Bentler/Bonett 1980; Homburg 1989, S. 46 ff.) wird empfohlen, zusätzlich den Quotienten aus χ^2-Wert und der Zahl der Freiheitsgrade als deskriptives Gütemaß zu betrachten (vgl. Homburg 1989, S. 189; Bagozzi/Baumgartner 1994, S. 398). Während einige Autoren einen Grenzwert von Drei für diesen Quotienten fordern (vgl. Homburg 2000, S. 84), sehen andere Autoren einen Wert von Fünf als ausreichend an (vgl. Fritz 1995, S. 140).

Der Root Mean Squared Error of Approximation (RMSEA): Der RMSEA testet die Güte der Approximation des Modells an die erhobenen Daten (vgl. Cudeck/Browne 1983). In der Literatur wird häufig ein Grenzwert von 0,08 empfohlen (vgl. Browne/Cudeck 1993). Aber auch ein Wert von 0,1 wird (gerade bei kleineren Stichproben) als noch akzeptabel angesehen (vgl. MacCallum/Browne/Sugawara 1996; Steiger 1989).

Goodness of Fit-Index (GFI), Adjusted Goodness of Fit-Index (AGFI): Diese globalen deskriptiven Gütemaße erfassen die Diskrepanz zwischen der empirischen und der vom Modell reproduzierten Kovarianzmatrix. Im Gegensatz zum GFI berücksichtigt der AGFI die Anzahl der Freiheitsgrade des Modells und wird daher im Allgemeinen als aussagekräftiger angesehen. Beide Gütemaße können Werte zwischen Null und Eins annehmen. Der Wert Eins deutet dabei auf eine perfekte Anpassung des Modells an die empirischen Daten hin.

Der Comparative Fit-Index (CFI): Der CFI beurteilt die Güte eines Messmodells anhand eines Vergleichs des spezifizierten Modells mit einem Basismodell (vgl. Bentler/Bonett 1980; Bentler 1990). Für dieses Basismodell wird angenommen, dass alle Indikatorvariablen im Modell unabhängig sind und somit keine wesentlichen Informationen im Modell enthalten sind (vgl. Homburg/Pflesser 2000b, S. 427). Der CFI berücksichtigt die Anzahl der

Freiheitsgrade. In Anlehnung an Homburg/Baumgartner (1995a, S. 167 ff.) werden für GFI, AGFI und CFI Werte von mindestens 0,9 als ausreichend angesehen.

Im Gegensatz zu den globalen Gütemaßen beurteilen lokale Gütemaße die Qualität von einzelnen Teilstrukturen im Messmodell (Indikatoren und Faktoren). Die folgenden *lokalen Gütemaße* kommen hier zum Einsatz:

Die Indikatorreliabilität: Die Indikatorreliabilität beschreibt die durch den Faktor erklärte Varianz eines Indikators und lässt damit die Bewertung zu, wie gut ein einzelner Indikator durch den zugrunde liegenden Faktor repräsentiert wird. Ihr Wertebereich liegt zwischen Null und Eins. In der vorliegenden Arbeit wird der häufig geforderte Mindestwert von 0,4 herangezogen (vgl. Homburg/Giering 1996, S. 13; Homburg 2000, S. 83).

Der t-Wert der Faktorladung eines Indikators: Dieser Wert gibt Aufschluss darüber, ob die Faktorladung eines Indikators signifikant von Null verschieden ist. Dies gilt dann, wenn der t-Wert der Faktorladung mindestens 1,645 bzw. 2,326 beträgt (einseitiger Test mit Signifikanzniveau von 5% bzw. 1%, vgl. Homburg/Giering 1996, S. 11).

Während sich diese ersten beiden Kriterien auf einzelne Indikatoren beziehen, treffen die folgenden beiden Kriterien eine Aussage über die Güte der Messung eines Faktors.

Die Faktorreliabilität und die *durchschnittlich erfasste Varianz (DEV):* Diese Maße erfassen, wie gut ein Faktor durch die Gesamtheit der ihm zugeordneten Indikatoren gemessen wird. Beide Gütemaße können Werte zwischen Null und Eins annehmen, wobei hohe Werte eine gute Modellanpassung darstellen. In Anlehnung an Bagozzi/Yi (1988) und Homburg/Baumgartner (1995b, S. 170) werden für die Faktorreliabilität Mindestwerte von 0,6 und für die DEV Werte von mindestens 0,5 angestrebt.

Über die bisher genannten Gütemaße kann vor allem die Reliabilität und die Konvergenzvalidität der Konstruktmessung beurteilt werden. Darüber hinaus bietet die konfirmatorische Faktorenanalyse die Möglichkeit zur Beurteilung der Diskriminanzvalidität. Eine solche Beurteilung kann durch den χ^2-Differenztest (vgl. Jöreskog 1977, S. 273; Homburg/Dobratz 1992, S. 123 f.) und das Fornell-Larcker-Kriterium (vgl. Fornell/Larcker 1981) vorgenommen werden. Dabei ist das Fornell-Larcker-Kriterium das strengere Kriterium (vgl. Homburg/Giering 1996, S. 11). Dieses Kriterium ist dann erfüllt, wenn die durchschnittlich erfasste Varianz des zu prüfenden Faktors größer ist als jede quadrierte Korrelation dieses Faktors mit einem anderen Faktor (vgl. Fornell/Larcker 1981, S. 46). Der zu prüfende Faktor muss bezüglich seiner Indikatoren also einen größeren Varianzanteil erklären als bezüglich der Indikatoren anderer Faktoren.

An dieser Stelle sei darauf hingewiesen, dass bei der Beurteilung der Konstruktmessung nicht alle Kriterien gleichzeitig erfüllt sein müssen. Eine geringfügige Verletzung einzelner Kriterien muss daher nicht zu einer unmittelbaren Ablehnung des betrachteten Messmodells führen (vgl. McQuitty 1999). Stattdessen sollte das Gesamtbild der Messung über alle Kriterien ausschlaggebend sein (vgl. Homburg 2000, S. 93).

3.2.2 Grundlagen der Dependenzanalyse

Im vorangegangenen Abschnitt haben wir uns mit der Validierung der Messinstrumente und mit den Beziehungen zwischen Indikatoren und ihrem Faktor befasst. Im Rahmen dieses Abschnitts sollen nun die Beziehungen zwischen den Faktoren beschrieben werden. Da die Forschungsfragen der vorliegenden Arbeit gerichtete Abhängigkeiten zwischen Faktoren betreffen, stützen wir uns auf Verfahren der Dependenzanalyse. Im Gegensatz zu Verfahren der Interdependenzanalyse, welche von ungerichteten Abhängigkeiten der untersuchten Faktoren ausgehen (vgl. Homburg/Krohmer 2006, S. 272 ff.), helfen Methoden der Dependenzanalyse bei der Untersuchung gerichteter Zusammenhänge zwischen Variablen. In diesem Zusammenhang kommt die Kausalanalyse zum Einsatz.

Die Kausalanalyse (auch „Kovarianzstrukturanalyse", Homburg 1989, S. 2) gehört zu den leistungsfähigsten und in der Marketingforschung am häufigsten genutzten multivariaten Analyseverfahren (vgl. Homburg 1992, S. 499; Homburg/Baumgartner 1995a, S. 1091). Basierend auf empirisch ermittelten Varianzen und Kovarianzen der Indikatoren können Rückschlüsse auf die Abhängigkeiten zwischen latenten Variablen gezogen werden (vgl. ausführlich Bollen 1989; Homburg 1989). Ein wesentlicher Vorteil der Kausalanalyse besteht darin, dass simultan ein *Messmodell* zur Erfassung der latenten Variablen über Indikatoren und ein *Strukturmodell* zur Abbildung der Zusammenhänge zwischen mehreren latenten Variablen geschätzt werden kann und hierbei Messfehler explizit berücksichtigt werden (vgl. hierzu ausführlich Homburg 1989, S. 20 f.; Homburg/Pflesser 2000b; Bagozzi 1994). Für die vorliegende Untersuchung ist ferner die Möglichkeit von Bedeutung, mit Hilfe der Kausalanalyse kausale Ketten zu untersuchen (vgl. Homburg 1992, S. 500).

Der wohl am weitesten verbreitete kausalanalytische Ansatz ist der LISREL-Ansatz (**LI**near Structural **REL**ationship), dessen Notation im Folgenden verwendet wird (vgl.

Homburg/Sütterlin 1990; Jöreskog 1978; Jöreskog/Sörbom 1993). Für die kausalanalytischen Auswertungen der vorliegenden Arbeit wurde die Software LISREL 8.54 genutzt (vgl. Jöreskog/Sörbom 1989, 1993). Ein vollständiges kausalanalytisches Modell kann anhand der LISREL-Notation als System linearer Gleichungen folgendermaßen dargestellt werden:

Strukturmodell: $\eta = B\eta + \Gamma\xi + \zeta$
Messmodelle: $y = \Lambda_y \eta + \varepsilon$ und $x = \Lambda_x \xi + \delta$.

Im Rahmen des *Strukturmodells* (bzw. Dependenzstrukturmodells) werden die Beziehungen zwischen den latenten Variablen dargestellt. η bezeichnet dabei die latenten endogenen Variablen und ξ die latenten exogenen Variablen. Mit B und Γ werden die Matrizen der Strukturkoeffizienten β_i und γ_i bezeichnet, die die direkten Effekte zwischen den latenten Variablen beschreiben. B bildet hierbei die Effekte zwischen den latenten endogenen Variablen ab, während Γ die Effekte der latenten exogenen auf die latenten endogenen Variablen abbildet. Die Fehlergrößen im Strukturmodell, d. h. die Effekte von nicht im Modell integrierten Variablen, werden durch den Vektor ζ repräsentiert.

Auf Basis der *Messmodelle* erfolgt die Zuordnung zwischen den latenten Variablen und den beobachtbaren Indikatoren. Dabei beinhaltet der Vektor x die Indikatoren der latenten exogenen Variablen, während der Vektor y die Indikatoren der latenten endogenen Variablen umfasst. Die beiden Koeffizientenmatrizen Λ_y und Λ_x stellen die Faktorladungsmatrizen dar und die Vektoren ε und δ beinhalten die Messfehlervariablen. Jeder Indikator stellt also eine fehlerbehaftete Messung einer latenten Variable dar.

Die Kovarianzmatrix Σ der beobachteten Variablen y und x kann unter geeigneten Voraussetzungen als Funktion der zu schätzenden Parameter ausgedrückt werden. Dies führt zu folgenden acht Parametermatrizen: $\Sigma = \Sigma(B, \Gamma, \Lambda_y, \Lambda_x, \Phi, \Psi, \Theta_\varepsilon, \Theta_\delta)$. Hierbei stellen die vier zuletzt aufgeführten Matrizen (Φ, Ψ, Θ_ε, Θ_δ) die Kovarianzmatrizen der Vektoren ξ, ζ, ε und δ dar (vgl. Homburg 1989, S. 151 ff.). Bezeichnet man die Gesamtheit der innerhalb der acht Matrizen zu schätzenden Parameter mit α, so vereinfacht sich die obige Gleichung zu $\Sigma = \Sigma(\alpha)$. Im Rahmen der Kausalanalyse wird nun ein Vektor $\hat{\alpha}$ von Parameterschätzern so ermittelt, dass die vom Modell erzeugte Kovarianzmatrix $\hat{\Sigma} = \Sigma(\hat{\alpha})$ der empirisch ermittelten Kovarianzmatrix der Indikatoren (S) möglichst stark ähnelt. Es stellt sich somit folgendes Minimierungsproblem: $f_s(\alpha) = F(S, \Sigma(\alpha)) \rightarrow min$. Dabei bezeichnet F eine Diskrepanzfunktion, welche die Unterschiedlichkeit zweier symmetrischer Matrizen erfasst (vgl. hierzu ausführlich Homburg 1989, S. 170; Homburg/Pflesser 2000b, S. 645).

Einen weiteren wichtigen Aspekt im Rahmen der Kausalanalyse stellt die Identifikation des spezifizierten Modells dar. Ein Modell gilt als identifiziert, wenn die Kovarianz der Indikatoren ausreichende Informationen für eine eindeutige Schätzung der Parameter enthält (vgl. Homburg/Baumgartner 1995a, S. 175). Obwohl das Modell durch ein nichtlineares Gleichungssystem theoretisch identifiziert werden kann, lässt sich dieses Identifikationsproblem nur in Ausnahmefällen lösen (vgl. Homburg/Pflesser 2000b, S. 645). Eine notwendige Bedingung für die Modellidentifikation lautet:

$$t \leq \frac{1}{2} \cdot q \cdot (q+1)$$

Demnach darf die Anzahl der zu schätzenden Parameter t höchstens so groß sein wie die Anzahl der empirischen Varianzen und Kovarianzen für die q Indikatoren. Dieses Kriterium ist allerdings keine hinreichende Bedingung für eine Modellidentifikation. Da bisher kein notwendiges und hinreichendes Kriterium hierfür existiert, kann bei der Betrachtung der Schätzergebnisse lediglich zusätzlich auf Indizien für nicht identifizierte Modelle, wie entartete Schätzer (z. B. negative Fehlervarianzen) geachtet werden (vgl. Bollen 1989, S. 326 ff.).

Zur Beurteilung der Güte des vollständigen Kausalmodells stehen eine Reihe lokaler und globaler Gütekriterien zur Verfügung. In Abschnitt 3.2.1 wurden viele dieser Gütemaße bereits diskutiert. Daher soll an dieser Stelle nur noch auf zwei lokale Gütemaße eingegangen werden, die sich speziell auf das Strukturmodell beziehen. Die *quadrierte multiple Korrelation* einer latenten endogenen Variablen η_i gibt den Anteil der Varianz von η_i an, der durch die übrigen latenten endogenen Variablen und die latenten exogenen Variablen erklärt werden kann, die im spezifizierten Modell einen Effekt auf η_i ausüben (Homburg 1992, S. 505). Ihr Wertebereich erstreckt sich von 0 bis 1. Kleine Werte sind ein Indiz dafür, dass andere, nicht im Modell berücksichtigte Größen die latente endogene Variable η_i wesentlich beeinflussen. Ferner sind auch die *standardisierten Effekte des Strukturmodells* (β_{ij} und γ_{ij}) sowie deren zugehörige *t-Werte* von zentraler Bedeutung für die Überprüfung der hypothetischen Dependenzstruktur. So ermöglichen die standardisierten Effekte Aussagen über die Richtung und die Stärke des Effekts einer latenten (endogenen oder exogenen) Variablen auf eine latente endogene Variable. Der dazugehörige t-Wert erlaubt dabei Rückschlüsse auf die statistische Signifikanz dieses Effekts und dient damit als Basis für die Annahme oder Ablehnung der zugrundeliegenden Hypothese (vgl. auch Homburg/Krohmer 2006, S. 262 ff.).

Zusätzlich zu den Haupteffekten zwischen den Gestaltungsvariablen und den Erfolgsgrößen ist im Rahmen dieser Arbeit auch die Untersuchung moderierender Effekte von Interesse (Forschungsfrage 2b). Zu diesem Zweck setzen wir die *Mehrgruppenkausalanalyse* (vgl. Steenkamp/Baumgartner 1998; Bollen 1989) ein. Hierbei wird die Stichprobe zunächst in mehrere gleich große Teildatensätze aufgeteilt, die sich hinsichtlich der Ausprägung der moderierenden Variablen unterscheiden. In einem zweiten Schritt werden Kausalmodelle für die Teildatensätze ohne Restriktion simultan geschätzt (vgl. Bollen 1989; Jöreskog/Sörbom 1993). Anschließend erfolgt eine Schätzung unter Identitätsrestriktion bestimmter Parameter (i. d. R. die Parameter β_{ij} oder γ_{ij}, vgl. Mullen 1995, S. 581 ff.), die in den Teildatensätzen gleich gesetzt werden. Nun wird die Anpassungsgüte der ursprünglichen Schätzung ohne Restriktion mit der Schätzung unter Identitätsrestriktion verglichen (anhand der Differenz der χ^2-Werte zwischen den beiden Modellen). Führt die Einführung der Restriktion zu einer signifikanten Verschlechterung der Modellanpassung, bedeutet dies, dass die betreffenden Parameter in beiden Gruppen nicht gleich sind. Das heißt, die Werte dieser Koeffizienten variieren in Abhängigkeit von der Höhe der Moderatorvariablen. Ist dies der Fall, liegt ein moderierender Effekt vor (vgl. Steenkamp/Baumgartner 1998, S. 100 ff.).

4. Entwicklung des Untersuchungsmodells

Auf Basis der Literaturbestandsaufnahme (Abschnitte 2.2 und 2.3) und der theoretischen Bezugspunkte (Abschnitt 2.5) wurde in Abschnitt 2.6 das dieser Arbeit zugrunde liegende Untersuchungsmodell in seinen Grundzügen abgeleitet. Demnach sind es unterschiedliche Faktoren des internen und des nach außen gerichteten Managements der Neukundenakquisition, die auf den Akquisitionserfolg wirken. Die Konzeptualisierung und Operationalisierung der einzelnen Konstrukte des Untersuchungsmodells stellen wir in den folgenden Abschnitten vor. Die Hypothesen zu den Wirkungsbeziehungen im Modell und ihre Messung erfolgt anschließend in Kapitel 5.

Aufgrund des in der Literatur vorherrschenden Mangels an existierenden Skalen zur Neukundenakquisition müssen die Messinstrumente zu vielen Konstrukten vollständig neu entwickelt werden. Dabei werden wir häufig auf Arbeiten der in Abschnitt 2.3 vorgestellten angrenzenden Forschungsgebiete zurückgreifen.

4.1 Ausmaß der Ressourcenallokation

Die Bestandsaufnahme der Literatur konnte zeigen, dass die Ressourcenallokation ein häufig untersuchter Gestaltungsaspekt im Kundenbeziehungsmanagement ist. Die Untersuchung der Ressourcenallokation erfolgt zumeist im Rahmen der Forschung zur optimalen relativen Budgetallokation zwischen der Neukundenakquisition und Kundenbindung (vgl. Blattberg/Deighton 1996; Krafft 2002). Ressourcen sind aber nicht nur auf rein finanzielle Mittel beschränkt, sondern beinhalten auch die allozierten „Human-Ressourcen", die sich mit der Neukundenakquisition voll- oder teilzeit befassen. In der vorliegenden Untersuchung definieren wir das *Ausmaß der Ressourcenallokation* für die Neukundenakquisition daher als die relative Höhe der zur Gewinnung neuer Kunden investierten finanziellen und personellen Ressourcen. In Ermangelung existierender Skalen, musste zur Operationalisierung der Ressourcenallokation eine eigene Skala entwickelt werden (vgl. Tabelle 4-1). Da die Messung einer absoluten Ressourcenallokation in der branchenübergreifenden Betrachtung und aufgrund unterschiedlicher Unternehmensgrößen nicht sinnvoll ist, messen wir dieses Konstrukt relativ zu unterschiedlichen Bezugsgrößen. Relevante Bezugsgrößen der Neukundenakquisition stellen die Aufwendungen für die Bestandskundenbindung, das eigene Geschäftsvolumen und die akquisitionsbezogenen Aufwendungen des Wettbewerbs dar (vgl. Tomczak et al. 1998; Krafft 2002; Blattberg/Getz/Thomas 2001a).

Informationen zu den Indikatoren des Faktors				
Bezeichnung der Indikatoren		Item to Total-Korrelation	Indikator-reliabilität	t-Wert der Faktorladung
Wie hoch sind Ihre Aufwendungen für die Neukundenakquisition (Budget, Personal, Zeit, ...) im Verhältnis...				
... zu Ihren Aufwendungen für die Betreuung/Bindung von Bestandskunden?		0,66	0,56	28,86
... zu Ihrem Geschäftsvolumen?		0,72	0,77	28,86
... zu Ihren Wettbewerbern?		0,6	0,45	28,86
Informationen zum Faktor				
Cronbachsches Alpha:	0,81	Erklärte Varianz:		72,4%
χ^2-Wert (Freiheitsgrade):		AGFI:		
GFI:		RMSEA:		
CFI:		Durchschnittlich erfasste Varianz:		0,6
Faktorreliabilität:	0,81			

Tabelle 4-1: Informationen zum Faktor „Ausmaß der Ressourcenallokation"

Die Berechnung von globalen Gütemaßen der zweiten Generation ist hier nicht sinnvoll, da ein Modell mit drei Indikatoren keine Freiheitsgrade hat und damit stets eine perfekte Modellanpassung aufweist. Die verfügbaren globalen und lokalen Gütemaße weisen auf eine gute Modellanpassung hin.

4.2 Qualität der Mitarbeiter

Stellt die Ressourcenallokation auf die Quantität der investierten Ressourcen ab, so steht hier die Qualität der eingesetzten Ressourcen im Vordergrund. Während die wissenschaftliche Literatur zur Neukundenakquisition mitarbeiterbezogene Merkmale weitestgehend ausklammert, wird der Beitrag der Mitarbeiter zum Verkaufserfolg insbesondere in der Forschung zum Vertriebsmanagement und persönlichen Verkauf hervorgehoben (vgl. Weitz/Bradford 1999; Hooley et al. 2003). So konstatieren Hooley et al. (2003, S. 20): „Even the most creative, innovative, and well-crafted strategy will fail if the people charged with its execution are not equipped to do their jobs, both physically and mentally, or motivated to deliver." Auch der ressourcenbasierte Ansatz (vgl. Abschnitt 2.5.3) betont die strategische Relevanz qualifizierter Mitarbeiter als wertvolle Ressourcen (vgl. Barney 1991; Grant 1991).

Wie in Abschnitt 2.3.1.1 dargestellt, existiert eine Vielzahl von Untersuchungen zur Erfolgswirkung unterschiedlicher Persönlichkeitsmerkmale, Kompetenzen und Verhaltensweisen der Mitarbeiter. Eine gute Strukturierungsbasis stellt die Konzeptualisierung durch Walker/Churchill/Ford (1977) und Rentz et al. (2002) dar. Die dort konzeptualisierten „Selling Skills" umfassen technisches Wissen, soziale Fähigkeiten sowie verkaufsprozessbezogene Fähigkeiten. Obwohl dieses Modell bereits recht umfassend ist, fehlen die im Rahmen der einseitig-statischen Ansätze (vgl. Abschnitt 2.3.1.1) untersuchten

Persönlichkeitsmerkmale erfolgreicher Verkäufer und Akquisiteure. Dem Modell von Rentz et al. (2002) fügen wir daher noch verkaufsbezogene und akquisitionsspezifische Persönlichkeitsmerkmale hinzu. Dies ergibt ein umfassendes Konstrukt zur *Verkaufskompetenz*, welches ein erstes Element des Faktors *Qualität der Mitarbeiter* darstellt. Doch in Praxis und Wissenschaft steht seit einiger Zeit viel weniger die verkaufsorientierte Qualität der Mitarbeiter als die Kundenorientierung bzw. das kundenorientierte Verkaufsverhalten im Fokus. Die Erfolgsrelevanz eines solchen Verkaufsverhaltens gilt mittlerweile als unumstritten. Vor diesem Hintergrund geht das *kundenorientierte Verkaufsverhalten* als zweites Konstrukt des Faktors *Qualität der Mitarbeiter* in unser Modell ein. Die *Qualität der Mitarbeiter* ist damit definiert als das Ausmaß, zu dem die Mitarbeiter über verkaufsbezogene Fähigkeiten und Persönlichkeitsmerkmale verfügen sowie kundenorientiertes Verkaufsverhalten praktizieren. Die Konzeptualisierung des Konstrukts erfolgt anhand der beiden Konstrukte, die im Folgenden ausführlich vorgestellt werden.

4.2.1 Verkaufskompetenz

Wie bereits beschrieben erfolgt die Konzeptualisierung des Konstrukts *Verkaufskompetenz* in Anlehnung an Rentz et al. (2002) und Walker/Churchill/Ford (1977) und umfasst die Sozialkompetenz, die Fachkompetenz, verkaufsprozessbezogene Fähigkeiten sowie verkaufsbezogene und akquisitionsspezifische Persönlichkeitsmerkmale.

Vertriebsmitarbeiter mit einer hohen *Sozialkompetenz* zeichnen sich nicht nur durch eine ausgeprägte Kontaktfreudigkeit und Freundlichkeit aus, sondern besitzen zudem die Fähigkeit, sich auch bei komplexen Sachverhalten gut ausdrücken und sich auf unterschiedliche Nachfragetypen gut einstellen zu können (vgl. Hennig-Thurau/Thurau 1999; Zahn 1997). Mitarbeiter mit einer hohen *Fachkompetenz* verfügen über umfassende produkt- und marktbezogene Kenntnisse sowie über die Fähigkeit zur Selbstorganisation (vgl. Rentz et al. 2002; Homburg/Schäfer/Schneider 2006). Zu den relevanten *verkaufsprozessbezogenen Fähigkeiten* zählt die schnelle und richtige Identifikation der produkt- und verkaufsprozessbezogenen Kundenbedürfnisse (vgl. Kahn/Shuchman 1961; Evans et al. 2000). Gerade in der Akquisitionsphase ist es von zentraler Bedeutung, dass Verkaufsmitarbeiter schon frühzeitig Informationen über den potenziellen Kunden, seine Bedürfnisse und seine Entscheidungsstrukturen und -kriterien erfassen können (vgl. Saxe/Weitz 1982; Beverland 2001; Kuhlmann 2001; Szymanski 1988) sowie die Fähigkeit besitzen, Schwachstellen des Wettbewerbs zu identifizieren und zu nutzen (vgl. Mühlmeier

2004, S. 134). Ebenfalls bereits in der Akquisitionsphase von großer Bedeutung ist die Fähigkeit des Mitarbeiters, das Vertrauen des Kunden zu gewinnen (vgl. Doney/Cannon 1997; Lau/Chin 2003) sowie die Fähigkeit zum „Adaptive Selling" (vgl. Weitz 1981; Marshall/Goebel/Moncrief 2003; Spiro/Weitz 1990; Morris/Avila/Teeple 1990). Hinsichtlich der im Verkauf und insbesondere in der Neukundenakquisition notwendigen *Persönlichkeitsmerkmale* werden in der Literatur folgende Eigenschaften herausgestellt: Selbstbewusstsein, Optimismus, Risikofreude, Ehrgeiz, Belastbarkeit und eine ausgeprägte Misserfolgstoleranz (vgl. Kahn/Shuchman 1961; Rasmusson 1999; Wotruba 1996; Morris/Avila/Teeple 1990; Ingram/Schwepker/Hutson 1992).

Vor diesem Hintergrund wird unter der *Verkaufskompetenz* das Ausmaß verstanden, zu dem die Mitarbeiter über akquisitions- und allgemein verkaufsbezogene Fähigkeiten und Persönlichkeitsmerkmale verfügen.

Auf Basis dieser Überlegungen und angelehnt an Rentz et al. (2002) sowie Behrman/Perreault (1982) haben wir für die Operationalisierung dieses Faktors insgesamt 25 Indikatoren herangezogen (vgl. Tabelle 4-2). Die Überprüfung der globalen Gütekriterien zeigt, dass die geforderten Werte für den RMSEA und den χ^2-Wert nicht ganz erreicht werden. Dagegen erfüllen alle übrigen globalen Gütekriterien die in der Literatur geforderten Werte. Bei den lokalen Gütekriterien liegt die Indikatorreliabilität für zwei Indikatoren unter dem geforderten Wert von 0,4. Beiden Indikatoren ist jedoch eine hohe inhaltliche Relevanz beizumessen. Vor diesem Hintergrund und aufgrund der ansonsten zufrieden stellenden Gütekriterien übernehmen wir alle Indikatoren des Messmodells.

Informationen zu den Indikatoren des Faktors			
Bezeichnung der Indikatoren	Item-to-Total-Korrelation	Indikator-reliabilität	t-Wert der Faktorladung
Wie bewerten Sie Ihre an der Neukundenakquisition beteiligten Mitarbeiter bzgl. folgender Fähigkeiten und Merkmale?			
Fähigkeit, Gesprächspartner bereits nach kurzer Zeit beurteilen zu können	0,66	0,47	48,77
Fähigkeit, Vorbehalte des pot. Kunden zu erkennen und abzubauen	0,69	0,50	51,69
Fähigkeit, Unsicherheiten des pot. Kunden zu erkennen und abzubauen	0,75	0,59	59,18
Fähigkeit, rasch das Vertrauen des pot. Kunden zu gewinnen	0,66	0,46	48,10
Fähigkeit, sich in die Perspektive des pot. Kunden zu versetzen	0,70	0,53	59,30
Fähigkeit, die relevanten Probleme/Bedürfnisse bei pot. Kunden zu erkennen und zu nutzen	0,71	0,53	59,33
Fähigkeit, Schwachstellen des Wettbewerbs bei pot. Kunden zu erkennen und zu nutzen	0,55	0,33	51,68
Fähigkeit, relevante Ansprechpartner für einen Erstkontakt bei pot. Kunden zu erkennen und zu nutzen	0,67	0,47	57,12
Fähigkeit, die relevanten Entscheidungsprozesse, -kriterien und die entscheidungsrelevanten Personen bei pot. Kunden zu identifizieren und zu nutzen	0,70	0,52	58,77
Ausgeprägtes Selbstbewusstsein	0,60	0,39	42,3
Optimismus	0,64	0,43	47,45
Entscheidungsfreude/Pragmatismus	0,74	0,58	56,64
Risikofreude	0,54	0,30	47,00
Ehrgeiz/Erfolgshunger	0,70	0,52	59,47
Belastbarkeit	0,63	0,43	47,77
Überzeugungskraft	0,77	0,62	59,69
Konstruktives Verarbeiten von Misserfolgen	0,70	0,51	61,71
Selbstorganisation	0,69	0,48	56,54
Kenntnis der Nachfrager im Markt	0,60	0,38	47,26
Fähigkeit, das eigene Verhalten während der Interaktion mit pot. Kunden anzupassen	0,68	0,48	50,79
Fähigkeit, Erfahrungen aus vergangenen Verkaufssituationen auf die aktuelle Situation zu übertragen	0,69	0,51	48,58
Kommunikationsfähigkeit auch bei komplexen Sachverhalten	0,70	0,50	51,56
Kontaktfreudigkeit	0,70	0,50	45,33
Fähigkeit, sich auf Veränderungen gut einstellen zu können	0,77	0,62	58,24
Fähigkeit, sich auf untersch. Nachfragertypen gut einstellen zu können	0,73	0,56	56,70

Informationen zum Faktor			
Cronbachsches Alpha:	0,96	Erklärte Varianz:	50,5%
χ^2-Wert (Freiheitsgrade):	4,5 (275)	AGFI	0,99
GFI:	0,99	RMSEA:	0,10
CFI:	1,0	Durchschnittlich erfasste Varianz:	0,50
Faktorreliabilität:	0,96		

Tabelle 4-2: Informationen zum Faktor „Verkaufskompetenz der Mitarbeiter"

4.2.2 Kundenorientiertes Verkaufsverhalten

Die Bedeutung des kundenorientierten Verkaufens für den Verkaufserfolg wurde in der Literatur zum Personal Selling vielfach untersucht und hervorgehoben. Nach Saxe/Weitz (1982, S. 348) sind Kunden v. a. bei für sie neuen und komplexen Problemen für kundenorientiertes Verkaufsverhalten empfänglich. Eine solche Situation stellt der erstmalige Kauf bei einem neuen Anbieter dar.

Das kundenorientierte Verkaufsverhalten der Mitarbeiter wird in der Literatur mit unterschiedlichen Begriffen belegt, z.B. „Customer-oriented Selling“ (Saxe/Weitz 1982), „Consultative Selling“ (Westbrook/Peterson 1998; Rackham/DeVincentis 1998), „Adaptive Selling“ (Spiro/Weitz 1990), „Relationship Selling“ (Evans/Good/Hellman 1998) oder „Counselor Selling“ (DeCormier/Jobber 1993). Dabei sind sich die mit diesen Begriffen verbundenen Inhalte sehr ähnlich. Die Art der Konzeptualisierung unterscheidet sich aber. So wird das „Customer-oriented Selling“ als Verkaufsmethode (Weitz/Sujan/Sujan 1986), als Verkaufsverhalten (Cravens et al. 1993) oder als Eigenschaft eines Verkäufers (Baldauf/Cravens 2003) angesehen. Im Rahmen der vorliegenden Arbeit wollen wir das Konstrukt als Verkaufsverhalten konzeptualisieren.

Kundenorientiertes Verkaufsverhalten zeichnet sich dadurch aus, dass die Beratung des Kunden und die Erfüllung seiner Bedürfnisse im Vordergrund stehen (Saxe/Weitz 1982, S. 344: „Highly customer-oriented salespeople avoid actions which sacrifice customer interest to increase the probability of making an immediate sale.”). Anstelle des kurzfristigen Verkaufserfolgs zielt dieses Verhalten darauf ab, die Kundenzufriedenheit zu erhöhen und eine langfristige Kundenbeziehung aufzubauen (vgl. Brooksbank 1995; Gwinner 1968; Westbrook/Peterson 1998; Haas 2001).

Kundenorientiertes Verkaufsverhalten soll daher (in Anlehnung an Saxe/Weitz 1982, S. 344) definiert sein, als das Ausmaß der Umsetzung von Verkaufstaktiken, die primär der Erfassung und Berücksichtigung der Bedürfnisse des Kunden sowie seiner Beratung dienen. Für die Operationalisierung des kundenorientierten Verkaufsverhaltens wurden vier Indikatoren herangezogen. Unsere Messung stellt eine verkürzte Version der SOCO-Skala dar. Die SOCO-Skala („**S**elling **O**rientation – **C**ustomer **O**rientation“, vgl. Saxe/Weitz 1982) ist das am häufigsten benutzte Messinstrument zur Bewertung von Kundenorientierung und wurde in vielen Studien in meist verkürzter oder abgewandelter Form genutzt (vgl. Spiro/Weitz 1990; Thomas/Soutar/Ryan 1991; Swan/Trawick/Silva 1985; Gwinner 1968; Michaels/Day 1985).

Die Gütemaße, die für die resultierende Skala berechnet wurden, deuten auf eine insgesamt befriedigende Reliabilität und Validität des Messinstruments hin. Die durchschnittlich erfasste Varianz liegt leicht unter dem Schwellenwert von 0,5 und auch die Indikatorreliabilität des ersten Indikators liegt unter dem geforderten Mindestwert. Da inhaltliche Überlegungen für die Beibehaltung dieses Items sprechen, erfolgt die Messung in der dargestellten Form.

Informationen zu den Indikatoren des Faktors			
Bezeichnung der Indikatoren	Item to Total-Korrelation	Indikator-reliabilität	t-Wert der Faktorladung
Inwieweit treffen folgende Aussagen auf Ihre Mitarbeiter zu? Im Allgemeinen ...			
... beraten unsere Mitarbeiter ihre potenziellen Kunden, anstatt nur zu verkaufen.	0,46	0,28	13,43
... stellen unsere Mitarbeiter ihre potenziellen Kunden zufrieden.	0,58	0,47	12,38
... richten sich unsere Mitarbeiter eher an dem Aufbau einer langfristigen Kundenbeziehung als am kurzfristigen Verkaufserfolg aus.	0,59	0,52	14,97
... berücksichtigen unsere Mitarbeiter auch gezielt die Bedürfnisse ihrer potenziellen Kunden bzgl. Aspekten des Verkaufsprozesses (z.B. Zeit, Ausmaß benötigter Informationen).	0,6	0,54	14,61
Informationen zum Faktor			
Cronbachsches Alpha:	0,75	Erklärte Varianz:	58,5%
χ^2-Wert (Freiheitsgrade):	1,4 (2)	AGFI:	1
GFI:	1	RMSEA:	0,038
CFI:	1	Durchschnittlich erfasste Varianz:	0,45
Faktorreliabilität:	0,76		

Tabelle 4-3: Informationen zum Faktor „Kundenorientiertes Verkaufsverhalten"

Nach der separat durchgeführten Messung der beiden Faktoren zur Qualität der Mitarbeiter, sollen nun beide Faktoren simultan berücksichtigt werden. Dazu haben wir ein Modell der konfirmatorischen Faktorenanalyse mit zwei Faktoren und 29 Indikatoren spezifiziert (vgl. Tabelle 4-4). Die Prüfung dieses mehrfaktoriellen Modells ergibt eine hohe Anpassungsgüte. Wir schließen deshalb auch für das Messmodell zur Qualität der Mitarbeiter auf eine insgesamt gute Reliabilität und Konvergenzvalidität.

Informationen zu den einzelnen Faktoren und Indikatoren					
Bezeichnung des Faktors	Indikator-nummer	Indikator-reliabilität	t-Wert der Faktorladung	Faktor-reliabilität	Durch-schnittlich erfasste Varianz
	1	0.47	63.65		
	2	0.5	67.27		
	3	0.59	76.75		
	4	0.47	62.32		
	5	0.54	75.05		
	6	0.54	76.25		
	7	0.31	64.6		
	8	0.47	73.9		
	9	0.51	76.11		
	10	0.39	55.56		
	11	0.43	62.07		
	12	0.58	74.16		
Faktor 1: Verkaufskompetenz	13	0.29	58.24	0.96	0.49
	14	0.5	73.24		
	15	0.43	62.1		
	16	0.62	77.19		
	17	0.5	79.38		
	18	0.48	74.21		
	19	0.39	62.4		
	20	0.48	66.57		
	21	0.51	63.63		
	22	0.52	67.6		
	23	0.49	58.56		
	24	0.63	76.48		
	25	0.57	74.54		
	26	0.23	26.77		
Faktor 2: Kundenorientiertes	27	0.63	28.96	0.78	0.48
Verkaufsverhalten	28	0.28	28.43		
	29	0.82	35.09		
Globale Anpassungsmaße					
χ^2-Wert	3.8 (376)	GFI	0.99	CFI	1
RMSEA	0.09	AGFI	0.98		

Tabelle 4-4: Gesamtes Messmodell zur „Qualität der Mitarbeiter"

Im letzten Schritt der Prüfung des Messmodells wird nun die Diskriminanzvalidität des Messinstruments beurteilt. Dazu wollen wir das Fornell/Larcker-Kriterium heranziehen (vgl. Abschnitt 3.2.1). Der Vergleich der durchschnittlich erfassten Varianzen (DEV) der Faktoren mit den quadrierten Korrelationen zwischen den Faktoren ist in Tabelle 4-5 dargestellt. Es wird deutlich, dass das Fornell/Larcker-Kriterium erfüllt ist. Dies kann als klares Indiz für das Vorliegen von Diskriminanzvalidität interpretiert werden.

Faktor		1	2
	DEV	0,49	0,48
Faktor 1: Verkaufskompetenz	0,49	-	-
Faktor 2: Kundenorientiertes Verkaufsverhalten	0,48	0,29	-

Tabelle 4-5: Fornell/Larcker-Kriterium zur Beurteilung der Diskriminanzvalidität der Faktoren der „Qualität der Mitarbeiter“

4.3 Qualität der internen Akquisitionsunterstützung

In diesem Abschnitt wenden wir uns der internen Akquisitionsunterstützung zu. Hier steht die Frage im Mittelpunkt, wie die nach außen gerichteten Maßnahmen der Neukundenakquisition durch unternehmensinterne Entscheidungen und Aktivitäten unterstützt werden können. Auf die Bedeutung unterstützender „interner“ Managementfelder für den Akquisitions- bzw. Verkaufserfolg wird in der Literatur häufig hingewiesen (vgl. z. B. Karg 2001; Mühlmeier 2004; Reinartz/Krafft/Hoyer 2005). Auch die Vorstellung der theoretischen Grundlagen ergab Hinweise auf relevante unterstützende Gestaltungsfelder. So hebt der ressourcenbasierte Ansatz die strategische Relevanz der internen Ressourcen Informationsmanagement und Anreizsystem besonders hervor. Diese Ressourcen werden häufig als die zentralen Führungsteilsysteme eines Unternehmens diskutiert (vgl. Becker/Homburg 1999, S. 22; Bruhn 2000a, S. 39; Homburg/Workman/Jensen 2000, S. 472). Die Forschung zur Neukundenakquisition und zum Vertriebs- und Kundenbeziehungsmanagement betont darüber hinaus die Bedeutung einer systematischen Segmentierung und Priorisierung, der Planung und Kontrolle sowie der adäquaten Unterstützung des Außendienstes.

Darauf aufbauend konnten die folgenden internen Managementfelder identifiziert werden (vgl. auch Abschnitt 2.6): die Qualität der Segmentierung und Priorisierung, die Qualität der Planung und Kontrolle, die Qualität des akquisitionsbezogenen Informationsmanagements, die Leistungs- und Akquisitionsorientierung der Anreizsysteme sowie die Qualität der Unterstützung durch Personal, IT und Trainings. Ziel dieses Abschnitts ist es nun, diese internen Gestaltungsfelder, die unterstützend auf die Neukundenakquisition wirken, zu definieren und zu operationalisieren.

4.3.1 Qualität der Neukundensegmentierung und -priorisierung

Neukunden unterscheiden sich sowohl von Bestandskunden als auch untereinander. Wie ein Unternehmen mit der Heterogenität seiner Kunden umgeht, muss ein wesentlicher Aspekt jeder Marketing- und Vertriebsstrategie sein (vgl. Homburg/Schäfer/Schneider 2006; Monien/Decker 2004; Stuhldreier 2002; Hlavecek/Ames 1986). Mit der ökonomischen Unterschiedlichkeit von Neukunden befasst sich die Neukundenpriorisierung. Die Berücksichtigung von Unterschieden hinsichtlich Anforderungen und Bedürfnissen von Neukunden erfolgt über die Neukundensegmentierung.

Die *Segmentierung* bezeichnet die Aufteilung eines heterogenen Gesamtmarktes in homogene Teilmärkte (Segmente) mittels bestimmter Merkmale der tatsächlichen bzw. potenziellen Käufer (vgl. Ackerschott 2004, S. 142; Berger et al. 2002, S. 44 f.; Freter/Obermeier 1999, S. 742; Hedaa 1996, S. 520). Unter Kundensegmenten werden Zielgruppen verstanden, welche hinsichtlich der herangezogenen Segmentierungskriterien homogen sind, sich gleichzeitig aber deutlich von den anderen Segmenten unterscheiden (vgl. Homburg/Krohmer 2006, S. 314 f.; Stuhldreier 2002, S. 20). Ziel einer Neukundensegmentierung ist es, die Leistungen eines Unternehmens möglichst gut an die unterschiedlichen Anforderungen und Bedürfnisse potenzieller Neukunden anzupassen (vgl. Homburg/Schäfer/Schneider 2006, S. 35 f.; Karg 2001, S. 47 f.). Die Segmentierung ist damit die Grundlage für eine differenzierte und bedürfnisorientierte Marktbearbeitung (vgl. Homburg/Krohmer 2006, S. 314 ff.). Eine spezielle Segmentierung potenzieller Neukunden wird als erforderlich angesehen, weil sich Kundenerwartungen im Laufe einer Geschäftsbeziehung verändern (vgl. Bruhn 2000b, S. 1044; Mittal/Katrichis 2000, S. 27 f.). So kann ein Neukunde auf etwas ganz anderes Wert legen als ein Stammkunde (vgl. auch die empirischen Untersuchungen von Mittal/Katrichis 2000 in der Automobil-, Kreditkarten- und Finanzdienstleistungsbranche).

In der Literatur besteht Konsens darüber, dass sich eine gute Segmentierung dadurch auszeichnet, dass sie greifbar und eindeutig ist und dass klare Unterschiede zwischen den Segmenten hinsichtlich der Kundenbedürfnisse und des Kundenverhaltens erkennbar sind (vgl. Homburg/Schäfer/Schneider 2006, S. 35; Sargeant/West 2001, S. 131 ff.; Bailom et al. 1999, S. 17 f.; Kohrmann 2003, S. 21). Die *Qualität der Neukundensegmentierung* definieren wir analog als das Ausmaß, zu dem eine Klassifizierung potenzieller Neukunden eindeutige Segmente abbildet und kaufverhaltensrelevant ist (vgl. auch Stuhldreier 2002).

Wir operationalisieren die Qualität der Neukundensegmentierung in Anlehnung an Homburg/Schäfer/Schneider (2006, S. 35) über drei Indikatoren. Die Messung des Konstrukts liefert gute Ergebnisse für die verfügbaren globalen und lokalen Gütemaße. Die geforderten Schwellenwerte werden vollständig erreicht.

Informationen zu den Indikatoren des Faktors				
Bezeichnung der Indikatoren		Item to Total-Korrelation	Indikator-reliabilität	t-Wert der Faktorladung
Unterteilen Sie potenzielle Kunden in unterschiedliche Neukunden- bzw. Interessentensegmente, ...				
... die greifbar und eindeutig sind?		0,61	0,48	22,55
... zwischen denen klare Unterschiede bzgl. der Kundenbedürfnisse (z.B. bzgl. Preisen oder Service) erkennbar sind?		0,7	0,73	22,55
... zwischen denen klare Unterschiede im Kundenverhalten erkennbar sind?		0,61	0,5	22,55
Informationen zum Faktor				
Cronbachsches Alpha:	0,79	Erklärte Varianz:		70,1%
χ^2-Wert (Freiheitsgrade):		AGFI:		
GFI:		RMSEA:		
CFI:		Durchschnittlich erfasste Varianz:		0,57
Faktorreliabilität:	0,8			

Tabelle 4-6: Informationen zum Faktor „Qualität der Neukundensegmentierung"

Neben der Segmentierung stellt die *Priorisierung* ein zentrales Element systematischer Vertriebsstrategien dar (vgl. Homburg/Schäfer/Schneider 2006, S. 34 ff.). In der Literatur wird nachdrücklich betont, dass es von großer Bedeutung ist, die identifizierten Interessenten zu priorisieren und gemäß ihrer Priorität zu bearbeiten (vgl. Haas 2003a, S. 298 ff.; Blattberg/Getz/Thomas 2001b, S. 42; Stahl/Matzler 2001, S. 57; Gelbrich 2001, S. 12 f.; Szymanski 1988, S. 67; Bailom et al. 1999, S. 15 ff.). Denn unter ökonomischen Gesichtspunkten ist es in der Regel für Unternehmen nicht zweckmäßig, alle potenziellen Kunden gewinnen zu wollen, da sowohl das Erlöspotenzial als auch der Akquisitionsaufwand und die Akquisitionswahrscheinlichkeit von Nachfrager zu Nachfrager variieren („Not all customers are worth attracting and keeping", Rust/Zeithaml/Lemon 2000, S. 187; vgl. auch Haas 2003b, S. 5; Ackerschott 2004, S. 140 ff.).

Die Neukundenpriorisierung beinhaltet zum einen die systematische Identifikation und Gewichtung unterschiedlich wertvoller Neukunden(segmente). Darüber hinaus umfasst die Priorisierung aber auch die Berücksichtigung dieser Gewichtung in der Marktbearbeitung (vgl. Reinartz/Krafft/Hoyer 2005, S. 303). So sollten die eingesetzten Maßnahmen gemäß der unterschiedlichen Wertigkeit der potenziellen Neukunden differenzieren (vgl. Haas 2003b, S. 5; Gerth 2001, S. 104 ff.).

Für die vorliegende Arbeit definieren wir die *Qualität der Neukundenpriorisierung* als das Ausmaß, zu dem eine auf Basis klarer Wirtschaftlichkeitsbetrachtungen vorgenommene Gewichtung potenzieller Neukunden erfolgt und in der Marktbearbeitung umgesetzt wird. Die Operationalisierung des Konstrukts ist angelehnt an Reinartz/Krafft/Hoyer (2005, S. 303) und erfolgt über sechs Indikatoren. Mit Ausnahme des Kriteriums χ^2/df und dem RMSEA werden alle geforderten Gütekriterien erfüllt. Wir gehen daher von einer akzeptablen Messung aus.

Informationen zu den Indikatoren des Faktors				
Bezeichnung der Indikatoren		Item to Total-Korrelation	Indikator-reliabilität	t-Wert der Faktorladung
Inwiefern stimmen Sie folgenden Aussagen zu? **Im Rahmen der Neukundenakquisition ...**				
... sind uns bestimmte Neukunden deutlich wichtiger als andere.		0,65	0,5	71,73
... bearbeiten wir bestimmte Neukunden viel intensiver als andere.		0,71	0,6	71,65
... akquirieren wir potenzielle Neukunden auf der Basis klarer Wirtschaftlichkeitsbetrachtungen.		0,72	0,61	75,11
... gewichten wir potenzielle Neukunden gemäß ihrer wirtschaftlichen Attraktivität.		0,72	0,62	74,21
... setzen wir unsere knappen Ressourcen nur für diejenigen potenziellen Neukunden ein, für die sich dieser Einsatz lohnt.		0,63	0,46	66,07
... führen wir regelmäßig eine Priorisierung potenzieller Neukunden durch.		0,61	0,42	63,64
Informationen zum Faktor				
Cronbachsches Alpha:	0,87	Erklärte Varianz:		61%
χ^2-Wert (Freiheitsgrade):	5,3 (9)	AGFI:		0,96
GFI:	0,98	RMSEA:		0,12
CFI:	1	Durchschnittlich erfasste Varianz:		0,54
Faktorreliabilität:	0,87			

Tabelle 4-7: Informationen zum Faktor „Qualität der Neukundenpriorisierung“

4.3.2 Qualität der Planung und Kontrolle

Die Akquisition neuer Kunden ist i. d. R. sehr aufwändig (vgl. Ackerschott 2004, S. 137). In der einschlägigen Literatur wird daher häufig auf die Notwendigkeit einer systematischen Planung und Kontrolle der Neukundenakquisition hingewiesen (vgl. Blattberg/Getz/Thomas 2001a, S. 56 ff.; Karg 2001, S. 155 ff.; Fiala 1998, S. 1148; Hesse/Evanschitzky 2004, S. 83).

Wesentliches Element einer systematischen Akquisitionsplanung ist die Definition konkreter (vgl. Sargeant/West 2001, S. 123 ff.; Hofbauer/Hellwig 2005, S. 192 f.; Gouthier 2004a, S. 595) und messbarer Akquisitionsziele (vgl. Kainer/Alznauer 2003, S. 5; Dannenberg 2002, S. 41). Darüber hinaus sollten explizite Budgets für die Neukundenakquisition festgelegt werden (vgl. Blattberg/Deighton 1996, S. 25 ff.). Denn nur mit expliziten Budgets kann eine systematische Erfolgs- und Kostenkontrolle erfolgen. Diese spielt angesichts der hohen Akquisitionskosten eine zentrale Rolle im Akquisitionsmanagement (vgl. Blattberg/Getz/Thomas 2001b, S. 50 ff.). Zum einen muss der Akquisitionserfolg laufend kontrolliert werden (vgl. Blattberg/Getz/Thomas 2001b, S. 48 ff.; Sargeant/West 2001, S. 146f.; Ackerschott 2004, S. 148 ff.). Zum anderen müssen die Kosten und die Wirtschaftlichkeit der Akquisition kontrolliert werden (vgl. Blattberg/Getz/Thomas 2001b, S. 48 ff.; Gouthier 2004b, S. 415; Karg 2001, S. 161). Eine solche Kontrolle sollte kontinuierlich und nicht nur am Ende eines Planungszeitraums erfolgen (vgl.

Hofbauer/Hellwig 2005, S. 196 ff.; Homburg/Schäfer/Schneider 2006, S. 123 ff.; Köhler 1993). Erforderlich ist zudem eine laufende Prämissenkontrolle getroffener Annahmen und Ziele. Bei veränderten Rahmenbedingungen muss eine Anpassung der Akquisitionspläne und -ziele erfolgen (vgl. Köhler 1993, S. 343; Szyperski/Winand 1980, S. 24).

Unter der *Qualität der Planung und Kontrolle* verstehen wir daher das Ausmaß, zu dem eine systematische Ziel- und Budgetfestsetzung sowie Erfolgs- und Kostenkontrolle erfolgt. In Ermangelung existierender Messmodelle haben wir für die Messung des Konstrukts sechs Indikatoren entwickelt (vgl. Tabelle 4-8). Dabei erfolgte die Auswahl der Items auf Basis der o. g. Überlegungen.

Informationen zu den Indikatoren des Faktors			
Bezeichnung der Indikatoren	Item to Total-Korrelation	Indikator-reliabilität	t-Wert der Faktorladung
Inwiefern können Sie den folgenden Aussagen zustimmen?			
Wir setzen uns systematisch konkrete und messbare Ziele für die Akquisition von Neukunden.	0,72	0,55	78,89
Im Rahmen unserer Planung gibt es spezielle Budgets für die Akquisition von Neukunden.	0,7	0,54	85,72
Wir messen systematisch den Erfolg unserer Maßnahmen zur Akquisition von Neukunden.	0,82	0,75	91,97
Wir kontrollieren systematisch die Kosten unserer Maßnahmen zur Akquisition von Neukunden.	0,83	0,79	94,97
Wir messen systematisch die Wirtschaftlichkeit (Verhältnis der Kosten zum Erlös) unserer Neukundenakquisition.	0,83	0,77	91,48
Wir passen unsere Akquisitionspläne und –ziele veränderten Rahmenbedingungen und Kundeninformationen an.	0,68	0,49	72,74

Informationen zum Faktor			
Cronbachsches Alpha:	0,92	Erklärte Varianz:	70,4%
χ^2-Wert (Freiheitsgrade):	36,5/9	AGFI:	0,99
GFI:	1	RMSEA:	0,11
CFI:	1	Durchschnittlich erfasste Varianz:	0,65
Faktorreliabilität:	0,92		

Tabelle 4-8: Informationen zum Faktor „Qualität der Planung und Kontrolle"

Die Überprüfung der globalen Gütekriterien zeigt, dass die geforderten Werte für den RMSEA und das Kriterium χ^2/df nicht ganz erfüllt werden. Ansonsten liefert die entwickelte Messskala aber eine zufrieden stellende Anpassungsgüte. Daher erfolgt die Messung in der dargestellten Form.

4.3.3 Qualität des Informationsmanagements

Auf die Bedeutung des Informationsmanagements im Rahmen der Marktbearbeitung und Strategieimplementierung (vgl. Porter 1985; Booth/Philip 1998) sowie zur Realisierung von Wettbewerbsvorteilen wird in der Literatur vielfach hingewiesen (vgl. Hogan/Lemon/Rust

2002, S. 4 ff.; Gerth 2001, S. 107; Porter/Millar 1985; Schäfer 2002). Kaas (1990, S. 40) ist sogar der Ansicht, dass das Marketing in hohem Maße „ein Problem der Informationsgewinnung" sei. Entsprechend betont auch die Literatur zur Neukundenakquisition die Bedeutung des Informationsmanagements für den Akquisitionserfolg (vgl. Haas 2003b, S. 7; Blattberg/Getz/Thomas 2001a, S. 190). Insbesondere in der Neukundenakquisition können Kundeninformation zu den Anforderungen und Unsicherheiten der Kunden einen relevanten Wettbewerbsvorteil darstellen (vgl. Adler 1996, S. 205 ff.). Dies gilt umso mehr, als in den frühen Phasen des Akquisitionsprozesses nur sehr wenige Informationen über den potenziellen Käufer vorliegen (vgl. Haas 2003b, S. 7; Anderson 1987, S. 137 ff.).

Die Informationserfassung im Rahmen der Neukundenakquisition stellt häufig eine große Herausforderung dar. Neben dem Rückgriff auf externe Datenquellen (vgl. Reinartz/Krafft/Hoyer 2005, S. 303; Hippner/Leber/Wilde 2004, S. 160) kann auch die Analyse von Daten zu Bestandskunden dabei helfen, bestehende Informationslücken zu schließen (vgl. Blattberg/Getz/Thomas 2001b, S. 48 ff.). Doch das Informationsmanagement darf sich nicht auf die Sammlung von Informationen beschränken. Denn Informationen tragen nur dann zum Akquisitionserfolg bei, wenn sie auch systematisch genutzt werden. So schreiben Moorman/Zaltman/Deshpandé (1992, S. 314): „Sustainable competitive advantage will depend less on who has information but increasingly on who is able to make the best use of that information". Datenbanken erlauben schließlich die Speicherung und Nutzung dieser Informationen (vgl. Schulz 1995, S. 34).

In Anlehnung an Srinivasan/Lilien (1999, S. 3) definieren wir die *Qualität des Informationsmanagements* als das Ausmaß, zu dem neukundenbezogene Informationen für die Neukundenakquisition erfasst und zur Vorbereitung und Umsetzung von Akquisitionsstrategien genutzt werden.

Für die Operationalisierung der Qualität des Informationsmanagements wurde auf Basis der o. g. Überlegungen und in Anlehnung an Srinivasan/Lilien (1999, S. 3) sowie Haas (2003b) ein eigenes Messinstrument entwickelt, das Items zur Erfassung und Nutzung kundenbezogener Informationen umfasst. Die Messergebnisse zeigen, dass die Anforderungen an die Gütekriterien des Messmodells vollständig erfüllt werden.

Informationen zu den Indikatoren des Faktors				
Bezeichnung der Indikatoren		Item to Total-Korrelation	Indikator-reliabilität	t-Wert der Faktorladung
Inwiefern können Sie folgenden Aussagen zum Informationsmanagement im Rahmen Ihrer Akquisition neuer Kunden zustimmen?				
Wir sammeln systematisch Marktinformationen zur Identifikation potenzieller Kunden.		0,7	0,61	57,61
Zur Erhebung von Informationen über potenzielle Kunden greifen wir in hohem Ausmaß auf externe Informationsquellen zu.		0,6	0,44	51,07
Wir verfügen über ständig aktualisierte Datenbanken, in denen wir die für die Akquisition relevanten Informationen erfassen und pflegen (u.a. Daten zu eigenen Maßnahmen und die jeweiligen Reaktionen der potenziellen Kunden).		0,61	0,46	56,01
Wir nutzen Daten zu unseren bestehenden Kunden, um Rückschlüsse auf neue Kunden zu ziehen (z.B. bzgl. Bedürfnissen, Deckungsbeiträgen oder der Wirksamkeit eingesetzter Instrumente).		0,59	0,44	52,76
Unsere Informationen über potenzielle Kunden bilden die Basis für unsere Akquisitionsstrategien.		0,69	0,59	56,85
Informationen zum Faktor				
Cronbachsches Alpha:	0,84	Erklärte Varianz:		60,8%
χ^2-Wert (Freiheitsgrade):	2,7 (5)	AGFI:		0,99
GFI:	1	RMSEA:		0,075
CFI:	1	Durchschnittlich erfasste Varianz:		0,51
Faktorreliabilität:	0,84			

Tabelle 4-9: Informationen zum Faktor „Qualität des Informationsmanagements“

4.3.4 Akquisitions- und Leistungsorientierung der Anreizsysteme

Das Anreizsystem wird neben dem Informationssystem als eines der zentralen Führungsteilsysteme in Unternehmen angesehen (vgl. Becker/Homburg 1999) und in der Literatur zum Vertriebs- und Kundenbeziehungsmanagement sowie im Kontext des ressourcenbasierten Ansatzes als erfolgsrelevante Ressource diskutiert (vgl. Balkin/Gomez-Mejia 1990, S. 154; Reinartz/Krafft/Hoyer 2005; Jaworski/Stathakopoulus/Krishnan 1993). Krafft (1999, S. 120) unterstreicht: „The proper design of compensation [...] systems to control the sales force is of vital interest for many companies.” Dabei wird in der wissenschaftlichen Literatur immer wieder auf die Notwendigkeit des „Fits“ zwischen Anreizsystem und Unternehmensstrategie hingewiesen („ [...] the design of incentive-compatible contracts with employees that realign company goals and the employees' utility is necessary to maximize company profit“, Reinartz/Krafft/Hoyer 2005, S. 296; vgl. auch Balkin/Gomez-Mejia 1990).

Dieser „Fit“ ist im Rahmen der Neukundenakquisition von großer Bedeutung. Denn Unternehmen sehen sich häufig mit dem Problem konfrontiert, dass Verkaufsmitarbeiter die Stammkundenpflege zu Lasten der Neukundenakquisition überbetonen, da letztere sehr aufwändig und für den Mitarbeiter häufig frustrierend ist (vgl. Krafft 1995, S. 228). Um zu vermeiden, dass Mitarbeiter die Neukundenakquisition vernachlässigen, ist daher ein akquisitionsbezogenes Anreizsystem notwendig (vgl. Krafft 2002, S. 243). Die Leistungsvorgaben sollten sich dabei explizit auf Neukunden beziehen und die Bewertung der Mitarbeiter sollte nach dedizierten Akquisitionszielen erfolgen (vgl. Darmon 1990, S. 151 ff.; Frenzen/Krafft 2004, S. 867 f.; Blattberg/Getz/Thomas 2001a, S. 182 ff.; Dannenberg 2002, S. 46). Neben der Orientierung an der Anzahl gewonnener Neukunden wird auch die Orientierung am Wert der gewonnenen Neukunden empfohlen (vgl. Blattberg/Getz/Thomas 2001a, S. 183). Blattberg/Getz/Thomas (2001a) und Reichheld/Detrick (2003) fordern darüber hinaus die Honorierung der Akquisition loyaler Kunden („Reward your sales teams and marketing channels for acquiring customers that stick around.", Reichheld/Detrick 2003, S. 25). Diese Forderungen decken sich mit den Ergebnissen einer branchenübergreifenden Untersuchung von Tomczak et al. (1998, S. 14 f.), in der wichtige Zielgrößen der Neukundenakquisition identifiziert wurden.

Homburg/Jensen (2000) betonen, dass Vergütungssysteme innerhalb des Anreizsystems von Unternehmen eine herausragende Stellung einnehmen (vgl. auch John/Weitz, 1989, S. 1: „Compensation is the most important reward used to motivate salespeople."). Die *Akquisitionsorientierung des Anreizsystems* sei daher definiert als das Ausmaß, zu dem sich die Vergütung der Vertriebsmitarbeiter an akquisitionsbezogenen Zielgrößen orientiert. In Ermangelung bestehender Skalen orientieren wir uns zur Messung des Faktors *Akquisitionsorientierung der Vergütungssysteme* an den genannten Empfehlungen und haben ein Messmodell mit drei Indikatoren entwickelt (vgl. Tabelle 4-10). Die verfügbaren globalen und lokalen Gütekriterien weisen auf eine gute Modellanpassung hin.

Informationen zu den Indikatoren des Faktors				
Bezeichnung der Indikatoren		Item to Total-Korrelation	Indikator-reliabilität	t-Wert der Faktorladung
Wie stark wird die Vergütung eines Vertriebs-/Verkaufsmitarbeiters bestimmt durch ...?				
... die Gewinnung neuer Kunden		0,64	0,51	45,92
... die Ertragsstärke neugewonnener Kunden		0,73	0,75	45,92
... die Loyalität der neugewonnenen Kunden (z.B. Dauer der Kundenbindung, Anzahl Folgekäufe)		0,66	0,57	45,92
Informationen zum Faktor				
Cronbachsches Alpha:	0,82	Erklärte Varianz:		73,7%
χ^2-Wert (Freiheitsgrade):		AGFI:		
GFI:		RMSEA:		
CFI:		Durchschnittlich erfasste Varianz:		0,61
Faktorreliabilität:	0,83			

Tabelle 4-10: Informationen zum Faktor „Akquisitionsorientierung des Anreizsystems"

Dem Akquisitionserfolg ist es allerdings nicht zuträglich, wenn Mitarbeiter ausschließlich anhand der genannten Zielgrößen beurteilt werden. Zudem ergaben die Untersuchung von

Krafft et al. (2000) und die im Rahmen der Vorstudie durchgeführten Expertengespräche, dass explizit akquisitionsorientierte Anreizsysteme eine relativ geringe Verbreitung haben. Eine größere Verbreitung haben dagegen Anreizsysteme, die sich an allgemeineren vertrieblichen Zielgrößen wie dem Absatzvolumen und dem Kundendeckungsbeitrag orientieren. Auch diese Anreizsysteme haben einen positiven Einfluss auf unterschiedliche vertriebliche Erfolgsgrößen, mit dem sich die Forschung zum Vertriebsmanagement und zum persönlichen Verkauf intensiv auseinandergesetzt hat (vgl. Anderson/Oliver 1987; John/Weitz 1989; Cravens et al. 1993; Krafft 1995; Krafft/Frenzen/Jeck 2002). Insbesondere die Kundenzufriedenheit ist als Zielgröße im Rahmen kundenorientierter Anreizsysteme in der Literatur immer wieder thematisiert und ihre positive Wirkung auf die Kundenzufriedenheit und den Verkaufserfolg bestätigt worden (vgl. Oliver/Anderson 1994; Sharma/Sarel 1995).

Die *Leistungsorientierung des Anreizsystems* definieren wir daher als das Ausmaß, zu dem die Vergütung der Verkaufsmitarbeiter durch wirtschaftliche oder kundenzufriedenheitsbezogene Ergebniszielgrößen bestimmt wird. Für die Operationalisierung der Leistungsorientierung der Anreizsysteme greifen wir auf Arbeiten zurück, die wirtschaftliche Kennzahlen und kundenbezogene Größen als Zielgrößen im Rahmen von Anreizsystemen untersuchen (vgl. z. B. Hauser/Simester/Wernerfelt 1994, S. 328; Ogbuehi/Sharma 1999, S. 68). In Anlehnung an diese Studien haben wir eine Skala entwickelt, die erfasst, wie stark in einem Unternehmen die Vergütung der Mitarbeiter im Verkauf durch das Absatzvolumen, den erzielten Deckungsbeitrag und die Kundenzufriedenheit bestimmt wird.

Informationen zu den Indikatoren des Faktors				
Bezeichnung der Indikatoren		Item to Total-Korrelation	Indikator-reliabilität	t-Wert der Faktorladung
Wie stark wird die Vergütung eines Vertriebs-/Verkaufsmitarbeiters bestimmt durch ...?				
... das erzielte Absatzvolumen		0,56	0,47	43,71
... den erzielten Deckungsbeitrag		0,6	0,57	43,71
... die Zufriedenheit der Kunden		0,54	0,43	43,71
Informationen zum Faktor				
Cronbachsches Alpha:	0,74	Erklärte Varianz:		66%
χ^2-Wert (Freiheitsgrade):		AGFI:		
GFI:		RMSEA:		
CFI:		Durchschnittlich erfasste Varianz:		0,5
Faktorreliabilität:	0,75			

Tabelle 4-11: Informationen zum Faktor „Leistungsorientierung des Anreizsystems“

Die Beurteilung der Messung des Konstrukts anhand der verfügbaren lokalen und globalen Gütemaße ergibt insgesamt akzeptable Ergebnisse.

4.3.5 Qualität der personellen und IT-/trainingsgestützten Akquisitionsunterstützung

Die Literatur zum Vertriebsmanagement (vgl. Abschnitt 2.3.1.2) betont darüber hinaus die Bedeutung der personellen Unterstützung der Verkäufer (vgl. Krafft et al. 2000; Helfert 1998; Beverland 2001; Moon/Gupta 1997). Dies hat zum einen zeitliche Gründe. Denn die Effektivität vieler Vertriebsmitarbeiter ist durch administrative Tätigkeiten gemindert (vgl. Krafft et al. 2000). Auch die in den meisten Vertrieben verfolgte Kombination aus Bestandskundenbetreuung und Neukundenakquisition stellt eine hohe zeitliche (und auch psychische) Doppelbelastung der Verkäufer dar (vgl. Dubinsky 1999, S. 13). Zum anderen sind viele Vertriebsmitarbeiter v. a. im Verkauf erklärungsbedürftiger Leistungen häufig aus inhaltlichen Gründen auf zusätzliche Spezialisten angewiesen, die dem Kunden technische, juristische oder kaufmännische Spezialfragen beantworten können. In der wissenschaftlichen Vertriebsliteratur spricht man in diesem Zusammenhang von sog. „Selling-Teams" (vgl. Helfert 1998; Beverland 2001). Moon/Gupta (1997, S. 32) unterstreichen: "The effective formation of selling centers may separate an organization from its competitors through the amount and quality of resources that can be utilized during sales negotiations."

Die *Qualität der personellen Akquisitionsunterstützung* wird daher definiert als das Ausmaß, zu dem adäquat qualifizierte Mitarbeiter in ausreichender Anzahl den Verkaufsaußendienst bei administrativen und speziellen Aufgaben unterstützen. Auf Basis der o. g. Ausführungen wird dieses Konstrukt über ein neu entwickeltes Messinstrument mit drei Indikatoren operationalisiert (vgl. Tabelle 4-12).

Informationen zu den Indikatoren des Faktors			
Bezeichnung der Indikatoren	Item to Total-Korrelation	Indikator-reliabilität	t-Wert der Faktorladung
Inwiefern können Sie den folgenden Aussagen zustimmen? Unsere Verkaufsmitarbeiter ...			
... werden durch ausreichend viele Mitarbeiter in ihren Akquisitionsaktivitäten unterstützt.	0,77	0,79	35,0
... werden durch ausreichend qualifizierte Mitarbeiter in ihren Akquisitionsaktivitäten unterstützt.	0,79	0,86	35,0
... werden bei Spezialfragen/-problemen potenzieller Kunden durch Spezialisten unterstützt.	0,54	0,32	35,0
Informationen zum Faktor			
Cronbachsches Alpha:	0,83	Erklärte Varianz:	75,1%
χ^2-Wert (Freiheitsgrade):		AGFI:	
GFI:		RMSEA:	
CFI:		Durchschnittlich erfasste Varianz:	0,67
Faktorreliabilität:	0,89		

Tabelle 4-12: Informationen zum Faktor „Qualität der personellen Akquisitionsunterstützung"

Die geforderten Grenzwerte werden fast vollständig erfüllt. Lediglich die Indikatorreliabilität des dritten Indikators liegt unter dem geforderten Mindestwert von 0,4. Aufgrund seiner großen inhaltlichen Bedeutung soll dieser Indikator jedoch beibehalten werden.

Neben der personellen Akquisitionsunterstützung spielt auch die Unterstützung durch IT und Training eine wichtige Rolle zur Verbesserung der Effektivität und Effizienz im Vertrieb (vgl. Winkelmann 2004, S. 308; Speier/Venkatesh 2002, S. 98). Im Zuge der fortschreitenden technologischen Entwicklung und des zunehmenden Kosten- und Rationalisierungsdrucks haben Unternehmen in den letzten Jahren versucht, ihren Verkauf durch Automatisierung und IT zu unterstützen und sogar teilweise zu substituieren („Der Trend geht zum intelligenten, d.h. methoden- und systemgestützten Vertrieb“, Winkelmann 2004, S. 309). In diesem Zusammenhang ist häufig von sog. CAS-(Computer-Aided-Selling)Systemen die Rede (vgl. Link/Hildebrand 1993, S. 95). Diese beinhalten neben dem mobilen Einsatz von Computern im Außendienst auch die zentrale und dezentrale IT-Unterstützung über alle Phasen des Verkaufsprozesses. Typische Funktionalitäten von CAS-Systemen umfassen Produktkonfiguratoren, die kunden- und wettbewerbsbezogene Informationsbereitstellung sowie Instrumente zur Bedarfsanalyse, Angebotspreiskalkulation, Wirtschaftlichkeitsberechnung, Finanzierungsberatung und zur technischen und wirtschaftlichen Vergleichsanalyse (vgl. Winkelmann 2004, S. 314 ff.; Brandt 1998, S. 317; Hildebrand 1997, S. 56). Solche Instrumente dienen damit der Unterstützung des Mitarbeiters über den gesamten Verkaufsprozess und der Individualisierung der Kundenansprache (vgl. Kuhlmann 2001, S. 337).

Ein weiteres wichtiges Element der Akquisitionsunterstützung ist ein adäquates Training der Mitarbeiter. Ingram/Schwepker/Hutson (1992, S. 229) identifizieren das Mitarbeitertraining als einen der „single most important factors for ensuring the salesperson’s success“. Darüber hinaus konnten die Autoren nachweisen, dass die Faktoren, die am stärksten zur „Salespeople Failure” beitragen, diejenigen sind, die am besten durch Training verbessert werden können. Auch Haas (2001, S. 20) und Dannenberg (2002, S. 42) attestieren dem Verkaufstraining eine bedeutende Rolle, weil wichtige Verkaufsfähigkeiten zu großen Teilen antrainierbar sind.

Dementsprechend definieren wir die *Qualität der IT- und trainingsgestützten Akquisitionsunterstützung* als das Ausmaß, zu dem der Verkaufsprozess durch Analyseinstrumente und Datenbanken unterstützt wird sowie zu dem akquisitionsbezogene Weiterbildungs- und Schulungsmaßnahmen zum Einsatz kommen. Zur Operationalisierung des Konstrukts musste wiederum ein eigenes Messmodell entwickelt werden. Dieses integriert die beschriebenen Anwendungsfelder unterstützender Instrumente im Rahmen der Neukundenakquisition.

Informationen zu den Indikatoren des Faktors				
Bezeichnung der Indikatoren		Item to Total-Korrelation	Indikator-reliabilität	t-Wert der Faktorladung
Nutzen Sie unterstützende Instrumente im Rahmen der Akquisition neuer Kunden?				
Analyseinstrumente/Datenbanken zur Unterstützung der allgemeinen Verkaufsargumentation (z.B. für die Nutzenargumentation oder Wettbewerbsvergleiche)		0,74	0,71	17,1
Konfigurations- und Kalkulationssysteme zur Unterstützung des Verkaufsgesprächs		0,58	0,41	15,97
Analyseinstrumente/Datenbanken zur Unterstützung der individualisierten Ansprache potenzieller Neukunden (z.B. zur Bereitstellung von Kundeninformationen)		0,65	0,57	17,34
Akquisitionsbezogene Weiterbildungs-/Schulungsmaßnahmen		0,55	0,36	16,16
Informationen zum Faktor				
Cronbachsches Alpha:	0,81	Erklärte Varianz:		64,5%
χ^2-Wert (Freiheitsgrade):	2,4 (2)	AGFI:		0,99
GFI:	1	RMSEA:		0,09
CFI:	1	Durchschnittlich erfasste Varianz:		0,52
Faktorreliabilität:	0,81			

Tabelle 4-13: Informationen zum Faktor „Qualität der IT-/trainingsgestützten Akquisitionsunterstützung"

Die Güte des Messmodells ist zufrieden stellend. Lediglich der RMSEA-Wert und die Reliabilität eines Indikators liegen leicht über bzw. unter den geforderten Schwellenwerten.

4.4 Akquisitionsansätze

Neben der Ressourcenallokation, der Qualität der Mitarbeiter und der internen Akquisitionsunterstützung stellt die Wahl der Akquisitionsstrategie bzw. des Akquisitionsansatzes das vierte und letzte Element in unserem Modell zum Management der Neukundenakquisition dar. In der wissenschaftlichen Auseinandersetzung mit dem Thema Neukundenakquisition sind überraschenderweise gerade Akquisitionsstrategien kaum betrachtet worden. Im Rahmen dieser Arbeit können zwar nicht alle erdenklichen Maßnahmen zur Akquisition neuer Kunden erfasst werden. Die folgende Einteilung hat jedoch den Anspruch, die wesentlichen Grundstrategien der Neukundenakquisition abzudecken. Dazu werden einzelne Aktivitäten, die auf die Neukundenakquisition abzielen, zu grundsätzlichen Ansätzen zusammengefasst.

Ausgangspunkt bildet die Überlegung, dass es zur Akquisition neuer Kunden erforderlich ist, einem potenziellen Kunden einen Mehrwert bzw. Nutzen zu bieten (vgl. Bansai/Taylor/ St. James 2005, S. 108). Nur dann wird er bereit sein, erstmalig eine Leistung in Anspruch zu nehmen bzw. von seinem bestehenden Lieferanten zu einem neuen Anbieter zu wechseln (vgl. Karg 2001, S. 96 f.; Reichheld 1997, S. 57 ff.). Ein solcher Nutzen kann in einem höheren Leistungsnutzen und einem geringeren Preis, aber auch in der Reduktion des durch den Kunden wahrgenommenen Risikos liegen. Wichtig ist, dass der Nutzenvorteil relativ ist: Es müssen Angebote entwickelt werden, die von den Kunden allen anderen Angeboten gegenüber präferiert werden (vgl. Kaas 1990, S. 543).

Die Forschung zur Neukundenakquisition bietet keinen Überblick zu grundsätzlichen Ansätzen zur Akquisition neuer Kunden. Im Rahmen der Literaturbestandsaufnahme konnte aber gezeigt werden, dass angrenzende Forschungsgebiete (v. a. die Forschung zum organisationalen Beschaffungsverhalten, vgl. Abschnitt 2.3.3) sowie die betrachteten Theorien Hinweise auf mögliche Akquisitionsstrategien liefern. Auf dieser Basis lassen sich die folgenden grundsätzlichen Akquisitionsansätze ableiten: der Leistungsfokus, die Leistungsprogrammbreite, der Beziehungsfokus, der Kommunikationsfokus, die stabile Niedrigpreispolitik sowie der Penetrationsfokus.

Die folgenden Abschnitte widmen sich der Konzeptualisierung und Operationalisierung dieser Akquisitionsansätze. Vor dem Hintergrund fehlender existierender Studien zu diesem Thema erfolgt die Operationalisierung der einzelnen Strategien auf Basis oft angeführter Beispiele aus der wissenschaftlichen und praxisorientierten Literatur.

4.4.1 Leistungsfokus

Ein erster grundsätzlicher Ansatz zur Akquisition neuer Kunden ist der Leistungsfokus. Hier erfolgt die Neukundenakquisition über das Angebot überlegener Leistungen (vgl. Gouthier 2004a, S. 592) und basiert damit auf einem grundsätzlichen Erfolgsfaktor im Rahmen der Produktpolitik („It's almost too obvious, but a dominant success factor is having [...] a superior product", Cooper 2000, S. 60). Diese Leistungsüberlegenheit kann anhand von Innovations-, Qualitäts-, Service-, Image- und Designvorteilen realisiert werden (vgl. Cooper 2000). Entscheidend ist, dass diese Vorteile vom Kunden wahrnehmbar und kaufentscheidungsrelevant sind (vgl. Meffert 2005, S. 148; Jenner 1999, S. 98; Porter 1985, S. 14). Dem Leistungsfokus ähnliche Strategien wurden insbesondere im Rahmen der Forschung zum Innovationsmanagement (vgl. z. B. Rogers/Shoemaker 1971; Rogers 1995, S. 15) und in der Strategieforschung (Treacy/Wiersema 1995, S. 29 ff.; Porter 1980; Hungenberg 2001, S. 181 ff.; Dess/Davis 1984; Kim/Lim 1988) untersucht. Im Kern entspricht der Leistungsfokus der Differenzierungsstrategie nach Porter (1980) und der „Product Leader"-Positionierung nach Treacy/Wiersema (1995, S. 29 f.). Der Leistungsfokus bietet einen direkt leistungsbezogenen Mehrwert für den potenziellen Neukunden und sorgt so dafür, dass ein Bedarf erzeugt, Aufmerksamkeit und Interesse geweckt und eine positive Einstellung gegenüber den angebotenen Leistungen gefördert wird (vgl. Fiala 1998, S. 1128; Blattberg/Getz/Thomas 2001b, S. 45).

Der *Leistungsfokus* ist definiert als das Ausmaß, zu dem die Neukundenakquisition über in Relation zum Wettbewerb überlegene Leistungen erfolgt. Die Operationalisierung erfolgt über einen Indikator („Relative Überlegenheit der eigenen Produkte/Leistungen im Wettbewerbsvergleich", vgl. auch Homburg/Workman/Krohmer 1999, S. 15).

4.4.2 Leistungsprogrammbreite

Ein weiterer grundsätzlicher Ansatz zur Akquisition neuer Kunden besteht im Angebot eines breiten Leistungsprogramms. Der Aufbau von Kaufpräferenzen kann dabei sowohl über die Breite als auch über die Tiefe des angebotenen Programms sowie aus flankierend angebotenen Dienstleistungen resultieren (vgl. Meffert 2005, S. 159; Koppelmann 1997, S. 297; Herrmann 2004, S. 603).

Die Leistungsprogrammbreite wurde als wettbewerbsrelevante Ressource bereits im Rahmen der Ausführungen zum ressourcenbasierten Ansatz (vgl. Abschnitt 2.5.3) herausgestellt. Darüber hinaus betont die Strategieforschung die Wirkung dieses Ansatzes für den Unternehmenserfolg (vgl. Jenner 1999, S. 98; Szymanski/Bharadwaj/Varadarajan 1993; Walker/Ruekert 1987; Fischer 2001). Demnach können Anbieter mit breiteren Leistungsprogrammen mehr attraktive Marktsegmente abdecken und sich so vorteilhafte Wettbewerbspositionen verschaffen (vgl. Porter 1980). Auch die Forschung zum organisationalen Beschaffungsverhalten (vgl. Abschnitt 2.3.3) weist auf die Attraktivität der Leistungsprogrammbreite bei der Anbieterselektion organisationaler Kunden hin. Studien unterstreichen eine Reihe wichtiger Vorteile aus Sicht des Kunden. Die Leistungsprogrammbreite kann vom Kunden leicht beurteilt werden und stellt aus Kundensicht ein Signal für die hohe Verlässlichkeit und Kompetenz des Anbieters dar (vgl. Specht 1985, S. 79; Spekman 1988, S. 320; Hill/Hiller 1977, S. 109; Bauer 1979, S. 259 f.; Engelhardt/Günter 1981, S. 61 ff.). Ferner kann der Kunde die eigene Beschaffung auf weniger Anbieter konzentrieren, wodurch Komplexität und Beschaffungsaufwand reduziert werden können (vgl. Day 1984, S. 29). Darüber hinaus können Anbieter mit breiteren Leistungsprogrammen flexibler auf kurzfristige Bedarfsänderungen der Kunden reagieren und ein breiteres Spektrum potenzieller Bedarfslagen eines Kunden abdecken (vgl. Wathne/Biong/Heide 2001, S. 57). Damit steigt die Wahrscheinlichkeit, dass ein Anbieter den Kundenbedarf decken kann („Broader product lines may enable a firm to meet consumer needs more closely, leading to higher market share", Kekre/Srinivasan 1990, S. 1217).

Häufiges Element eines breiten Leistungsprogramms sind Einstiegsleistungen, die es neuen Kunden erlauben, den Anbieter mit geringem Risiko und Aufwand auszutesten (vgl. z. B. Murray 1991, S.12; Lutz/Reilly 1973, S. 402). Dies reduziert aber nicht nur das Risiko für die Kunden. Sie werden auch nicht im Sinne eines „Alles oder Nichts"-Ansatzes dazu gezwungen, sofort ihren Anbieter zu wechseln, sondern können in Teilschritten einen solchen Wechsel vornehmen. Gerade in Situationen mit erhöhtem wahrgenommenen Risiko kann ein solcher Ansatz erfolgreich sein. So leiten Puto/Patton/King (1985, S. 94 ff.) auf Basis ihrer empirischen Ergebnisse ab, dass es vor dem Hintergrund risikoreduzierender Verhaltensweisen industrieller Kunden für einen neuen Anbieter vorteilhaft sein kann, zunächst nur einen kleinen Teil des Nachfragevolumens des Kunden zu bedienen („to encourage to split procurements", Puto/Patton/King 1985, S. 94). Hedaa (1996, S. 524) nennt dies „Adding a tie" und empfiehlt dies für solche Leistungen anzubieten, wo das Unternehmen einen Wettbewerbsvorteil hat.

Die *Leistungsprogrammbreite* ist definiert als die Anzahl der Produktlinien, die vom Unternehmen angeboten werden (vgl. Homburg/Krohmer 2006, S. 506). Die Operationalisierung der Leistungsprogrammbreite erfolgt über einen entsprechenden Indikator („Produktbreite"). Aufgrund des branchenübergreifenden Untersuchungsdesigns stützen wir uns auch hier auf die subjektive Einschätzung der befragten Entscheidungsträger anstatt auf objektive Maße (vgl. zu diesem Vorgehen Kekre/Srinivasan 1990, S. 1227).

4.4.3 Beziehungsfokus

Ein dritter grundsätzlicher Ansatz zur Akquisition neuer Kunden ist der *Beziehungsfokus*. Hier ist die Akquisition konsequent auf einen frühzeitigen und gezielten Aufbau einer Beziehung zum potenziellen Neukunden ausgerichtet. Bereits in der dem Erstkauf vorausgehenden „Vor-Beziehungsphase" (Diller 1995, S. 59) positioniert sich der Anbieter als langfristig zuverlässiger Partner (vgl. Blattberg/Getz/Thomas 2001b, S. 35).

Angelehnt ist der Beziehungsfokus an die „Pull"-Akquisitionsstrategie nach Dannenberg (2002, S. 37), an die „Partnering Role"-Verkaufsstrategie (Weitz/Bradford 1999, S. 243; Haas 2001) sowie an das „Relational Selling" (Crosby/Evans/Cowles 1990, S. 71). Wie diese Strategien und Verkaufstaktiken ist auch der Beziehungsfokus durch eine häufige persönliche Interaktion zwischen Mitarbeiter und Kunde gekennzeichnet. Dies dient dem insbesondere in der Akquisitionsphase notwendigen Vertrauensaufbau („Direct experience is likely to be the principal basis for judging trustworthiness in the exploratory phase", Dwyer/Schurr/Oh 1987, S. 18). Ein weiterer wichtiger Aspekt der persönlichen und hohen Kontaktintensität liegt in der verbesserten Informationslage des Mitarbeiters zu den Bedürfnissen des potenziellen Neukunden. So betonen Evans/Arnold/Grant (1999, S. 39): „...effective sales performance is not easily achieved without an accurate picture of customer needs that is gained through intensive customer-contact employee interaction." (vgl. auch Anderson/Lodish/Weitz 1987; Hildebrand 1997). Angebote können durch die Mitarbeiter entsprechend bedarfsgerechter erstellt und ausführlicher und früher als durch den Wettbewerb präsentiert werden. Beidseitig erhöht der intensive Austausch das Verständnis für Einstellungen und Verhaltensweisen der Austauschpartner (vgl. Kelley/Thibaut 1978). Darüber hinaus führt die häufige Interaktion zu einer deutlicheren Wahrnehmung der Mitarbeiter durch die Kunden und damit zu einer deutlicheren Wahrnehmung der unsicherheitsreduzierenden Signaling-Maßnahmen der Mitarbeiter (vgl. Cannon/Perreault 1999; Murray/Kotabe/Wildt 1995; Brown 1995, S. 177 ff.). Nicht umsonst wird der Kontakt zwischen Mitarbeiter und Kunde in der Forschung zum persönlichen Verkauf als „most effective method of making a sale" (Sujan/Weitz/Sujan 1988, S. 9) angesehen.

Die Akquisitionsmaßnahmen im Rahmen des Beziehungsfokus zeichnen sich durch einen hohen Individualisierungsgrad aus (vgl. auch Crosby/Evans/Cowles 1990, S. 71). In Anlehnung an die „Partnering Role"-Verkaufsstrategie von Weitz/Bradford (1999, S. 243) ist der *Beziehungsfokus* definiert als das Ausmaß, zu dem neue Kunden über einen frühzeitigen, individualisierten und persönlichen Beziehungsaufbau akquiriert werden.

Beim Beziehungsfokus handelt es sich um ein umfassenderes Konstrukt. Die Operationalisierung erfolgt in Anlehnung an die Definition von Weitz/Bradford (1999, S. 243) und Crosby/Evans/Cowles (1990, S. 71) reflektiv über drei Indikatoren. Mit Ausnahme des ersten Indikators, dessen Reliabilität knapp unter dem geforderten Mindestwert liegt, werden alle verfügbaren lokalen und globalen Gütekriterien erfüllt.

Informationen zu den Indikatoren des Faktors				
Bezeichnung der Indikatoren		Item to Total-Korrelation	Indikator-reliabilität	t-Wert der Faktorladung
Wie stark basiert Ihre Akquisitionsstrategie auf folgenden Aspekten?				
Frühzeitiger und sorgfältiger Aufbau einer Kundenbeziehung bereits in der Akquisitionsphase		0,55	0,37	16,22
Hoher Individualisierungsgrad in allen Kontakten mit potenziellen Kunden		0,65	0,58	16,22
Fokus auf häufige und hochwertige persönliche Kontakte mit potenziellen Kunden		0,70	0,76	16,22
Informationen zum Faktor				
Cronbachsches Alpha:	0,79	Erklärte Varianz:		70,3%
χ^2-Wert (Freiheitsgrade):		AGFI:		
GFI:		RMSEA:		
CFI:		Durchschnittlich erfasste Varianz:		0,57
Faktorreliabilität:	0,8			

Tabelle 4-14: Informationen zum Faktor „Beziehungsfokus“

4.4.4 Kommunikationsfokus

Angesichts der Informationsasymmetrien zwischen Anbieter und Kunde (vgl. auch Abschnitt 2.5.2) bezeichnet Kaas (1990, S. 540) das Marketing auch als ein Problem „der Informationsübertragung“. Diese Informationsasymmetrien sind im Rahmen der Neukundenakquisition besonders stark ausgeprägt. Der *Kommunikationsfokus* stellt vor diesem Hintergrund einen Ansatz dar, bei dem sich die Neukundenakquisition im Wesentlichen auf die Informationsübertragung stützt. Dies dient zum einen der für die Neukundenakquisition notwendigen Reduktion der Unsicherheit des Nachfragers (vgl. Karg 2001, S. 30; Haas 2003b, S. 16). Zum anderen muss es dem Anbieter zur erfolgreichen Gewinnung neuer Kunden gelingen, in das „Awareness Set“ des Kunden zu gelangen (Haas 2003b, S. 9) und die Kunden von der Überlegenheit seines Angebotes zu überzeugen. Der Kommunikationsfokus dient daher auch dem Aufbau und der Pflege des Bekanntheitsgrades des Anbieters. Der Bekanntheitsgrad wird im Rahmen der Strategieforschung als ein strategisch relevanter Wettbewerbsfaktor angesehen, da er vom Kunden wahrnehmbar und kaufentscheidungsrelevant ist und den Marktbearbeitungserfolg unmittelbar beeinflussen kann (vgl. Jenner 1999, S. 98). Der Bekanntheitsgrad erhöht das Wissenslevel des potenziellen Neukunden zu Alternativen und kann so die Wahrscheinlichkeit des Wechsels erhöhen (vgl. Capraro/Broniarczyk/Srivastava 2003, S. 165 ff.; Puto/Patton/King 1985, S. 91; Kuhlmann 2001, S. 238 f.).

Ein wichtiges Instrument im Kommunikationsfokus ist die Werbung (vgl. Gerhard 1995, S. 166 ff.). Die Werbung hat zum einen eine Informations-, Aktualisierungs- (das Unternehmen soll bei den Abnehmern gedanklich präsent sein) und Motivationsfunktion

(Steigerung der Attraktivität der beworbenen Leistung) (vgl. Kroeber-Riel/Weinberg 2003). Zum anderen kann die Werbung zumindest für Such- und Erfahrungsgüter unsicherheitsmindernd wirken (vgl. Gerhard 1995, S. 169 ff.; Milgrom/Roberts 1986, S. 797; Kirmani/Wright 1989, S. 344 ff.).

Ein weiteres zentrales Element im Kommunikationsfokus ist die Reputation. Diese wird in der Informationsökonomie als die wichtigste Institution zur Überwindung der Informationsasymmetrie angesehen (vgl. Kaas 1990). Die Reputation kann als „leistungsübergreifendes Informationssubstitut" selbst bei Vertrauensleistungen die Unsicherheit wirksam senken (vgl. Weiber/Adler 1995a, S. 67). Denn die Reputation begründet für den Kunden ein hohes Maß an Sicherheit bzgl. der Kompetenz, Fairness und Glaubwürdigkeit des Lieferanten (vgl. Ganesan 1994, S. 5; Gierl/Gehrke 2004, S. 211). Kunden reduzieren ihr wahrgenommenes Risiko durch die Entscheidung für einen bekannten Anbieter mit guter Reputation. Ganesh/Arnold/Reynolds (2000) belegen darüber hinaus, dass eine hohe Anbieterreputation das Referenzniveau anhebt, wodurch Alternativen weniger attraktiv erscheinen.

Insbesondere für die in dieser Arbeit betrachteten erklärungsbedürftigen Leistungen sind darüber hinaus persönliche Informationsquellen (z.B. Referenzen) wichtig (vgl. Mitra/Reiss/Capella 1999, S. 223; Kaas/Schade 1995, S. 1075 ff.). Aber auch Bekanntmachungsleistungen (z.B. Publikationen) stellen aus Sicht der Nachfrager glaubwürdige und wirksame Signale dar, weil Niedrig-Qualitätsanbieter sich diese Art von Vorleistungen nicht leisten können (vgl. Schade 1997, S. 135).

Vor diesem Hintergrund definieren wir den *Kommunikationsfokus* als das Ausmaß, zu dem sich die Neukundenakquisition auf die Reputation (Reputationsaufbau und -pflege) sowie Werbung, Referenzen und Bekanntmachungsleistungen stützt. Die Operationalisierung des Kommunikationsfokus erfolgt formativ über die vier vorgenannten Kommunikationsinstrumente.

4.4.5 Stabile Niedrigpreispolitik

Eine weitere Akquisitionsstrategie liegt im Angebot stabil niedriger Preise. Diese stellen ein wirkungsvolles Instrument zur Neukundenakquisition dar. So konnte in der Versicherungswirtschaft nachgewiesen werden, dass in vielen Fällen Kunden ihrem bisherigen Anbieter in der Regel nur so lang treu bleiben, bis die Preisdifferenz signifikant genug für einen Wechsel ist (vgl. Posey 2003). Auch Wathne/Biong/Heide (2001, S. 56) weisen empirisch nach, dass niedrige Preise selbst stabile Kundenbeziehungen aufbrechen können und begründen: „A new potential supplier that offers economic terms superior to those of the incumbent enables a buyer to realize immediate cost savings." Doney/Cannon (1997, S. 47) schließlich zeigen, dass ein im Vergleich zum Vertrauensaufbau relativ stärkerer Einfluss vom relativen Preis auf die Lieferantenselektion ausgeht.

Die stabile Niedrigpreispolitik ist als Akquisitionsansatz an die Positionierung des „Preisführers" angelehnt (vgl. Haas 2003c, S. 221 ff.; Diller 2000, S. 391) und zeichnet sich analog durch Preistransparenz, Preisgünstigkeit und Preisstabilität aus. Hohe Preistransparenz ist dann gegeben, wenn es dem Kunden leicht fällt, einen „klaren, vollständigen, aktuellen und leicht erfassbaren Überblick" (Diller 1997, S. 756) über die Preise des Anbieters zu erhalten. Kunden profitieren hier von niedrigen Such- und Bewertungskosten. Die Preisgünstigkeit bezeichnet die relative Höhe des Verkaufspreises (d. h. den vom Kunden wahrgenommenen Preis im Vergleich zu alternativen Angeboten) und stellt damit den unmittelbaren Preisvorteil für den Kunden dar (vgl. Matzler 2003, S. 313). Die Preisstabilität beugt einer preisänderungsinduzierten Verunsicherung des Kunden vor und schützt diesen vor negativen „Preisüberraschungen" (Diller 1997, S. 759). Diller (1997) führt hier die Preiszufriedenheit und das Preisvertrauen als kaufentscheidende Faktoren an. Preiszufriedenheit stellt sich ein, wenn die preisbezogenen Erwartungen des Kunden erfüllt werden. Sie wird v. a. über die Preisstabilität und die Preisgünstigkeit bestimmt. Preisvertrauen ist ein eher emotionales Konstrukt, das die Erwartungen des Kunden zum Ausdruck bringt, dass sich der Anbieter im Hinblick auf das Preis-Leistungs-Verhältnis nicht opportunistisch verhält. Maßgeblich hierfür sind die anbieterseitigen Bemühungen um Preistransparenz und -stabilität (vgl. Diller 1997, S. 760). In Anlehnung an Diller gehen auch wir von einer direkten Beeinflussung der Kaufbereitschaft potenzieller Kunden durch das Preisvertrauen und die Preiszufriedenheit aus (vgl. Diller 1997, S. 760; für ähnliche Wirkungsketten in der Konsumentenverhaltenstheorie vgl. Kroeber-Riel/Weinberg 2003, S. 170 ff.; Matzler 2003, S. 309 ff.).

Die Bedeutung einer stabilen Niedrigpreispolitik wird auch durch die Betrachtung der Funktion des Preises im Rahmen extensiver Kaufentscheidungsprozesse offenbar (vgl. Diller 1997, S. 752 ff.): Im Rahmen der Orientierungsphase fungiert der Preis als Sortier- bzw. „k.o."-Kriterium und Leistungsindikator (vgl. Diller 1997, S. 752 f.). Dies wird durch eine gute Preis-Leistungs-Transparenz des Anbieters erleichtert. In der Bewertungsphase des Kaufentscheidungsprozesses geht es um das Abwägen zwischen den Nutzenbestandteilen der alternativen Angebote und deren Preisen (vgl. Diller 1997, S. 753). Der Preis stellt das Nutzenentgelt dar, das gegen die jeweiligen (Teil-)Nutzenangebote gegenzurechnen ist. Über diesen „Nutzen-Entgelt-Trade-Off" hinaus dient der Preis aber auch als Qualitätsindikator (vgl. Olson 1977, S. 268 f.; Milgrom/Roberts 1986, S. 798). Aus Kundensicht problematisch ist hier das Preis-Leistungsrisiko (vgl. Pechtl 2003, S. 74). Im Rahmen der Entscheidungsphase fungiert der Preis schließlich als Verhandlungsgegenstand und als Liquiditätsfaktor (vgl. Diller 1997, S. 754). Eine stabile Niedrigpreispolitik erhöht also die Preis-Leistungstransparenz für den Kunden und senkt gleichzeitig sein Preis-Leistungsrisiko. Eine solche Strategie spricht v. a. die Kunden an, die Wert auf Preissicherheit und einen effizienten Einkauf legen (vgl. Pechtl 2003, S. 76).

Die *stabile Niedrigpreispolitik* ist vor dem Hintergrund der genannten Aspekte definiert als das Ausmaß, zu dem sich die Neukundenakquisition auf stabile und im Vergleich zum Wettbewerb transparentere und niedrigere Preise stützt. Die Operationalisierung dieses Konstrukts erfolgt in Anlehnung an Diller (1997, S. 755 ff.) reflektiv über drei Indikatoren. Alle verfügbaren Gütemaße erfüllen die in der Literatur geforderten Mindestwerte.

Informationen zu den Indikatoren des Faktors			
Bezeichnung der Indikatoren	Item to Total-Korrelation	Indikator-reliabilität	t-Wert der Faktorladung
Wie stark basiert Ihre Akquisitionsstrategie auf folgenden Aspekten?			
Akquisitionsvorteile durch im Vergleich zum Wettbewerb transparentere Preise	0,56	0,47	28,63
Akquisitionsvorteile durch im Vergleich zum Wettbewerb niedrigere Preise	0,60	0,56	28,63
Dauerhaft faire Preise auf niedrigem Niveau ohne Sonderpreisaktionen zur Neukundengewinnung	0,58	0,49	28,63
Informationen zum Faktor			
Cronbachsches Alpha: 0,75	Erklärte Varianz:	67,0%	
χ^2-Wert (Freiheitsgrade):	AGFI:		
GFI:	RMSEA:		
CFI:	Durchschnittlich erfasste Varianz:	0,5	
Faktorreliabilität: 0,75			

Tabelle 4-15: Informationen zum Faktor „Stabile Niedrigpreispolitik"

4.4.6 Penetrationsfokus

Auch beim Penetrationsfokus handelt es sich um eine preis- bzw. konditionenbezogene Akquisitionsstrategie. Doch beim Penetrationsfokus greift ein anderer Akquisitionsmechanismus als bei der stabilen Niedrigpreispolitik. Bei der stabilen Niedrigpreispolitik zieht der Kunde einen direkt monetären Nutzen aus dem geringeren Preis und profitiert von geringeren Informations- und Suchkosten. Im Gegensatz dazu läuft der Akquisitionsmechanismus beim Penetrationsfokus über die Senkung der Wechselkosten und das Setzen unmittelbarer kurzfristiger Kaufanreize.

Der akquisitionsbezogene Penetrationsfokus ist abgeleitet von dem aus der Markteinführung von Produktinnovationen stammenden „Penetration Pricing" (vgl. Simon 1992, S. 293 ff.). Im Rahmen einer solchen Penetration-Pricing-Strategie wird ein Produkt mit einem relativ niedrigen Preis in den Markt eingeführt. Preiserhöhungen erfolgen dann in späteren Perioden.

Blattberg/Getz/Thomas (2001b, S. 46) sprechen aber auch im Kontext der Neukundenakquisition explizit vom „Penetration Pricing" bzw. vom „Acquisition Pricing". Dieses sieht analog zum Markteinführungs-Pricing anfängliche Sonderpreise oder -konditionen sowie eine nachfolgende Preiserhöhung vor. Neben direkten Rabatten kann ein Acquisition Pricing aber auch indirekte Formen des Preisnachlasses umfassen (vgl. Krafft 2002, S. 229). Indirekte Preisnachlässe stellen Angebote dar, etwaige Wechselkosten zu übernehmen oder Wechselprämien zu zahlen. Dazu zählen aber auch Werbegeschenke, Subventionierungsmaßnahmen (z. B. von Mobilfunkendgeräten) oder Prämienstartguthaben (vgl. Krafft 2002, S. 230). Gemeinsamer Nenner dieser Maßnahmen ist, dass der positive Effekt des Preisnachlasses nach erfolgter Akquisition aufgehoben wird.

Der Penetrationsfokus hat zum Ziel, Interesse und Bedarf potenzieller Neukunden zu stimulieren und das finanzielle (Wechsel-)Risiko der Neukunden zu reduzieren (vgl. Fritz/Thiess 1986, S. 165 f.). Blattberg/Getz/Thomas (2001b) sehen im Acquisition Pricing bei richtiger Anwendung einen sehr effektiven Ansatz zur Gewinnung neuer Kunden. Dabei ist eine solche Strategie zur Förderung des Erstkaufs wie auch des Anbieterwechsels geeignet (vgl. Belz 1998, S. 279; Bruhn 2001, S. 151 f.).

In Anlehnung an Blattberg/Getz/Thomas (2001b) soll der *Penetrationsfokus* definiert sein als das Ausmaß, zu dem die Neukundenakquisition über vorübergehend niedrige Einstiegspreise bzw. Wechselprämien erfolgt. Die Operationalisierung des Konstrukts erfolgt formativ über vier Indikatoren (das Ausmaß, zu dem sich die Neukundenakquisition auf Wechselprämien, Übernahme der Wechselkosten, niedrige Einstiegspreise und Erhöhung der Preise nach erfolgter Akquisition stützt).

4.5 Erfolgsgrößen

Das zentrale Ziel dieser Arbeit ist die Entwicklung eines Modells zur Untersuchung der Erfolgsfaktoren der Neukundenakquisition. Von zentraler Bedeutung sind deshalb die Größen, die zur Messung des Erfolgs herangezogen werden sollen. Die Betrachtung der Effekte auf diese Erfolgsgrößen soll im Rahmen der vorliegenden Untersuchung differenziert erfolgen. Zunächst soll untersucht werden, welcher Zusammenhang zwischen den einzelnen Gestaltungsvariablen im Management der Neukundenakquisition und dem Akquisitionserfolg besteht. Anschließend sollen die Effekte des Akquisitionserfolgs auf den Unternehmenserfolg gemessen werden. In diesem Abschnitt soll daher zunächst der Akquisitionserfolg und anschließend der Unternehmenserfolg konzeptualisiert und operationalisiert werden.

Zur Operationalisierung von Erfolgswirkungen liegen viele unterschiedliche Ansätze vor (vgl. Chakravarty 1986; Bhargava/Dubelaar/Ramaswami 1994). Üblicherweise wird zwischen objektiven und subjektiven Erfolgsgrößen unterschieden (vgl. Dalton et al. 1980). Die Verwendung objektiver Erfolgsgrößen wie z. B. Umsatz, Marktanteil oder Gewinne (vgl. Day 1990; Green/Barclay/Ryans 1995) ist ebenso verbreitet wie die Operationalisierung anhand subjektiver Erfolgsgrößen.

In der vorliegenden Untersuchung sprechen die folgenden Gründe für die Verwendung subjektiver Erfolgsgrößen. Zum einen werden direkt akquisitionsbezogene finanzielle Erfolgsgrößen in vielen Unternehmen nicht verwendet. Ein Großteil der Befragten wäre nicht in der Lage, diesbezügliche Fragen zu beantworten. Die Folge der Verwendung objektiver Erfolgsgrößen für den Akquisitionserfolg wäre eine hohe Anzahl fehlender Werte gewesen. Zum anderen sind objektive finanzielle Erfolgsgrößen branchenspezifisch höchst unterschiedlich ausgeprägt und für eine branchenübergreifende Untersuchung daher nur bedingt geeignet. Darüber hinaus konnten ehemals existierende validitätsbezogene Bedenken zur Verwendung subjektiver Erfolgsgrößen vielfach ausgeräumt werden (vgl. Dess/Robinson 1984; Venkatraman/Ramanujam 1986, 1987; Hart/Banbury 1994). Für die Messung des Akquisitionserfolgs kommen in der vorliegenden Arbeit daher subjektive Erfolgsgrößen zum Einsatz. Daneben werden wir auch für die Messung des Unternehmenserfolgs auf subjektive Erfolgsgrößen zurückgreifen.

Zur Konzeptualisierung des Erfolgs werden in der Literatur verschiedene Ansätze vorgeschlagen. Für die vorliegende Arbeit bietet sich angesichts der hohen Praxisnähe der

Zielansatz an (vgl. Homburg 1995, S. 156; Fritz 1992, S. 220), demzufolge der Erfolg als Grad der Zielerreichung hinsichtlich gesetzter Unternehmensziele definiert ist.

4.5.1 Akquisitionserfolg

Homburg/Krohmer (2006, S. 345 f.) differenzieren für den Marketingbereich drei Zielkategorien: potenzialbezogene, markterfolgsbezogene und wirtschaftliche Marketingziele. Dabei stellen potenzialbezogene Marketingziele Ziele dar, die dem Kundenverhalten kausal vorgelagert sind. Markterfolgsbezogene Ziele dagegen stellen Größen dar, die den Erfolg im Markt anhand von tatsächlichen Verhaltensweisen der Kunden abbilden (vgl. Homburg/Krohmer 2006, S. 345). Wirtschaftliche Marketingziele sind Zielgrößen, „die gängige ökonomische Erfolgsgrößen darstellen und einen Bezug zur Gewinn- und Verlustrechnung des Unternehmens haben" (Homburg/Krohmer 2006, S. 346). Wir lehnen uns an Homburg/Krohmer (2006) an, integrieren im Akquisitionserfolg jedoch nur zwei Erfolgskategorien: die Effektivität als markterfolgsbezogene Größe und die Effizienz als wirtschaftliche Erfolgskomponente (vgl. dazu auch Homburg/Pflesser 2000a, S. 451; Walker/Ruekert 1987, S. 19). Denn die wirkungsbezogene Bewertung der Neukundenakquisition hat sowohl nach Effektivitäts- als auch nach Effizienzkriterien zu erfolgen (vgl. Blattberg/Getz/Thomas 2001b, S. 41). Im Rahmen der Neukundenakquisition gilt es nicht nur, einen Kunden zu gewinnen, sondern dies auch wirtschaftlich zu tun (vgl. Haas 2003b, S. 3). Unter dem *Akquisitionserfolg* verstehen wir daher die Effektivität und die Effizienz der Neukundenakquisition.

Die Bestandsaufnahme der Literatur zeigt, dass sich in existierenden Arbeiten nur vereinzelt Hinweise auf Ansätze zur Operationalisierung des Akquisitionserfolgs finden, die hinsichtlich Reliabilität und Validität überprüft wurden. Zur Erfassung des Akquisitionserfolgs verwenden wir daher in Anlehnung an Ruekert/Walker/Roering (1985) selbst entwickelte Multi-Item Skalen, die sich auf subjektive Einschätzungen der befragten Manager stützen. Im Folgenden sollen die Konstrukte zur Erfassung der Effektivität und Effizienz der Neukundenakquisition dargestellt werden.

Die Effektivität ist ein Maß für den Grad der Zielerreichung und kann als Verhältnis von Soll-Output zu Ist-Output dargestellt werden (vgl. Bohr 1993; Sink 1985; Wilden 1991). Die Effektivität bezieht sich damit nur auf einen Teilaspekt der Produktivität und hängt eng mit den Zielen eines Unternehmens zusammen (vgl. Bohr 1993). Die *Effektivität der*

Neukundenakquisition definieren wir im Sinne des Zielansatzes (vgl. Homburg 1995, S. 156) und in Anlehnung an Haas (2003a, S. 298) als das Ausmaß, zu dem der Anbieter seine akquisitionsbezogenen Ziele erreicht.

Trotz der Vielzahl empirischer Studien zum Verkaufserfolg wurde die Effektivität der Neukundenakquisition sehr selten operationalisiert. Ausnahmen stellen die Arbeiten von Reinartz/Thomas/Kumar (2005, S. 70) und von Evans et al. (2000, S. 518) dar. Die Operationalisierung der Effektivität der Neukundenakquisition erfolgt über zwei Indikatoren (vgl. Tabelle 4-16). Die verfügbaren lokalen und globalen Gütekriterien lassen auf eine gute Anpassung des Messmodells schließen.

Informationen zu den Indikatoren des Faktors				
Bezeichnung der Indikatoren		Item to Total-Korrelation	Indikator-reliabilität	t-Wert der Faktorladung
Wie bewerten Sie den Erfolg Ihres Unternehmens/Ihrer Geschäftseinheit bzgl. der folgenden Aspekte?				
Anzahl gewonnener Neukunden in den letzten drei Jahren		0,76	0,77	38,23
Erreichen der Akquisitionsziele in den letzten drei Jahren		0,76	0,74	38,96
Informationen zum Faktor				
Cronbachsches Alpha:	0,86	Erklärte Varianz:		87,9%
χ^2-Wert (Freiheitsgrade):		AGFI:		
GFI:		RMSEA:		
CFI:		Durchschnittlich erfasste Varianz:		0.76
Faktorreliabilität:	0.86			

Tabelle 4-16: Informationen zum Faktor „Effektivität der Neukundenakquisition“

Die Effizienz überprüft, welcher Input benötigt wird, um einen vorgegebenen Output zu erreichen (vgl. Albers 1989; Wilden 1991). Die *Effizienz der Neukundenakquisition* definieren wir auch hier dem Zielansatz folgend sowie in Anlehnung an Stahl/Matzler (2001) als das Ausmaß, zu dem die Neukundenakquisition unter Input-Output-Gesichtspunkten wirtschaftlich verläuft.

Zentrale Kriterien zur Beurteilung der Effizienz der Neukundenakquisition sind die Wirtschaftlichkeit, die Angemessenheit und die Amortisationsdauer der Aufwendungen (vgl. Stahl/Matzler 2001). Wir operationalisieren die Effizienz der Neukundenakquisition daher über drei Indikatoren (vgl. Tabelle 4-17). Anhand der verfügbaren lokalen und globalen Gütekriterien kann auf eine sehr gute Anpassung des Messmodells geschlossen werden.

Informationen zu den Indikatoren des Faktors			
Bezeichnung der Indikatoren	Item to Total-Korrelation	Indikator-reliabilität	t-Wert der Faktorladung
Wie bewerten Sie den Erfolg Ihres Unternehmens/Ihrer Geschäftseinheit bzgl. der folgenden Aspekte?			
Wirtschaftlichkeit der Akquisitionsbemühungen in den letzten drei Jahren	0,73	0,64	28,31
Angemessenheit der Aufwendungen für die Neukundenakquisition	0,78	0,77	28,31
Amortisationsdauer der Aufwendungen für die Neukundenakquisition	0,74	0,66	28,31
Informationen zum Faktor			
Cronbachsches Alpha:	0,87	Erklärte Varianz:	79,2%
χ^2-Wert (Freiheitsgrade):		AGFI:	
GFI:		RMSEA:	
CFI:		Durchschnittlich erfasste Varianz:	0,69
Faktorreliabilität:	0,87		

Tabelle 4-17: Informationen zum Faktor „Effizienz der Neukundenakquisition“

Nach der separat durchgeführten Messung der beiden Faktoren des Akquisitionserfolgs sollen nun beide Faktoren simultan berücksichtigt werden. Zur Operationalisierung des Akquisitionserfolgs haben wir ein Modell der konfirmatorischen Faktorenanalyse mit zwei Faktoren und fünf Indikatoren spezifiziert (vgl. Tabelle 4-18).

Informationen zu den einzelnen Faktoren und Indikatoren					
Bezeichnung des Faktors	Indikator-nummer	Indikator-reliabilität	t-Wert der Faktorladung	Faktor-reliabilität	Durch-schnittlich erfasste Varianz
Faktor 1: Effektivität der Neukundenakquisition	1	0.77	38.68	0.87	0.76
	2	0.74	39.41		
Faktor 2: Effizienz der Neukundenakquisition	3	0.77	43.11	0.86	0.69
	4	0.66	41.95		
	5	0.63	40.9		
Globale Anpassungsmaße					
χ2-Wert	5 (4)	GFI	1	CFI	1
RMSEA	0.12	AGFI	0.99		

Tabelle 4-18: Gesamtes Messmodell zum Akquisitionserfolg

Auch die Messung dieses mehrfaktoriellen Modells ergibt eine hohe Anpassungsgüte. Die Schwellenwerte werden durchgängig erfüllt. Damit kann für die Messung des Akquisitionserfolgs auf eine gute Reliabilität und Konvergenzvalidität geschlossen werden.

In einem weiteren Schritt muss nun die Diskriminanzvalidität dieses Messinstruments beurteilt werden. Dies erfolgt unter Zuhilfenahme des Fornell/Larcker-Kriteriums. Der Vergleich der durchschnittlich erfassten Varianzen (DEV) der Faktoren mit den quadrierten Korrelationen zwischen diesen Faktoren ist in der folgenden Tabelle dargestellt. Es wird deutlich, dass das Fornell/Larcker-Kriterium erfüllt ist (vgl. Tabelle 4-19). Damit kann von Diskriminanzvalidität zwischen den beiden Faktoren ausgegangen werden.

Faktor		1	2
	DEV	0,76	0,69
Faktor 1: Effektivität der Neukundenakquisition	0,76	-	-
Faktor 2: Effizienz der Neukundenakquisition	0,69	0,46	-

Tabelle 4-19: Fornell/Larcker-Kriterium zur Beurteilung der Diskriminanzvalidität der Faktoren des Akquisitionserfolgs

4.5.2 Unternehmenserfolg

Forschungsfrage 3 befasst sich mit der Wirkung des Akquisitionserfolgs auf den Unternehmenserfolg. Auch hinsichtlich des Unternehmenserfolgs stellt sich die Frage nach der Auswahl geeigneter Erfolgsmaße. Homburg/Krohmer (2006, S. 344) unterscheiden zwischen finanziellen und nichtfinanziellen Zielen eines Unternehmens. Analog differenzieren Homburg/Pflesser (2000a) in ihrer Untersuchung Markterfolgsgrößen und den wirtschaftlichen Erfolg (vgl. auch Pflesser 1999, S. 80 ff.). Daran angelehnt unterscheiden wir in der vorliegenden Untersuchung zwei Dimensionen des Unternehmenserfolgs:

- unternehmensbezogener Wachstumserfolg (als Markterfolgsgröße) und
- unternehmensbezogener wirtschaftlicher Erfolg.

Während letzteres ein „Finalziel" darstellt, berücksichtigen wir mit dem Wachstumserfolg auch ein sog. „Modalziel" (Ziele, „deren Erreichung die Erreichung des Finalziels eines erwerbswirtschaftlichen Unternehmens, nämlich die Gewinnerzielung sicherstellen soll", Homburg 1995, S. 157). Der *Unternehmenserfolg* wird in Anlehnung an Homburg/Pflesser (2000a, S. 452) daher als marktbezogener und wirtschaftlicher Erfolg des Unternehmens definiert.

Unter dem unternehmensbezogenen *Wachstumserfolg* verstehen wir das Ausmaß, zu dem die Wachstumsziele des Unternehmens erreicht werden. Der Wachstumserfolg relativ zum Wettbewerb wird in der Literatur als der beste Indikator zur Messung der Wertsteigerung eines Unternehmens angesehen. Denn die Umsätze eines Unternehmens werden nur dann stärker als die des Wettbewerbs wachsen, wenn es mehr Wert für den Kunden schafft, als der Wettbewerb (vgl. Slater/Narver 2000, S. 121). Die Messung des Wachstumserfolgs erfolgt daran angelehnt relativ zum Wettbewerb. Operationalisiert wird das Konstrukt durch zwei Indikatoren (vgl. Tabelle 4-20). Die verfügbaren lokalen und globalen Gütemaße deuten auf eine gute Anpassung des Messmodells hin.

Informationen zu den Indikatoren des Faktors			
Bezeichnung der Indikatoren	Item to Total-Korrelation	Indikator-reliabilität	t-Wert der Faktorladung
Wie hat Ihr Unternehmen/Ihre Geschäftseinheit im Vergleich zu Ihren Wettbewerbern in den folgenden Bereichen in den letzten drei Jahren abgeschnitten?			
Erreichen des angestrebten Wachstums	0,767	0,77	35,06
Sicherstellen des angestrebten Marktanteils	0,767	0,77	34,88

Informationen zum Faktor			
Cronbachsches Alpha:	0,87	Erklärte Varianz:	88,35%
χ^2-Wert (Freiheitsgrade):		AGFI:	
GFI:		RMSEA:	
CFI:		Durchschnittlich erfasste Varianz:	0,77
Faktorreliabilität:	0,87		

Tabelle 4-20: Informationen zum Faktor „Wachstumserfolg“

Auch der *wirtschaftliche Erfolg* wurde von den befragten Entscheidungsträgern im Vergleich zum Wettbewerb geschätzt. Obwohl objektive Erfolgsmaße (z. B. die absolute Umsatzrendite in Prozent) gegenüber subjektiven Maßen teilweise als überlegen angesehen werden, konnten empirische Studien ein hohes Maß an Übereinstimmung zwischen subjektiven Einschätzungen des wirtschaftlichen Erfolgs und objektiven Erfolgsgrößen nachweisen (vgl. z.B. Dess/Robinson 1984, S. 271; Homburg/Fassnacht 1999, S. 2). Insbesondere angesichts der großen Rendite-Unterschiede zwischen den betrachteten Branchen erscheint eine solche Vorgehensweise als angebracht. Daher wurden die Befragten gebeten, einen Vergleich ihrer durchschnittlichen Umsatzrendite mit dem Branchenschnitt vorzunehmen (vgl. auch Hooley et al. 2003). Die Bewertung erfolgte auf einer 7-Punkte Likert-Skala von 1 (deutlich unter Branchenschnitt) bis 7 (deutlich über Branchenschnitt).

4.6 Moderatorvariablen

In Forschungsfrage 2b gehen wir der Frage nach, inwiefern die Beziehung zwischen Erfolgsfaktoren und Akquisitionserfolg durch andere Variablen moderiert wird. Wir gehen also davon aus, dass der Zusammenhang zwischen Gestaltungsvariablen und dem Akquisitionserfolg nicht immer gleich stark ist, sondern unter unterschiedlichen Bedingungen variiert. Diese Bedingungen werden durch sog. Moderatorvariablen abgebildet (vgl. Sharma/Durand/Gur-Arie 1981, S. 298).

Die Bestandsaufnahme der Literatur und die Aufarbeitung der theoretischen Grundlagen der Arbeit hat verschiedene Hinweise auf Faktoren gegeben, die einen potenziell moderierenden Einfluss auf die Beziehung zwischen Gestaltung und Erfolg der Neukundenakquisition ausüben. Diese lassen sich folgenden Bereichen zuordnen: marktbezogene, leistungsbezogene und anbieterbezogene Einflussfaktoren. Innerhalb dieser Bereiche kann prinzipiell eine Vielzahl von Variablen identifiziert werden, die die Beziehung zwischen Gestaltung und Erfolg der Neukundenakquisition moderieren. Daher ist eine Selektion der Variablen, die in die vorliegende Untersuchung einfließen sollen, notwendig. Hierbei sollen Variablen berücksichtigt werden, die auf Basis der theoretischen Bezugspunkte und der existierenden Forschung auf einen wichtigen Erklärungsbeitrag schließen lassen. Dies sind v. a. umweltbezogene Größen, die durch das Unternehmen nicht kontrollierbar sind (vgl. z. B. Walker/Churchill/Ford 1979; Göttgens 1996; Mühlmeier 2004).

4.6.1 Merkmale des Marktes und der Kunden

Die Bedeutung von Umweltfaktoren für den Aufbau, die Entwicklung und die Beendigung von Geschäftsbeziehungen hat in der Marketingforschung viel Aufmerksamkeit erfahren (vgl. Engel/Blackwell/Miniard 1993; Möller/Laaksonen 1986; Stump/Joshi 1998). Häufig untersuchte Einflussgrößen des Marktes sind die Marktdynamik (vgl. Pflesser 1999) und die Wettbewerbsintensität (vgl. Pelham/Wilson 1996). Diese Variablen werden im Folgenden konzeptualisiert und operationalisiert.

Die *Marktdynamik* ist eine häufig untersuchte marktbezogene Determinante (vgl. Achrol/Stern 1988, S. 38 ff.; Cannon/Perreault 1999, S. 444). Denn die Marktdynamik ist eine wichtige Einflussgröße der Unsicherheit von Kunden: „Uncertainty may exist because of particular market conditions that impose demands on a buyers' information processing capacity." (vgl. Heide/Weiss 1995, S. 31). Die Marktdynamik wird im Allgemeinen als die Häufigkeit der Änderung der Aktivitäten der konkurrierenden Anbieter und der Kundenpräferenzen verstanden (vgl. Homburg/Workman/Krohmer 1999, S. 8; Jaworski/Kohli 1993, S. 57; Maltz/Kohli 1996, S. 52; Achrol/Stern 1988, S. 37; Cannon/Perreault 1999, S. 444).

In Anlehnung an diese Definition verstehen wir unter der Marktdynamik die Häufigkeit wettbewerbs- und kundenseitiger Veränderungen im Markt. Die Operationalisierung der Marktdynamik erfolgt in Anlehnung an Maltz/Kohli (1996, S. 60). Zwei Items beziehen sich auf kundenbezogene und drei Items auf wettbewerbsbezogene Veränderungen.

Informationen zu den Indikatoren des Faktors				
Bezeichnung der Indikatoren		Item to Total-Korrelation	Indikator-reliabilität	t-Wert der Faktorladung
Wie häufig finden in Ihrem Absatzmarkt starke Veränderungen bzgl. folgender Aspekte statt?				
Bedürfnisse der Kunden		0,82	0,73	30,14
Verkaufsargumentationen gegenüber den Kunden		0,87	0,83	30,67
Absatzstrategien der Wettbewerber		0,84	0,78	31,55
Produkte/Dienstleistungen der Wettbewerber		0,84	0,77	31,39
Informationen zum Faktor				
Cronbachsches Alpha:	0,93	Erklärte Varianz:		83,2%
χ^2-Wert (Freiheitsgrade):	3,8 (2)	AGFI:		1
GFI:	1	RMSEA:		0,10
CFI:	1	Durchschnittlich erfasste Varianz:		0,77
Faktorreliabilität:	0,83			

Tabelle 4-21: Informationen zum Faktor „Marktdynamik"

Ein Item musste im Zuge der Skalenbereinigung eliminiert werden („Anforderungen der Kunden hinsichtlich des Preis-Leistungs-Verhältnisses"). Wie Tabelle 4-21 zeigt, deuten die Gütemaße des angepassten Modells auf eine insgesamt akzeptable Reliabilität und Validität des Messinstruments hin. Lediglich die Schwellenwerte für den Quotienten aus χ^2-Wert und Anzahl der Freiheitsgrade sowie für den RMSEA-Wert werden knapp verfehlt. Da alle anderen Gütemaße aber gut erfüllt werden, kann die Messung als ausreichend angesehen werden.

Neben der Marktdynamik spielt auch die *Wettbewerbsintensität* eine wichtige Rolle. Die Relevanz der Wettbewerbsintensität wurde in der Strategie- (vgl. Porter 1980) und Marketingforschung häufig herausgestellt („Competitive context is a significant determinant of the effectiveness of marketing strategy.", Bowman/Narayandas 2004, S. 437). Insbesondere als moderierende Größe auf die Beziehung zwischen Gestaltungsvariablen und Erfolgsgrößen wird die Wettbewerbsintensität in der erfolgsfaktorenbezogenen Marketingforschung daher immer wieder eingesetzt (vgl. Bolton/Lemon/Verhoef 2004; Gatignon/Xuereb 1997; Langerak 2003). Im Zusammenhang mit der Neukundenakquisition wurde die moderierende Wirkung der Wettbewerbsintensität bislang allerdings nur durch Mühlmeier (2004, S. 157 ff.) untersucht.

Die dieser Arbeit zugrunde gelegte Definition des Konstrukts Wettbewerbsintensität ist angelehnt an die Definition von Jaworski/Kohli (1993). Demnach bezeichnet die Wettbewerbsintensität das Ausmaß der Aktivitäten konkurrierender Anbieter innerhalb eines Marktes. Auch die Messung des Konstrukts erfolgt in Anlehnung an Jaworski/Kohli (1993). Die ursprünglich sechs Indikatoren umfassende Skala von Jarworski/Kohli wurde für die vorliegende Arbeit auf vier Indikatoren reduziert. Ein Item musste im Zuge der Skalenbereinigung aufgrund zu geringer Indikatorreliabilität eliminiert werden. Die Messung anhand der drei verbleibenden Indikatoren liefert zufrieden stellende Werte.

Informationen zu den Indikatoren des Faktors				
Bezeichnung der Indikatoren		Item to Total-Korrelation	Indikator-reliabilität	t-Wert der Faktorladung
Inwiefern stimmen Sie folgenden Aussagen zum Wettbewerb in Ihrem Absatzmarkt zu?				
Der Wettbewerb in unserem Absatzmarkt ist sehr hart.		0,70	0,60	14,98
Unser Absatzmarkt ist durch intensiven Preis- und Konditionenwettbewerb gekennzeichnet.		0,79	0,86	14,98
Man hört fast täglich von neuen Aktionen des Wettbewerbs.		0,67	0,53	14,98
Informationen zum Faktor				
Cronbachsches Alpha:	0,77	Erklärte Varianz:		77%
χ^2-Wert (Freiheitsgrade):		AGFI:		
GFI:		RMSEA:		
CFI:		Durchschnittlich erfasste Varianz:		0,67
Faktorreliabilität:	0,86			

Tabelle 4-22: Informationen zum Faktor „Wettbewerbsintensität"

Neben den genannten marktbezogenen Merkmalen können auch *nachfragerbezogene Merkmale* den Zusammenhang zwischen Gestaltungsfaktoren der Neukundenakquisition und dem Akquisitionserfolg moderieren. Eine grundsätzliche Herausforderung der Marktbearbeitung von Unternehmen liegt in der Heterogenität der Kunden begründet (vgl. Cardinaels/Roodhooft/Warlop 2004; Rackham/DeVincentis 1998; Homburg/Schäfer/ Schneider 2006; Szymanski 1988). Eine erhöhte Heterogenität der Kunden kann die Wirksamkeit bestimmter Akquisitionsstrategien ebenso beeinflussen wie die Wirksamkeit interner Maßnahmen (z.B. der Kundenpriorisierung und des Informationsmanagements). Die Kundenheterogenität erhöht im Allgemeinen die Unsicherheit des Anbieters und damit die Notwendigkeit für anbieterseitiges Screening (vgl. auch Abschnitt 2.5.2).

In Anlehnung an Szymanski (1988) definieren wir die *Kundenheterogenität* als das Ausmaß, zu dem sich die Kunden hinsichtlich ihrer Anforderungen und Kaufentscheidungskriterien unterscheiden. Die Operationalisierung des Konstrukts erfolgt über drei Indikatoren. Mit Ausnahme der DEV, die den geforderten Schwellenwert knapp verfehlt, erfüllen die übrigen globalen und lokalen Gütekriterien die Anforderungen.

Informationen zu den Indikatoren des Faktors				
Bezeichnung der Indikatoren		Item to Total-Korrelation	Indikator-reliabilität	t-Wert der Faktorladung
Inwieweit stimmen Sie folgenden Aussagen zu?				
Die Kunden unterscheiden sich stark hinsichtlich ihrer Anforderungen an Produkte und Dienstleistungen.		0,54	0,43	22,36
Die Kunden unterscheiden sich stark hinsichtlich ihrer Anforderungen an Ansprache und Betreuung (z.B. Informationen, Kommunikationskanäle, -zeiten, -intervalle).		0,60	0,58	22,36
Die Kunden unterscheiden sich stark hinsichtlich ihrer Kaufentscheidungskriterien.		0,56	0,47	22,36
Informationen zum Faktor				
Cronbachsches Alpha:	0,74	Erklärte Varianz:		66,0%
χ^2-Wert (Freiheitsgrade):		AGFI:		
GFI:		RMSEA:		
CFI:		Durchschnittlich erfasste Varianz:		0,49
Faktorreliabilität:	0,74			

Tabelle 4-23: Informationen zum Faktor „Kundenheterogenität“

4.6.2 Merkmale der Leistung und des Anbieters

Die Auswirkungen leistungsbezogener Aspekte auf das Kaufverhalten von Kunden werden insbesondere in der Forschung zum organisationalen Kaufverhalten und in der Geschäftsbeziehungsforschung untersucht. Die Forschung betont v.a. die Auswirkungen der Leistungskomplexität auf das Kaufverhalten der Kunden (vgl. Dawes/Lee 1996; McQuiston 1989). Darüber hinaus konnten die Ausführungen zur Informationsökonomie (vgl. Abschnitt 2.5.2) zeigen, dass bestimmte Leistungseigenschaften (Such-, Erfahrungs- und Vertrauenseigenschaften) von zentraler Bedeutung für das Kaufverhalten von Kunden sind (vgl. auch Kaas 1990, S. 542; Weiber/Adler 1995a, S. 54). Der Informationsökonomie zufolge sind für das Kaufverhalten von Kunden v.a. solche Leistungsmerkmale von Bedeutung, die in engem Zusammenhang mit der Unsicherheit und dem Informationsbedarf der Kunden bei der Bewertung von Leistungen stehen (vgl. McDougall/Snetsinger 1990; Breivik et al. 1998). Vor diesem Hintergrund soll der moderierende Einfluss der Leistungskomplexität untersucht werden.

Der Begriff der Komplexität wird in der Literatur unterschiedlich definiert (vgl. Homburg/Kebbel 2001, S. 481). Einige Autoren verstehen unter der Komplexität einer Leistung die Anzahl und die Unterschiedlichkeit der Leistungsbestandteile (vgl. Duncan 1972; Kieser 1974). Andere Autoren dagegen betrachten in diesem Zusammenhang hingegen die ex-ante Einschätzbarkeit einer Leistung (vgl. Homburg/Kebbel 2001, S. 481; Burnham/Freis/Mahajan 2003, S. 112; Panne 1977, S. 68; Möller/Laaksonen 1986; Dawes/Lee 1996, S. 12). Maßgeblich für die vorliegende Arbeit ist insbesondere die

Schwierigkeit des Kunden, die wesentlichen Eigenschaften einer Leistung vor dem Kauf einzuschätzen. Denn aufgrund erschwerter Beurteilungsmöglichkeiten steigen mit zunehmender Leistungskomplexität die Informationsasymmetrie und das wahrgenommene Risiko des Kunden (vgl. Kaas/Busch 1996, S. 243 ff.; Ostrom/Iacobucci 1995, S. 19 ff.; Holak/Lehman 1990, S. 63). Die Leistungskomplexität wurde als Determinante der Wechselkosten von Kunden vielfach untersucht (vgl. z.B. Burnham/Freis/Mahajan 2003; Wernerfelt 1985). In Anlehnung an die o.g. Quellen definieren wir daher die *Leistungskomplexität* als die Anzahl unterschiedlicher Bestandteile einer Leistung sowie als das Ausmaß des Problems der ex-ante Einschätzbarkeit der Leistung.

Die Operationalisierung des Konstrukts erfolgt angelehnt an die Skala von Cannon/Homburg (2001) mit drei Indikatoren (vgl. Tabelle 4-24). Die verfügbaren Gütekriterien deuten auf eine gute Modellanpassung hin.

Informationen zu den Indikatoren des Faktors			
Bezeichnung der Indikatoren	Item to Total-Korrelation	Indikator-reliabilität	t-Wert der Faktorladung
Inwieweit treffen folgende Aussagen auf Ihre Produkte/Dienstleistungen zu?			
Unsere Produkte/Dienstleistungen ...			
... sind von hoher Komplexität.	0,65	0,69	27,24
... sind nicht einfach zu verstehen.	0,57	0,48	27,24
... bestehen aus vielen Teilen/Teilleistungen.	0,54	0,41	27,24

Informationen zum Faktor			
Cronbachsches Alpha:	0,75	Erklärte Varianz:	67,8%
χ^2-Wert (Freiheitsgrade):		AGFI:	
GFI:		RMSEA:	
CFI:		Durchschnittlich erfasste Varianz:	0,52
Faktorreliabilität:	0,77		

Tabelle 4-24: Informationen zum Faktor „Leistungskomplexität“

Auch Merkmale des Anbieters können die Beziehung zwischen Gestaltungsvariablen und Akquisitionserfolg moderieren. In der vorliegenden Arbeit soll die moderierende Wirkung der Qualität der Mitarbeiter und der Qualität des Informationsmanagements untersucht werden. Anhaltspunkte für die Bedeutung dieser Variablen lassen sich aus der Forschung zum Vertriebsmanagement und persönlichen Verkauf (vgl. Weitz/Sujan/Sujan 1986) sowie aus der Informationsökonomie ziehen (vgl. Abschnitt 2.5.2). Die Konzeptualisierung und Operationalisierung dieser Konstrukte wurde bereits in den Abschnitten 4.2 und 4.3.3 vorgenommen.

4.7 Kontrollvariablen

Nachdem Gestaltungsvariablen, Erfolgsgrößen und Moderatoren vorgestellt worden sind, soll im Folgenden auf die Kontrollvariablen im Untersuchungsmodell eingegangen werden.

Das Hauptziel der vorliegenden Arbeit ist die branchenübergreifende Untersuchung der Erfolgsfaktoren der Neukundenakquisition. Dabei sollte sichergestellt sein, dass Erfolgsunterschiede tatsächlich auf eine unterschiedliche Gestaltung der Neukundenakquisition und nicht auf andere Effekte zurückzuführen sind. Diese anderen Effekte können dadurch kontrolliert werden, dass Variablen mit bekannter Wirkung auf die Erfolgsgrößen als Kontrollvariablen in das Modell integriert werden.

Die Auswahl der Kontrollvariablen folgt Erkenntnissen aus der Strategie- und Marketingforschung (vgl. Bello/Lohtia/Dant 1999; Parvatiyar/Sheth/Whittington 1992; Porter 1980; Slater/Narver 1994). So konstatieren beispielsweise Fornell/Wernerfelt (1987, S. 337): „In the face of increasing competition, maturing industries or shrinking markets, offensive objectives become increasingly difficult to meet."

Das *Marktwachstum* stellt eine erste wichtige Kontextvariable für die Marktbearbeitung von Unternehmen dar (vgl. Narver/Slater 1990, S. 20) und ist definiert als die geschätzte jährliche Wachstumsrate des gesamten Absatzmarktes der Branche (vgl. Slater/Narver 1994). Das Marktwachstum hat gerade für die Neukundenakquisition eine große Bedeutung, denn wachsende Märkte bieten Unternehmen ein großes Potenzial zur Gewinnung neuer Kunden (vgl. Belz 1998, S. 278 f.; Mühlmeier 2004, S. 157 ff.). Der Akquisitionserfolg bei starkem Marktwachstum sollte also unabhängig von der Gestaltung des Managements der Neukundenakquisition höher ausfallen. Die Literatur zur Neukundenakquisition betont daher die großen Unterschiede zwischen der Neukundenakquisition in wachsenden Märkten und in reifen sowie rückläufigen Branchen (vgl. Karg 2001, S. 21 ff.; Belz 2002, S. 141).

Das Marktwachstum wurde über einen Indikator gemessen. Dieser erfasst die durchschnittliche jährliche Wachstumsrate des Absatzmarktes der betrachteten Geschäftseinheit bzw. des betrachteten Unternehmens in den letzten drei Jahren (vgl. auch Homburg/Workman/Krohmer 1999, S. 15; Slater/Narver 1994, S. 51).

Im engen Zusammenhang zum Marktwachstum steht die *Wettbewerbsintensität*. Denn insbesondere in stagnierenden und schrumpfenden Märkten sehen sich Unternehmen einem hohen Wettbewerbsdruck ausgesetzt. In der Wettbewerbsintensität sieht beispielsweise Porter (1999) eine wichtige Erfolgsdeterminante. Eine hohe Wettbewerbsintensität dokumentiert sich häufig in Preiskämpfen oder aggressiven und kostspieligen Kommunikations- und Vertriebsanstrengungen. Aktionen richten sich generell unmittelbar gegeneinander und eigene Akquisitionserfolge sind nur über Marktanteilsverluste der Wettbewerber realisierbar (vgl. Göttgens 1996, S. 144). Darüber hinaus haben Kunden in einem durch starken Wettbewerb gekennzeichneten Anbietermarkt vielfältige Möglichkeiten, ihre Bedürfnisse zu befriedigen (vgl. Jaworski/Kohli 1993, S. 57; Mühlmeier 2004, S. 157 ff.). Bei hoher Wettbewerbsintensität wird die Akquisition neuer Kunden daher insgesamt schwieriger und teurer (vgl. Parvatiyar/Sheth/Whittington 1992).

Die *Marktdynamik* (vgl. auch Abschnitt 4.6.1) gehört zu den in der Marketingforschung besonders häufig untersuchten Einflussgrößen (vgl. z.B. Kohli/Jaworski 1990; Pelham/Wilson 1996). Sie erfasst die Häufigkeit wettbewerbs- und kundenseitiger Veränderungen im Markt. Für den Anbieter wird es dadurch tendenziell schwieriger, auf Maßnahmen des Wettbewerbs zu reagieren und den Kundenanforderungen zu entsprechen (vgl. Mühlmeier 2004, S. 159 ff.). Dadurch wird die Neukundenakquisition erschwert. Andererseits erhöht die Marktdynamik aber auch die Unsicherheit der Kunden. Dies führt dazu, dass die Kunden mehr Informationen zu neuen Anbietern sammeln (vgl. Hakansson/Johanson/Wootz 1977, S. 330; Heide/Weiss 1995, S. 31). Die Neukundenakquisition könnte dadurch tendenziell vereinfacht werden (Für die Operationalisierung dieser Konstrukte verweisen wir auf Abschnitt 4.6).

Neben diesen marktbezogenen Determinanten gibt es auch anbieterbezogene Faktoren, die die Neukundenakquisition beeinflussen können. Hierzu zählt der *Marktanteil* des Anbieters. Die Erfolgswirkungen des Marktanteils wurden insbesondere im Rahmen der strategischen PIMS-Forschung untersucht (vgl. Buzzell/Gale/Sultan 1975, S. 99; Philips/Chang/Buzzell 1983; Aaker/Jacobsen 1985; Cronin/Page 1988, S. 65 ff.). Die PIMS-Forschung zeigt, dass ein hoher relativer Marktanteil einen stark positiven Einfluss auf den ROI von Unternehmen hat. Dies hat vielfältige Ursachen. Unter anderem wird dieser Effekt der Risikoaversion von Kunden zugeschrieben (vgl. Göttgens 1996, S. 73). Denn Kunden kaufen lieber bei großen, bekannten Unternehmen. Peters/Waterman (1982) sprechen in diesem Zusammenhang vom „IBM-Effekt“: Wenn man IBM-Produkte kauft, kann man nichts falsch machen, weil eine Mehrheit nicht falsch liegen kann. Der Akquisitionserfolg sollte demnach bei einem hohen Marktanteil höher ausfallen. Hinweise auf die Wirkung des Marktanteils auf Kaufentscheidungen von Kunden lassen sich auch aus den Untersuchungen von Zeithaml (1988) und Kumar/Grisaffe (2004) ziehen. So analysieren Kumar/Grisaffe (2004) in ihrer

Studie, dass das Anbietermerkmal „wahrgenommene Führungsposition in der Branche" einen positiven Effekt auf die Kaufentscheidung von Kunden zugunsten des Anbieters hat (vgl. Grisaffe/Kumar 1998, S. 6). Die Autoren begründen dies dadurch, dass ein hoher Marktanteil zu einer positiveren Bewertung des Angebots durch den Kunden führt und damit die Kaufwahrscheinlichkeit erhöht (vgl. Kumar/Grisaffe 2004, S. 49). In Anlehnung an Kumar/Grisaffe (2004) und Greenley/Foxall (1998) operationalisieren wir den Marktanteil des Anbieters über ein Item: „Wie hoch ist der Marktanteil Ihres Unternehmens heute?"

Die letzte Kontrollvariable im Modell stellt der *Kundenbindungserfolg* dar. Dieser ist wie der Akquisitionserfolg eine unternehmensbezogene Markterfolgsgröße (vgl. Narver/Slater 1990). Der Kundenbindungserfolg wird in das Untersuchungsmodell integriert, um die Wirkung des Akquisitionserfolgs auf den Unternehmenserfolg in Relation zur Kundenbindung untersuchen zu können. Dies dient der Beantwortung von Forschungsfrage 3.

In Anlehnung an Narver/Slater (1990) wird der Kundenbindungserfolg definiert als das Ausmaß der erzielten Kundenzufriedenheit und Kundenbindung. Im Gegensatz zu den anderen Kontrollvariablen, die einen direkten Einfluss auf den Akquisitionserfolg haben, wirkt der Kundenbindungserfolg auf den Unternehmenserfolg (vgl. auch Abbildung 2-1).

Der Kundenbindungserfolg wird über zwei Indikatoren operationalisiert (vgl. Tabelle 4-25). Diese wurden auf einer Skala von 1 bis 7 (deutlich schlechter/besser als der Wettbewerb) gemessen. Die Messung des Konstrukts ergibt gute Ergebnisse für die verfügbaren Gütemaße.

Informationen zu den Indikatoren des Faktors				
Bezeichnung der Indikatoren		Item to Total-Korrelation	Indikator-reliabilität	t-Wert der Faktorladung
Wie hat Ihr Unternehmen/Ihre Geschäftseinheit im Vergleich zu Ihren Wettbewerbern in den folgenden Bereichen in den letzten drei Jahren abgeschnitten?				
Erzielen von Kundenzufriedenheit		0,62	0.5	19
Binden von Bestandskunden		0,62	0.78	18,65
Informationen zum Faktor				
Cronbachsches Alpha:	0,77	Erklärte Varianz:		81,1%
χ^2-Wert (Freiheitsgrade):		AGFI:		
GFI:		RMSEA:		
CFI:		Durchschnittlich erfasste Varianz:		0,63
Faktorreliabilität:	0,77			

Tabelle 4-25: Informationen zum Faktor „Kundenbindungserfolg"

5. Hypothesen und Ergebnisse der empirischen Untersuchung

Nachdem unsere Messmodelle vorgestellt und empirisch validiert wurden, sollen im Folgenden die Hypothesen zu Wirkungsbeziehungen im Untersuchungsmodell aufgestellt und anschließend empirisch überprüft werden.

Dabei betrachten wir zunächst das gesamte Untersuchungsmodell (Gesamtmodell). Zur Reduzierung der Modellkomplexität werden bestimmte Konstrukte zu Faktoren zusammengefasst und somit in aggregierter Form im Modell untersucht. Dies ist insbesondere aus methodischer Sicht sinnvoll, da damit das Verhältnis der Anzahl zu schätzender Parameter zum Stichprobenumfang verbessert wird, das einen wichtigen Qualitätsindikator für die Parameterschätzung darstellt (vgl. Bagozzi/Yi 1988; Homburg/Baumgartner 1995a; Baumgartner/Homburg 1996). Eine reflektive Verdichtung erfolgte für den Faktor *Qualität der Mitarbeiter*, der aus den beiden Konstrukten *Verkaufskompetenz* und *kundenorientiertes Verkaufsverhalten* gebildet wird. Die Verdichtung des übergeordneten Faktors *interne Akquisitionsunterstützung* erfolgt formativ, indem die Durchschnittswerte der zugrunde liegenden Konstrukte gebildet wurden.

Die detailliertere Untersuchung von Wirkungsbeziehungen zu den beiden verdichteten Faktoren erfolgt dann im Rahmen der beiden Partialmodelle *Qualität der Mitarbeiter* (Partialmodell I) und *Gestaltung der internen Akquisitionsunterstützung* (Partialmodell II). Die Hypothesenentwicklung und -überprüfung erfolgt im Gesamtmodell (vgl. Abschnitt 5.1) und in den Partialmodellen (Abschnitte 5.2 und 5.3) gleichzeitig für Haupt- und moderierende Effekte. Auf letztere wird im Zusammenhang mit den interessierenden Haupteffekten eingegangen. An dieser Stelle sei darauf hingewiesen, dass vor dem Hintergrund der großen Forschungslücken zur Neukundenakquisition nicht jede Hypothese vollständig auf frühere Studien oder theoretische Grundlagen zurückgeführt werden kann. Daher werden einzelne Hypothesen auf Basis von Plausibilitätsüberlegungen abgleitet (vgl. zu diesem Vorgehen Homburg 2000, S. 63 f.).

5.1 Gesamtmodell

5.1.1 Hypothesenformulierung

5.1.1.1 Ressourcenallokation und Akquisitionserfolg

Die erste Hypothese im Gesamtmodell bezieht sich auf den Zusammenhang zwischen der Ressourcenallokation und dem Akquisitionserfolg. Ein positiver Zusammenhang wird gemeinhin als selbstverständlich angenommen. Dies erscheint insbesondere hinsichtlich der positiven Wirkung eines erhöhten Kommunikations- und Vertriebsdrucks (zur Steigerung der Bekanntheit und Akquisitionsquoten) plausibel. Unternehmen, die ein erhöhtes Maß ihrer Ressourcen z. B. in Werbung investieren, erzielen eine erhöhte Bekanntheit und einen verstärkten Erinnerungseffekt und damit auch einen erhöhten Markterfolg (vgl. Leeflang/Wittink 1996). Die positive Wirkung zusätzlicher Ressourcen auf den Markterfolg ist im Rahmen der Strategie- und New-Venture-Literatur vielfach untersucht worden (vgl. Mishina/Pollock/Porac 2004; Bamford et al. 2000; Cooper/Gimeno-Gascon/Woo 1994). So kommen Mishina/Pollock/Porac (2004, S. 1182) zu dem Schluss: „[...] more abundant firm resources will lead to faster growth." Hinsichtlich der Wirkung einer erhöhten Ressourcenallokation auf den Verkaufserfolg lassen sich empirische Hinweise von Krafft et al. (2000) heranziehen: Im Rahmen des praxisorientierten Vertriebsinformations-Panels (VIP) zeigen die Autoren, dass Unternehmen, die relativ viele Ressourcen (Vertriebsbesuche, Werbung) in den Verkauf und in die Neukundenakquisition investieren, einen überdurchschnittlichen Verkaufserfolg aufweisen.

Auf der anderen Seite gilt aber auch, dass ein erhöhter Ressourceneinsatz zu Ineffizienzen führen kann (vgl. Mishina/Pollock/Porac 2004; Penrose 1959). Gleichwohl gehen wir von einem insgesamt positiven Effekt aus und formulieren deshalb folgende Hypothese:

H_1: *Je höher die Ressourcenallokation für die Neukundenakquisition, desto höher ist der Akquisitionserfolg.*

5.1.1.2 Qualität der Mitarbeiter und Akquisitionserfolg

Wir kommen nun zur Formulierung von Hypothesen zum Zusammenhang zwischen der Qualität der Mitarbeiter und dem Akquisitionserfolg. Als theoretische Bezugspunkte zur Ableitung der folgenden Hypothesen dienen die Informationsökonomie und der ressourcenbasierte Ansatz.

Die Bedeutung der Qualität der Mitarbeiter für den Verkaufserfolg wird insbesondere in der Forschung zum persönlichen Verkauf häufig betont (vgl. Abschnitt 2.3.1.1). Die Qualität der Mitarbeiter spielt gerade im Rahmen der ersten Kontakte zwischen Anbieter und Kunde eine herausragende Rolle (vgl. Wilson 1975). So können Goff et al. (1997, S. 175) sowie Brown (1995, S. 177 ff.) empirisch zeigen, dass ein positiver Eindruck von den Mitarbeitern des Anbieters zu einer positiven Bewertung der Leistung durch den Kunden führt. Engelhardt/Kleinaltenkamp/Reckenfelderbäumer (1993, S. 419) unterstreichen: „Der Eindruck, den der Kunde von Mitarbeitern [...] des Anbieters gewinnt, entscheidet darüber, ob ein Absatzvorgang zustande kommt." Denn gerade in den ersten Kontakten mit einem neuen Anbieter und in Ermangelung einer fundierten Wissens- und Informationsbasis zu dessen Leistungsfähigkeit ziehen potenzielle Neukunden die Mitarbeiter des Anbieters zur Leistungsbeurteilung heran. Kroeber-Riel/Weinberg (2003, S. 298 f.) spricht in diesem Zusammenhang von einem „indikatorgeleiteten Urteilsprozess": Die Ausprägung einzelner wahrnehmbarer Aspekte wird verallgemeinert und ersatzweise herangezogen, um einen potenziellen Lieferanten zu beurteilen.

Einer ähnlichen Argumentation folgt die Informationsökonomie (vgl. auch Abschnitt 2.5.2). Gerade beim Kauf bei einem neuen Anbieter empfinden Kunden eine erhöhte Unsicherheit. Erst nach Abbau dieser Unsicherheit auf ein für den Kunden akzeptables Niveau kommt es zu einem erstmaligen Verkaufsabschluss. Dabei haben kompetente Verkaufsmitarbeiter einen wesentlichen Einfluss auf die Reduktion dieser Unsicherheit. Denn zum einen spielen sie bei der *Übermittlung* unsicherheitsreduzierender Signale eine wichtige Rolle (vgl. Ringbeck 1986, S. 104). Die Informationsökonomie deutet darauf hin, dass Kunden Signaling-Maßnahmen von Mitarbeitern mit hoher Kompetenz eher wahrnehmen, als Signale von Mitarbeitern mit geringer Kompetenz (vgl. Stock 2001, S. 84). Zum anderen stellen die Mitarbeiter aber auch selber ein häufig herangezogenes „*Informationssubstitut*" zur Reduktion der Unsicherheit dar (vgl. Rosada 1990, S. 116). Wie in Abschnitt 2.5.3 dargestellt wurde, wird der Faktor *Mitarbeiter* überdies im Rahmen des ressourcenbasierten Ansatzes als wertvolle Ressource betrachtet, die Erfolgspotenziale für Unternehmen erschließen kann. Eine entsprechende Erfolgswirkung ist auch für die in hohem Maße personalintensive Neukundenakquisition zu erwarten.

Weitz (1981, S. 87) weist allerdings darauf hin, dass die empirischen Nachweise der Beziehung zwischen Mitarbeiter-Fähigkeiten und dem Verkaufserfolg teilweise in verschiedene Richtungen gehen und mitunter widersprüchlich sind: „The relationship between capabilities and performance [...] is quite inconsistent, and in some cases, even contradictory." Gleiches gilt nach Weitz (1981, S. 87) für Studien zur Beziehung zwischen Verkaufsverhalten und Verkaufserfolg.

Auf Basis der vorher genannten Überlegungen lautet dennoch unsere Hypothese:

H_2: Je höher die Qualität der Mitarbeiter, desto höher ist der Akquisitionserfolg.

Neben diesem Haupteffekt erwarten wir auch *moderierende Effekte*, die auf die Beziehung zwischen der Qualität der Mitarbeiter und dem Akquisitionserfolg wirken. Bei der Untersuchung von moderierenden Effekten geht es um die Untersuchung von Bedingungen, unter denen der Zusammenhang zwischen Gestaltungsvariablen und dem Akquisitionserfolg verstärkt oder abgeschwächt wird. Hier nehmen wir also an, dass die Beziehung zwischen der Qualität der Mitarbeiter und dem Akquisitionserfolg nicht immer gleich stark ist. Insbesondere wenn sich Anbieter einer hohen *Kundenheterogenität* gegenüber sehen, stellt dies erhöhte Anforderungen an die Mitarbeiter im Verkauf. Der erfolgreiche Umgang mit dieser Heterogenität durch den Mitarbeiter (z.B. das Erkennen der leistungs- und verkaufsprozessbezogenen Bedürfnisse) ist ein wichtiger Wettbewerbsvorteil (vgl. Szymanski 1988; Rackham/DeVincentis 1998). Je heterogener die Kunden sind, desto schwieriger ist es, eine zentral vorgegebene Systematik zu finden, wie die Kunden akquiriert werden können. Je heterogener die Kunden sind, desto stärker obliegt das „Screening" (vgl. Abschnitt 2.5.2) dem einzelnen Mitarbeiter. Gute Mitarbeiter „an der Kundenfront" werden dann zum zentralen Erfolgsfaktor. Insbesondere zur wirksamen Unsicherheits- und Risikoreduktion des Kunden ist es notwendig, die eigene Marktbearbeitung auf den einzelnen Entscheidungsträger abzustimmen (vgl. Immes 1993, S. 253; Beverland 2001, S. 211). Vor diesem Hintergrund lässt sich folgende Hypothese formulieren:

H_{2a}: Der Zusammenhang zwischen der Qualität der Mitarbeiter und dem Akquisitionserfolg ist um so stärker, je höher die Kundenheterogenität ist.

Im Einklang mit der Forschung zum persönlichen Verkauf schreiben wir einen weiteren wichtigen moderierenden Einfluss der *Leistungskomplexität* zu (vgl. z. B. Saxe/Weitz 1982). Die Leistungskomplexität im Kontext der Interaktion zwischen Anbieter und Kunde wurde in der Forschung häufig untersucht (vgl. u. a. Engelhardt/Kleinaltenkamp/Reckenfelderbäumer 1993, S. 402; Stock 2001, S. 97 ff.; Werner 1997, S. 71). Zur Hypothesenbildung lassen sich auch hier die Informationsökonomie sowie die Risikotheorie heranziehen. Demnach führt eine erhöhte Leistungskomplexität zu einer erhöhten Unsicherheit bzw. erhöhtem Risiko und damit zu gesteigertem Informationsbedarf des Kunden (vgl. Kaas 1990, S. 541 f.; Ostrom/Iacobucci 1995, S. 25). Kunden sind entsprechend in erhöhtem Maße auf die Informationen des Anbieters und seiner Mitarbeiter angewiesen (vgl. Crane/Clark 1988, S. 57). Dies erfordert Mitarbeiter, die in der Lage sind, komplexe Tatbestände zu erklären und die erhöhte Unsicherheit des Kunden wirksam zu reduzieren (vgl. Sharma/Pillai 1996, S. 28 f.; Crosby/Evans/Cowles 1990, S. 74). Da darüber hinaus eine vollständige Beurteilung komplexer Leistungen schwierig ist, orientieren sich die Kunden anhand alternativer, leichter bewertbarer Faktoren (vgl. Goff et al. 1997, S. 172; Immes 1993, S. 101). Solche Faktoren stellen insbesondere die Mitarbeiter des Anbieters dar (vgl. Crane/Clarke 1988, S. 57; Engelhardt/Schwab 1982, S. 508). Unterstützung erfährt die Annahme einer moderierenden Wirkung der Leistungskomplexität ferner aus der Forschung zu den Erfolgsfaktoren der Markteinführung (vgl. Cooper et al. 1994), wo nachgewiesen werden konnte, dass gerade bei sehr komplexen Leistungen ein gut ausgebildetes Verkaufspersonal einen starken Einfluss auf den Verkaufserfolg neuer Produkte ausübt.

Es wird daher folgende Hypothese aufgestellt:

H_{2b}: Der Zusammenhang zwischen der Qualität der Mitarbeiter und dem Akquisitionserfolg ist um so stärker, je höher die Leistungskomplexität für den Kunden ist.

5.1.1.3 Interne Akquisitionsunterstützung und Akquisitionserfolg

Im Folgenden formulieren wir eine Hypothese zum Zusammenhang zwischen der internen Akquisitionsunterstützung und dem Akquisitionserfolg.

Eine integrative Erfassung und empirische Überprüfung unterschiedlicher Maßnahmen und Elemente der internen Akquisitionsunterstützung ist bislang zwar nicht erfolgt (vgl. Haas 2003b, S. 23). Wie die Literaturbestandsaufnahme zeigen konnte, wurden einzelne Gestaltungsfelder im Rahmen der Forschung zur Neukundenakquisition aber durchaus empirisch untersucht. So konnte Gelbrich (2001) beweisen, dass eine wertorientierte Priorisierung von Neukunden den Unternehmenserfolg erhöht. Kohrmann (2003) zeigt, dass eine bedürfnisorientierte Segmentierung sowohl die Effizienz als auch die Effektivität der Neukundenakquisition positiv beeinflusst. Auf Basis von Fallstudien weist Karg (2001) nach, dass die Segmentierung und die Kontrolle wichtige Erfolgsfaktoren für die Neukundenakquisition darstellen. Mühlmeier (2004, S. 85) identifiziert informationsbezogene

Erfolgsfaktoren der Neukundenakquisition. Diese Erkenntnisse werden auch durch die durchgeführten Expertengespräche gestützt.

Die Erfolgsrelevanz einer internen Verkaufsunterstützung wird darüber hinaus durch empirische Ergebnisse aus der Forschung zum Vertriebsmanagement unterstrichen. Babakus et al. (1996) und Baldauf/Cravens (2003) zeigen, dass die adäquate Gestaltung der Anreizsysteme einen positiven Einfluss auf den Verkaufserfolg hat. Hesse/Evanschitzky (2004) weisen nach, dass ein systematisches Controlling ein wesentlicher Erfolgsfaktor des Verkaufserfolgs ist. Brandt (1998) und Johnson/Bharadwaj (2005) wiederum unterstreichen die positive Wirkung einer IT-gestützten Verkaufsunterstützung. Die Wirkung der personellen Verkaufsunterstützung wird z. B. durch Helfert (1998), Moon/Gupta (1997) sowie Krafft et al. (2000) belegt.

Schließlich können auch die Überlegungen zum ressourcenbasierten Ansatz die Annahme der Erfolgswirkung unterschiedlicher Elemente der internen Akquisitionsunterstützung stützen. Wie in Abschnitt 2.5.3 gezeigt wurde, können insbesondere das Informationsmanagement und das Anreizsystem als Ressourcen, die die Basis für Wettbewerbsvorteile im Rahmen der Neukundenakquisition darstellen, angesehen werden.

Basierend auf den genannten Erkenntnissen und Überlegungen kann somit ein positiver Zusammenhang zwischen der Qualität der internen Akquisitionsunterstützung und dem Akquisitionserfolg angenommen werden. Unsere Hypothese lautet daher:

H_3: Je höher die Qualität der internen Akquisitionsunterstützung, desto höher ist der Akquisitionserfolg.

5.1.1.4 Akquisitionsansätze und Akquisitionserfolg

Wir kommen nun zur Formulierung der Hypothesen zum Zusammenhang zwischen der Nutzung unterschiedlicher Akquisitionsansätze und dem Akquisitionserfolg. Wie in Abschnitt 4.4 beschrieben, steht die Wahl des Akquisitionsansatzes für den grundsätzlichen Mechanismus zur Akquisition neuer Kunden.

Die erste Hypothese bezieht sich auf die Wirkung des *Leistungsfokus*. Wie in Abschnitt 4.4.1 beschrieben, beruht die Akquisition neuer Kunden bei diesem Ansatz auf dem Angebot im Vergleich zum Wettbewerb überlegener Leistungen (vgl. Gouthier 2004a, S. 592). Auch ohne existierende empirische Befunde ist es plausibel anzunehmen, dass die Akquisition über überlegene Leistungen den Akquisitionserfolg steigern kann. Dass eine

Leistungsüberlegenheit das Interesse potenzieller Kunden wecken und ihre Unsicherheiten reduzieren kann, wird im Rahmen der Adoptionsforschung empirisch belegt (vgl. Rogers 1995; Rogers/Shoemaker 1971). Auch die Adoptionsentscheidung von Kunden gegenüber neuen Produkten ist, wie der Erstkauf bei einem neuen Anbieter, von erhöhter Unsicherheit geprägt. In diesem Kontext ist die relative Leistungsüberlegenheit eine entscheidende Einflussgröße der Adoptionsentscheidung von Kunden gegenüber neuen Produkten (vgl. Rogers 1995).

Die Effizienz der Neukundenakquisition wird in unserer Untersuchung unter anderem von der Angemessenheit der Aufwendungen (vgl. Abschnitt 4.5.1) bestimmt. Diese ist abhängig davon, ob gewonnene Kunden nach erfolgter Akquisition wieder abspringen. Gouthier (2004a, S. 592) argumentiert, dass durch überlegene Leistungen gewonnene Neukunden eine erhöhte Zufriedenheit und geringere Dissonanzen und damit ein vermindertes Wechselrisiko aufweisen. Auf dieser Basis formulieren wir folgende Hypothese:

H_4: Je ausgeprägter die Akquisition über den Leistungsfokus, desto höher ist der Akquisitionserfolg.

Ein weitere Hypothese bezieht sich auf den Akquisitionsansatz *Leistungsprogrammbreite*. Zwar existiert bislang keine explizite Untersuchung der Erfolgswirkung eines breiten Leistungsprogramms auf den Akquisitionserfolg. In mehreren Studien aus anderen Forschungsfeldern konnte aber empirisch nachgewiesen werden, dass eine positive Beziehung zwischen Leistungsprogrammbreite und Marktanteil (vgl. Anderson/Zeithaml 1984; Kekre/Srinivasan 1990; Robinson 1988) sowie dem wirtschaftlichen Unternehmenserfolg besteht (vgl. Kekre/Srinivasan 1990; Covin/Slevin/Schultz 1994).

Ein breites Leistungsangebot stellt einen wirklichen Zusatznutzen für den Kunden dar. Es ermöglicht „One-Stop-Shopping“ und kann so die Beschaffung des Kunden erheblich vereinfachen (vgl. Day 1984, S. 29). Balakrishnan/Wernerfelt (1986, S. 352) sprechen sogar von einem „substantial risk“ für den Kunden, wenn sich dieser für einen Anbieter mit einem eingeschränkten Leistungsangebot entscheidet. Entsprechend konnten auch Untersuchungen aus der Forschung zum organisationalen Beschaffungsverhalten (vgl. Abschnitt 2.3.3) zeigen, dass Anbieter mit breiten Leistungsprogrammen gegenüber Anbietern mit eingeschränktem Leistungsspektrum vorgezogen werden (vgl. Hill/Hillier 1977; Bauer 1979; Engelhardt/Günter 1981; Spekmann 1988).

Auch die Informationsökonomie stützt die Annahme der positiven Akquisitionswirkung der Leistungsprogrammbreite. Demnach hat ein breites Leistungsprogramm für Kunden Vorteile, da diese ein solches Angebot als unsicherheitsreduzierendes Signal für eine hohe Kompetenz des Anbieters wahrnehmen (vgl. Specht 1985, S. 79; Wathne/Biong/Heide 2001, S. 57). Auf Basis dieser Überlegungen lautet unsere Hypothese:

H_5: Je ausgeprägter die Akquisition über die Leistungsprogrammbreite, desto höher ist der Akquisitionserfolg.

Die folgende Hypothese widmet sich dem Zusammenhang zwischen dem *Beziehungsfokus* und dem Akquisitionserfolg. Beim Beziehungsfokus erfolgt die Neukundenakquisition über eine hohe Kontaktintensität und einen frühzeitigen, persönlichen und individualisierten Beziehungsaufbau zum potenziellen Neukunden (vgl. Weitz/Bradford 1999, S. 243). Der Beziehungsfokus ermöglicht damit den frühzeitigen Aufbau von Kundenvertrauen und Kundenzufriedenheit (vgl. auch Doney/Cannon 1997, S. 37 ff.). Dies ist in der Anbahnungs- und Anfangsphase einer Geschäftsbeziehung besonders kritisch (vgl. Kennedy/Ferrell/LeClair 2001, S. 74; Leuthesser/Kohli 1995, S. 223 ff.). Insbesondere potenzielle Neukunden sind an einer intensiven Interaktion mit dem Anbieter interessiert, um ihre Unsicherheit gegenüber dem Anbieter und seinen Leistungen abzubauen (vgl. Claycomb/Frankwick 1997, S. 3 f.; Dawes/Lee 1996, S. 12; Hutt/Speh 1984, S. 58).

Eine Vielzahl empirischer Untersuchungen konnte die positive Wirkung einer beziehungsorientierten Verkaufsstrategie auf das Kundenvertrauen und die Kundenzufriedenheit als dem Verkaufserfolg vorgelagerte Größen (vgl. Cannon/Perreault 1999; Clopton 1984; Kellog/Chase 1995; Kennedy/Ferrell/LeClair 2001; Holden 1990) sowie auf den Verkaufserfolg selber (vgl. Evans/Arnold/Grant 1999; Anderson/Lodish/Weitz 1987; Crosby/Evans/Cowles 1990; Helfert 1998) bestätigen.

Das Vertrauen des potenziellen Neukunden wird im Beziehungsfokus über verschiedene Mechanismen aufgebaut: Zum einen bekommt der Nachfrager bei einem solchen „Relational Selling Behavior“ (Boles/Johnson/Barksdale 2000, S. 75; Crosby/Evans/Cowles 1990, S. 71) den Eindruck, dass der Verkaufsmitarbeiter nicht nur auf einen kurzfristigen Verkaufsabschluss abzielt, sondern auch langfristig die Bedürfnisse des Nachfragers decken möchte (vgl. Holden 1990, S. 42). Zum anderen fördert auch die Individualisierung des Kundenkontakts (vgl. Doney/Cannon 1997, S. 40) sowie die Erbringung von Vorleistungen („einseitige vertrauensbildende Maßnahmen“, Haas 2003a, S. 308) im Rahmen des

Beziehungsfokus den Vertrauensaufbau. Denn derartige Aktivitäten gehen mit einem Risiko für den Anbieter einher. Dieses Risiko signalisiert dem Kunden, dass er dem Anbieter vertrauen kann (vgl. Plötner 1999, S. 477). Tomczak/Karg (1999, S. 5 f.) argumentieren daher, dass solche Vorabinvestitionen das beste Instrument für neue Anbieter darstellen, um psychologische Kundenbindungsbarrieren zu überwinden. Das Kundenvertrauen erhöht wiederum die Glaubwürdigkeit des Anbieters und damit dessen Fähigkeit, die Kaufentscheidung des Kunden zu seinen Gunsten zu beeinflussen (vgl. Doney/Cannon 1997, S. 38).

Neben einer hohen Interaktionsintensität zeichnet sich der Beziehungsfokus durch hochwertige persönliche Kontakte aus. Hierzu können Reinartz/Thomas/Kumar (2005, S. 70) zeigen, dass die direkte persönliche Kommunikation verglichen mit anderen Kommunikationsformen den größten positiven Einfluss auf den Akquisitionserfolg (gemessen als Akquisitionswahrscheinlichkeit) aufweist (vgl. auch Moriarty/Spekman 1984, S. 141 ff.). Helfert (1998, S. 57) und Haas (2001, S. 10) können zeigen, dass eine ausführlichere Beratung des Kunden einen positiven Effekt auf den Verkaufserfolg hat.

Auf Basis der Informationsökonomie kann überdies angenommen werden, dass die häufige Interaktion zwischen Mitarbeiter und Kunde und der Austausch von Informationen zu einem besseren gegenseitigen Verständnis und damit zur Reduktion der Unsicherheit des potenziellen Neukunden beiträgt (vgl. Stock 2001, S. 92; Kelley/Thibaut 1978).

Der Beziehungsansatz weist neben den genannten akquisitionsfördernden Effekten aber auch den Nachteil auf, dass er sehr aufwändig ist und dadurch die Akquisitionseffizienz mindern kann. Dieser Nachteil wird aus unserer Sicht durch die vielfältigen Vorteile dieses Ansatzes hinsichtlich Unsicherheitsreduktion, Vertrauensaufbau, persönlichem Informationsaustausch und Individualisierung aber mehr als aufgewogen. Entsprechend lautet die Hypothese:

H_6: *Je ausgeprägter die Akquisition über den Beziehungsfokus, desto höher ist der Akquisitionserfolg.*

Die folgende Hypothese befasst sich mit der Erfolgswirkung des *Kommunikationsfokus*. Von einer positiven Wirkung des Kommunikationsfokus im Rahmen der Neukundenakquisition ist aus mehreren Gründen auszugehen: Wesentlicher Bestandteil des Kommunikationsfokus ist der *Reputationsaufbau* bzw. die *Reputationspflege*. Dies kann nur über ein wiederholtes Signaling erreicht werden (vgl. Kaas 1990, S. 545). Neukunden ziehen die Reputation eines

Anbieters als „Surrogat" für vertrauenswürdige Handlungen des Anbieters in der Vergangenheit heran (vgl. Bouncken 2000, S. 7). Curran/Rosen/Surprenant (1998) sehen in einer guten Reputation eines Anbieters eine zentrale Voraussetzung dafür, dass sich das wahrgenommene Kaufrisiko für den Kunden reduziert und der Aufbau von langfristigen Geschäftsbeziehungen überhaupt erst möglich wird. Durch eine gute Reputation wird nach Auffassung der Autoren v.a. zu Beginn eines Austauschprozesses, also wenn der Kunde über keine oder nur wenig eigene Erfahrung verfügt, der Aufbau von Kundenvertrauen ermöglicht (vgl. auch Gouthier 2004a, S. 595; Bouncken 2000, S. 9). Gerade im Endkundengeschäft, in dem die Reputation eines Anbieters v. a. durch dessen Markenimage bestimmt ist, führt eine gute Reputation a priori zu einer Erhöhung des Vertrauens der Kunden (Bauer/Huber 1997 sprechen hier von der „Vertrauensfunktion von Marken").

Eine gute Reputation hat überdies eine stark unsicherheitsreduzierende Wirkung für die Nachfrager (Adler 1996, S. 126 ff.). Die Reputation kann die Alternativenunsicherheit des Nachfragers in der Phase der Vorauswahl wirksam reduzieren (vgl. Gerhard 1995, S. 220). Wie in Abschnitt 2.5.2 zur Informationsökonomie dargestellt wurde, geht es im Rahmen der aktiven Informationsübertragung (Signaling) aber auch darum, dem Kunden (als dem weniger informierten Austauschpartner) glaubwürdige Informationen zu übertragen. Aus informationsökonomischer Sicht gilt die Reputation eines Anbieters daher auch als ein sehr bedeutendes und glaubwürdiges Signal zur Reduktion der Qualitätsunsicherheit (vgl. Anderson/Sullivan 1993, S. 132; Bearden/Shimp 1982, S. 230 f.). Darüber hinaus gehen Kunden bei einem Anbieter mit einer guten Reputation davon aus, dass er sich gegenüber seinen Kunden fair verhält (vgl. Ganesan 1994, S. 5). Levitt (1965, S. 93) kann schließlich zeigen, dass die Effektivität einer Verkaufspräsentation durch die Reputation des Unternehmens positiv moderiert wird.

Auch *Werbung* hilft bei der Reduktion der Alternativen- und Imageunsicherheit potenzieller Kunden. Die Qualitätsunsicherheit des Kunden kann durch Werbung allerdings nur bei Such- und Erfahrungsleistungen gesenkt werden (vgl. Gerhard 1995, S. 220). Gerade bei den hier betrachteten erklärungsbedürftigen Leistungen mit einem erhöhten Anteil an Erfahrungs- und Vertrauenseigenschaften geht es für den Anbieter um den Einsatz geeigneter Signale zur Unsicherheitsreduktion für den potenziellen Nachfrager (vgl. Adler 1996, S. 209 ff.). Diese nutzen die Werbung daher auch zur Ableitung nützlicher indirekter Informationen. So kann die Höhe der Werbeausgaben als Qualitätssignal und als Indikator für ein gutes Preis-

Leistungs-Verhältnis angesehen werden (vgl. Nelson 1974, S. 732 ff.; Kirmani/Wright 1989, S. 344 ff.). Diese Annahme stützt sich darauf, dass nur Anbieter mit einer hohen Qualität mit einer Amortisierung ihrer Werbeausgaben über Wiederholungskäufe rechnen können (vgl. Adler 1996, S. 124).

Durch den Kommunikationsfokus erfolgt darüber hinaus eine zielgerichtete Informationsversorgung der potenziellen Neukunden, um bei diesen ein möglichst starkes Kaufinteresse aufzubauen (vgl. Mühlmeier 2004, S. 91 f.). Dadurch wird gewährleistet, dass der potenzielle Neukunde die angebotene Problemlösung im Bewusstsein hat, diese konkret in Erwägung zieht und schließlich in seine Endauswahl bringt. Dies erhöht das Wissenslevel von Kunden zu alternativen Angeboten. Capraro/Broniarczyk/Srivastava (2003) sowie Burnham/Freis/Mahajan (2003) konnten empirisch nachweisen, dass dieses Wissenslevel eine wichtige Einflussgröße der Wechselwahrscheinlichkeit von Kunden ist. Unsere Hypothese lautet daher:

H_7: Je ausgeprägter die Akquisition über den Kommunikationsfokus, desto höher ist der Akquisitionserfolg.

Die folgenden Hypothesen befassen sich mit dem Zusammenhang zwischen einer *stabilen Niedrigpreispolitik* und dem Akquisitionserfolg. Dieser Akquisitionsansatz basiert darauf, dass im Rahmen der meisten Kaufentscheidungen der Preis eine wichtige Rolle spielt. Ein höherer Preis hat aufgrund von Budgetrestriktionen des Kunden meist eine negative Auswirkung auf dessen Bereitschaft, eine Leistung zu kaufen (vgl. Erickson/Johansson 1985, S. 198). Nur wenn der Preis einer Leistung eines neuen Anbieters innerhalb des Preisakzeptanzbereichs des Kunden liegt, wird der Anbieter überhaupt in das Alternativen-Set im Rahmen der Vorauswahlphase aufgenommen (vgl. Gerhard 1995, S. 220; Diller 1997, S. 752). Bei der Entscheidung für einen neuen billigeren Anbieter führt der Preisvorteil zudem zu unmittelbaren Einsparungen und damit zu einem direkten Nutzen für den Kunden. Die traditionelle ökonomische Theorie vertritt daher einen negativen Zusammenhang zwischen Preis und Nachfrage. Nachfrager maximieren ihren Nutzen innerhalb von Budgetrestriktionen und werden bei homogener Produktqualität immer die am niedrigsten bepreiste Variante wählen (vgl. Diller 2000). Doch diese Theorie geht von perfekter Information des Nachfragers aus. In der Realität hat der Kunde aber nur unvollständige Informationen, kann die Qualität der angebotenen Leistung daher nicht beurteilen und wird sich auf andere Ersatzinformationen, wie z. B. den Preis stützen (vgl. Gerhard 1995). Hinsichtlich dieser für die Kaufentscheidung wichtigen Informationsrolle des Preises werden zwei konkurrierende Perspektiven unterschieden. Die *Information Processing-Perspektive* (vgl. Monroe/Dodds 1988, S. 151) vertritt die Annahme, dass Kunden bei niedrigen Preisen von niedriger Qualität ausgehen und von einer entsprechenden Kaufentscheidung absehen. Diese Perspektive geht von einem „faulen" Kunden aus, der die Preisinformation für kognitive „Short-Cuts" (Monroe 2003, S. 54) nutzt. Es gilt also die allgemeine Entscheidungsheuristik: „You get what you pay for". Das Angebot niedriger Preise birgt somit das Risiko, falsche Signale zu senden (vgl. Gouthier 2004a, S. 593; Bruhn 2001, S. 148). Die *Informationsökonomie* argumentiert gegensätzlich. Demnach wird ein niedriger Preis als Signal für hohe Qualität verstanden (vgl. Wathne/Biong/Heide 2001, S. 56; Kirmani/Rao 2000, S. 68). Denn die Informationsökonomie geht von einem rational mitdenkenden Kunden aus, der die impliziten Commitments erfasst, die ein niedriger Preis als Signal mit sich bringt. Diese Kunden erwarten, dass nur Anbieter mit hoher Qualität in der Lage sind, ihre Profitabilität durch Wiederholungskäufe zu erzielen.

Im Einklang mit der Informationsökonomie (und analog zu Wathne/Biong/Heide 2001, S. 56) gehen auch wir davon aus, dass ein niedriger Preis nicht mit geringer Qualität in Verbindung gebracht wird. Darüber hinaus senken niedrige Preise das finanzielle Risiko des Kunden (vgl. Erevelles/Roy/Yip 2001, S. 176; Bearden/Shimp 1982, S. 234 ff.).

Die stabile Niedrigpreispolitik zeichnet sich neben niedrigen Preisen auch durch die Stabilität und Transparenz der angebotenen Preise aus. Dies hat neben der unmittelbaren Ersparnis weitere Vorteile für den Kunden. Es verbessert seine Planbarkeit und erspart ihm Informationskosten. Die Preisstabilität sorgt dafür, dass sich der Kunde darauf verlassen kann, von diesen Niedrigpreisen zu profitieren. Die Preistransparenz wirkt für den Kunden überdies unsicherheitsreduzierend (vgl. Diller 1997, S. 758). Damit fördert dieser Akquisitionsansatz die Preiszufriedenheit und das Preisvertrauen potenzieller Neukunden und damit Faktoren, die wiederum dessen Kaufbereitschaft erhöhen (vgl. Kroeber-Riel/Weinberg 2003, S. 170 ff.).

Die Annahme einer positiven Akquisitionswirkung der stabilen Niedrigpreispolitik wird schließlich durch Wathne/Biong/Heide (2001, S. 60 ff.) gestützt, die empirisch zeigen, dass das Angebot niedriger Preise die beste Strategie eines neuen Anbieters zur Unterminierung bestehender Kundenbeziehungen darstellt. Häufig erwarten Kunden in bestehenden Geschäftsbeziehungen, dass der Anbieter seine Kostenvorteile an sie weitergibt (vgl. Kalwani/Narayandas 1995, S. 5). Neue Anbieter, die niedrige Preise anbieten, erfüllen diese Erwartungen.

Auf Basis dieser Überlegungen lässt sich folgende Hypothese postulieren:

H_8: *Je ausgeprägter die Akquisition über eine stabile Niedrigpreispolitik, desto höher ist der Akquisitionserfolg.*

Eine stabile Niedrigpreispolitik stellt allerdings nicht immer einen wirksamen Akquisitionsmechanismus dar. Auch hier wollen wir daher den moderierenden Einfluss ausgewählter Variablen untersuchen. Einen negativ moderierenden Effekt auf die Erfolgswirkung dieser Strategie schreiben wir der *Marktdynamik* zu. Die Marktdynamik und die damit verbundenen Veränderungen bei Anbietern, Produkten und Preisen im Markt bedeuten eine erhöhte Unsicherheit für Kunden und insbesondere für Nachfrager, die erstmalig bei einem Anbieter kaufen. Diese Veränderungen erhöhen die Unsicherheit der Nachfrager, inwiefern und wie gut die verschiedenen Anbieter und Produktangebote zu ihrer Bedürfnisbefriedigung beitragen können. Nachfrager orientieren sich in solchen Situationen im Rahmen ihrer Kaufentscheidung verstärkt an leicht bewertbaren Ersatzinformationen (vgl. Immes 1993) und „Informationssubstituten" (vgl. auch Abschnitt 2.5.2). Mehrere empirische Studien konnten nachweisen, dass Kaufentscheidungen von Kunden in Situationen, die von erhöhter Unsicherheit gekennzeichnet sind, eher auf dem Eindruck der Mitarbeiter und dem Service und weniger auf dem Preis basieren (vgl. Tullous/Munson 1992; Johnston/Lewin 1996; Puto/Patton/King 1985). Daher lautet eine weitere Hypothese:

H_{8a}: *Der Zusammenhang zwischen der stabilen Niedrigpreispolitik und dem Akquisitionserfolg ist um so schwächer, je höher die Marktdynamik ist.*

Eine negativ moderierende Wirkung erwarten wir auch hinsichtlich der Kundenheterogenität. Denn heterogene Kunden haben unterschiedlichste Bedürfnisse, die eine pauschale Niedrigpreisstrategie nicht adäquat adressieren kann (vgl. Szymanski 1988; Rackham/DeVincentis 1998). Unsere Hypothese lautet daher:

H_{8b}: *Der Zusammenhang zwischen der stabilen Niedrigpreispolitik und dem Akquisitionserfolg ist um so schwächer, je höher die Kundenheterogenität ist.*

Ein gleichfalls negativ moderierender Effekt kann von der *Leistungskomplexität* ausgehen. Leistungskomplexität bedeutet, dass sich die Qualität einer Leistung nicht im Vorfeld einer Kaufentscheidung prüfen lässt. Dies führt zu einem erhöhten Risiko des Kunden. Bei erhöhtem Risiko des Kunden bzgl. der Leistung werden in erhöhtem Maße nichtpreisliche

Entscheidungskriterien herangezogen (vgl. Hakansson/Johanson/Wootz 1977, S. 321 ff.; Johnston/Lewin 1996, S. 2; McQuiston 1998, S. 68). Je höher dieses Risiko ausfällt, desto geringer sind die Chancen von Anbietern, die niedrige Preise anbieten (vgl. Hakansson/Wootz 1979, S. 34). Unsere Hypothese lautet daher:

H_{8c}: *Der Zusammenhang zwischen der stabilen Niedrigpreispolitik und dem Akquisitionserfolg ist um so schwächer, je höher die Leistungskomplexität ist.*

Unsere letzte Hypothese zur Erfolgswirkung von Akquisitionsansätzen betrifft den *Penetrationsfokus*. Beim Penetrationsfokus basiert die Neukundenakquisition auf vorübergehenden Sonderangeboten für Neukunden. Ein solcher Ansatz zur Akquisition neuer Kunden wird häufig angewendet (vgl. Blattberg/Getz/Thomas 2001b, S. 46). Nagle/Holden (2002, S. 267) schreiben: „One of the most important strategic uses of pricing [...] is to induce trial [...]. Since only people who are familiar with a product can become loyal repeat purchasers, inducing potential buyers to make their first purchase is a critical step in building sales." Dem „Penetration Pricing" wird von einigen Wissenschaftlern eine hohe Effektivität zugesprochen (vgl. Dawar/Sarvary 1997, S. 255 ff.; Scott 1976, S. 267). Im Rahmen einer Untersuchung des Kundenverhaltens gegenüber neuen Produkten zeigen beispielsweise Shoemaker/Shoaf (1975, S. 106), dass Penetration Pricing zu verstärkten Versuchskäufen und zu einer erhöhten Produkt-Adoption führt. Blattberg/Getz/Thomas (2001b, S. 46) sehen im „Penetration Pricing" daher ein wirkungsvolles Instrument der Neukundenakquisition.

Aber auch die Informationsökonomie sieht in niedrigen Einführungspreisen ein wirksames Akquisitionsinstrument für Anbieter qualitativ hochwertiger Leistungen (vgl. Kirmani/Rao 2000, S. 68). Für solche Anbieter lohne sich der Einsatz niedriger Akquisitionspreise, um Neukunden zu Versuchskäufen zu motivieren, weil sie sich aufgrund ihrer hohen Qualität Wiederholungskäufen sicher sein können. Ein Anbieter geringerer Qualität ist nicht motiviert, dieses Signal zu verwenden, weil er sich nicht auf Wiederholungskäufe verlassen kann. Ein niedriger Preis ist demnach ein glaubwürdiges Signal für hohe Produktqualität und wirkt verkaufsfördernd (vgl. Wathne/Biong/Heide 2001, S. 56).

Doch neben diesen Vorzügen weist der Penetrationsfokus als Akquisitionsstrategie auch einige Probleme auf. So weist Monroe (2003) darauf hin, dass bei niedrigen Einstiegspreisen Referenzpreise gesetzt werden, die bei einer Anhebung der Preise auf das Normalniveau die Kaufbereitschaft reduzieren. Nachfrager haben eine „Verlustaversion" und werden den durch eine nachträgliche Preiserhöhung induzierten Verlust nicht ohne weiteres hinnehmen (vgl.

Homburg/Krohmer 2006, S. 78). Darüber hinaus besteht die Gefahr, dass die wahrgenommene Preisfairness der Kunden gestört wird, weil der Anbieter den Preis anhebt, ohne dass dies aus Nachfragersicht durch Kostensteigerungen begründet ist (vgl. Pechtl 2003, S. 87). Krafft (2002, S. 230) und Kirmani/Rao (2000, S. 70) weisen zudem darauf hin, dass vorübergehende preisliche Anreize für Neukunden zu Mitnahmeeffekten führen, die den Anbietern keine nachhaltig gebundenen Kunden bescheren. Ein großes Problem des Penetrationsfokus stellt die „Adverse customer selection" dar - „the tendency of the least desirable consumer types to show the highest brand interest" (Banasiewicz 2004, S. 22). Durch ein solches Vorgehen werden nämlich v.a. Kunden gewonnen, die besonders preissensibel sind und ein erhöhtes Abwanderungsrisiko aufweisen (vgl. auch Verhoef/Langerak 2002, S. 72). Krafft führt in diesem Zusammenhang die sog. „Schaukelwerbung" an, in der sich Prämienjäger wechselseitig werben (Krafft 2002, S. 230). Schließlich kann der Penetrationsfokus durch andere Anbieter leicht imitiert werden (vgl. Krafft 2002, S. 233). Auch vor diesem Hintergrund ist von einer stabilen positiven Wirkung auf den Akquisitionserfolg nicht auszugehen.

Bei mehreren im Handel durchgeführten wissenschaftlichen Studien konnte zudem nachgewiesen werden, dass der Penetrationsfokus tatsächlich nur vorübergehend zu einer Absatzzunahme führt, mittelfristig die Absatzwirkung jedoch nachlässt und die Preisbereitschaft absinkt (vgl. Chandon/Wansink/Laurent 2000, S. 65; Hoch/Drèze/Purk 1994, S. 16). Brown (1974, S. 33 ff.) zeigt, dass preisliche Verkaufsförderungsmaßnahmen insbesondere in reifen Märkten zwar Einmalkäufe durchaus anregen können, die vermeintlich gewonnenen Kunden aber häufig schnell wieder abwandern (vgl. auch Pauwels/Hanssens/Siddarth 2002, S. 421 ff.; Knauer 2003, S. 678 ff.).

Neben den genannten Effektivitätsproblemen gehen wir überdies von einer negativen Wirkung auf die Akquisitionseffizienz aus. Denn das „Kaufen" neuer Kunden ist kostspielig. Die Wirtschaftlichkeit der Neukundenakquisition leidet zum einen direkt z.B. durch die gewährten Extra-Rabatte bzw. Sonderkonditionen und zum anderen indirekt durch die o.g. Abwanderungstendenzen der Neukunden bevor tatsächlich rentable Folgegeschäfte erzielt werden können (vgl. Berger/Nasr 1998, S. 29 ff.). Auch Venkatraman (1989, S. 957 ff.) kann zeigen, dass sich eine dem Penetrationsfokus ähnliche "aggressive" Marktbearbeitung negativ auf Profitabilität und Wachstum niederschlägt.

Im Gegensatz zu den anderen Akquisitionsansätzen gehen wir daher von einem negativen Effekt auf den Akquisitionserfolg aus. Die Hypothese lautet:

H_9: Je ausgeprägter die Akquisition über den Penetrationsfokus, desto niedriger ist der Akquisitionserfolg.

5.1.1.5 Zusammenhänge zwischen den Erfolgsgrößen

Die bisher entwickelten Hypothesen haben sich mit der Erfolgswirkung unterschiedlicher Gestaltungsvariablen des Akquisitionsmanagements befasst. Die folgenden Hypothesen widmen sich nun den Zusammenhängen zwischen den betrachteten Erfolgsgrößen im Modell (Forschungsfrage 3). Wie in Abschnitt 2.6 dargestellt, sollen diese Erfolgswirkungen differenziert betrachtet werden. Zunächst widmen wir uns dem Zusammenhang zwischen dem Akquisitionserfolg und dem Wachstumserfolg. Hierbei wird der Kundenbindungserfolg als Kontrollvariable in das Modell integriert, um einen Vergleich der Wirkung der beiden Marketingziele *Akquisition* und *Bindung* auf das Wachstum vorzunehmen. Anschließend wird der Effekt des Wachstumserfolgs auf den wirtschaftlichen Erfolg des Unternehmens untersucht.

Es ist naheliegend, die Akquisition neuer Kunden als einen wichtigen Treiber des Unternehmenswachstums anzusehen (vgl. Haas 2003a, S. 300; Stahl/Matzler 2001, S. 57). Denn die Neukundenakquisition fördert das Wachstum auf zweifache Weise. Zum einen wird das Wachstum durch die unmittelbar aus der Kundenakquisition resultierenden Umsätze gefördert. Zum anderen schafft der Akquisitionserfolg die Basis für zukünftige Kundenbindungs- und Cross-Selling-Potenziale (vgl. Blattberg/Getz/Thomas 2001b, S. 41; Stahl/Matzler 2001, S. 56 f.; Reinartz/Thomas/Kumar 2005, S. 64). Vor diesem Hintergrund sind Blattberg/Getz/Thomas (2001a, S. 66) auch der Auffassung, dass es falsch ist, die Neukundenakquisition als zweitrangiges Marketingziel anzusehen: „Traditional marketing strategies that fail to consider acquisition`s links to retention and add-on selling are also deeply flawed [...]. A retention focused firm that neglects its acquisition strategy will never maximize retention and add-on selling."

Im Rahmen des Vertriebsinformations-Panels zeigen Krafft et al. (2000), dass Unternehmen, die einen hohen Anteil der Verkaufsbesuche und Marketinganstrengungen auf Neukunden konzentrieren und einen hohen Neukundenanteil haben, einen überdurchschnittlichen Unternehmenserfolg aufweisen. Empirische Nachweise zur positiven Wirkung der Neukundenakquisition auf den Unternehmenserfolg (Markterfolg und wirtschaftlicher Erfolg) erbringen ferner Mühlmeier (2004, S. 220 ff.) sowie Reinartz/Krafft/Hoyer (2005, S. 296). Tomczak et al. (1998, S. 53 ff.) können empirisch zeigen, dass stark akquisitionsorientierte Unternehmen ein überdurchschnittliches Umsatzwachstum aufweisen.

Erfolgt die Neukundenakquisition erfolgreich unter Effizienzgesichtspunkten, so kann auch Gelbrich (2001, S. 256 ff.) einen positiven Effekt der Effizienzsteigerung auf den Geschäftserfolg aufzeigen. Auch Stahl/Matzler (2001, S. 57) unterstreichen: „Neben dem Bemühen um Kundenbindung ist auch eine effiziente Akquisition von Neukunden Voraussetzung für langfristigen Unternehmenserfolg."

Von einer positiven Wirkung des Akquisitionserfolgs auf den Wachstumserfolg ist also auszugehen. Daher lautet unsere Hypothese:

H_{10}: *Der Akquisitionserfolg wirkt sich positiv auf den Wachstumserfolg aus.*

Auch hinsichtlich der Erfolgswirkung des Akquisitionserfolgs gehen wir davon aus, dass diese unter bestimmten Bedingungen unterschiedlich stark ausgeprägt ist. So wird häufig argumentiert, dass sich Unternehmen bei erhöhter *Wettbewerbsintensität* aufgrund erschöpfter Neukundenpotenziale stärker auf die profitablere Kundenbindung fokussieren sollten (vgl. Finkelman/Goland 1990, S. 3; Benkenstein/Stuhldreier 1991, S. 642 f.). Andererseits führt gerade eine erhöhte Wettbewerbsintensität dazu, dass selbst bei sehr guter Kundenbindung Kundenverluste unvermeidbar sind und durch die Neukundenakquisition ausgeglichen werden müssen (vgl. Stahl/Matzler 2001, S. 57; Fiala 1998, S. 1127). In vielen umkämpften Märkten mit hoher Wettbewerbsintensität können Wachstumspotenziale zudem nicht mehr durch erhöhte Kundendurchdringung erreicht werden, sondern müssen aus der Neukundenakquisition kommen (vgl. Gouthier 2004a, S. 590; Karg 2001, S. 8 f.). Daher lautet unsere Hypothese:

H_{10a}: *Der Zusammenhang zwischen dem Akquisitionserfolg und dem Wachstumserfolg ist um so stärker, je höher die Wettbewerbsintensität ist.*

Im Rahmen von Forschungsfrage 3 interessiert uns neben der isolierten Wirkung des Akquisitionserfolgs auch seine relative Wirkungsstärke im Vergleich zum Kundenbindungserfolg. Wie bereits in Abschnitt 2.6 vorgestellt, betrachten wir daher den Kundenbindungserfolg als Kontrollvariable. Die Kundenbindung ist viel mehr als eine rein defensive Strategie (vgl. Diller 1995, S. 39) und kann über eine erhöhte

Kundendurchdringung, eine erhöhte Preisbereitschaft der Kunden sowie durch die Ausweitung des Kundenstamms durch Empfehlungen vorhandener Kunden zum Wachstumserfolg erheblich beitragen (vgl. Benkenstein/Stuhldreier 1991, S. 650 ff.). Wir gehen hier also ebenfalls von einem positiven Effekt des Kundenbindungserfolgs auf den Wachstumserfolg aus.

H_{11}: Der Kundenbindungserfolg wirkt sich positiv auf den Wachstumserfolg aus.

Weiterhin unterstellen wir einen positiven Zusammenhang zwischen dem durch den Akquisitions- und Kundenbindungserfolg induzierten Wachstumserfolg und dem wirtschaftlichen Erfolg. Diese Hypothese wird zum einen durch eine Vielzahl von wissenschaftlichen Untersuchungen aus dem Bereich der Marktorientierung gestützt, die einen positiven Zusammenhang zwischen dem Markterfolg und dem wirtschaftlichen Erfolg belegen (vgl. Homburg/Pflesser 2000a; Becker 1999; Anderson/Sullivan 1993; Fornell 1992). Zum anderen konnte auch im Rahmen der strategischen PIMS-Untersuchungen gezeigt werden, dass ein erhöhter (relativer) Marktanteil positiv auf die Profitabilität wirkt (vgl. z.B. Cronin/Page 1988; Buzzell/Gale/Sultan 1975; Philips/Chang/Buzzell 1983; Aaker/Jacobsen 1985). Die PIMS-Forschung argumentiert hier v.a. über die kostensenkende Wirkung von Skaleneffekten. Mit zur vorliegenden Untersuchung vergleichbaren Größen arbeiten schließlich Hooley et al. (2003) sowie Brush/Bromily/Hendrickx (2000). Sie weisen empirisch nach, dass der Wachstumserfolg einen stark positiven Einfluss auf den wirtschaftlichen Erfolg von Unternehmen hat. Daher lautet auch unsere Hypothese:

H_{12}: Der Wachstumserfolg wirkt sich positiv auf den wirtschaftlichen Unternehmenserfolg aus.

In den vorangegangenen Abschnitten haben wir Hypothesen zur Beantwortung unserer Forschungsfragen zu den Erfolgsfaktoren und Erfolgswirkungen der Neukundenakquisition aufgestellt. Insgesamt wurden im Gesamtmodell 12 Hypothesen zu Haupteffekten (vgl. Abbildung 5-1) sowie sechs Hypothesen zu moderierenden Effekten formuliert. Dieses Gesamtmodell stellt die Basis für die Hypothesenprüfung im folgenden Abschnitt dar.

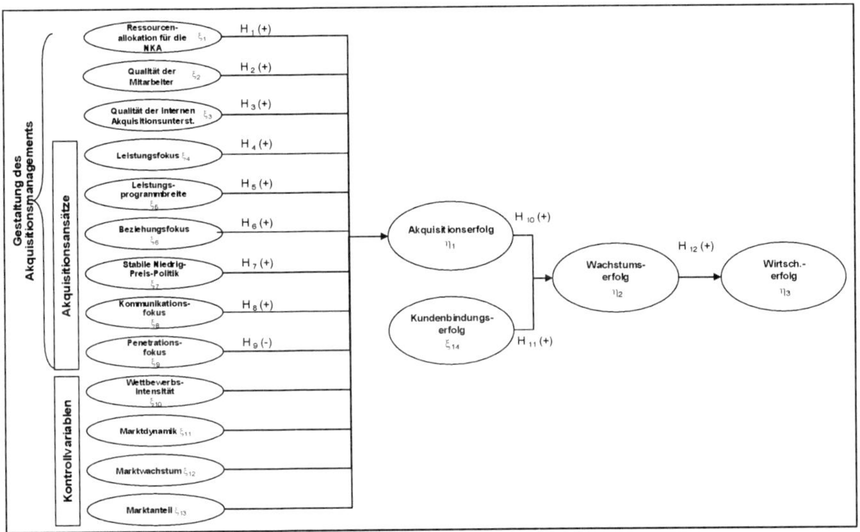

Abbildung 5-1: Hypothesen der Untersuchung im Gesamtmodell

5.1.2 Empirische Überprüfung der Hypothesen

Im Rahmen dieses Abschnittes sollen die empirischen Erkenntnisse im Hauptmodell dargestellt werden. Die aufstellten Hypothesen wurden auf Basis der Kausalanalyse (vgl. Abschnitt 3.2.2) überprüft. Die Hypothesen zu den moderierenden Effekten wurden mittels der Mehrgruppenkausalanalyse (vgl. Abschnitt 3.2.2) überprüft. Das zugrunde liegende Kausalmodell beinhaltet drei endogene Variablen, die den Akquisitionserfolg des Anbieters (η_1), den Wachstumserfolg (η_2) und den wirtschaftlichen Erfolg des Unternehmens (η_3) erfassen. Daneben beinhaltet das Modell 14 exogene Variablen, die die Gestaltungsvariablen im Rahmen des Managements der Neukundenakquisition (ξ_1-ξ_9) sowie die Kontrollvariablen (ξ_{10}-ξ_{13}) umfassen.

Bezüglich der Anpassungsgüte des Modells weisen die globalen Gütemaße gute Werte auf (χ^2/df=1,86; RMSEA=0,059; GFI=0,94; AGFI=0,91; CFI=1), die ausnahmslos innerhalb der in der Literatur empfohlenen Grenzen liegen (Homburg/Giering 1996, Tabelle 2-7). Dies zeigt, dass das Modell die in den Daten vorliegenden Strukturen gut beschreiben kann.

Die quadrierten multiplen Korrelationen der abhängigen Variablen (R^2) weisen ebenfalls zufrieden stellende Werte auf. So können 42 % der Varianz des Akquisitionserfolgs mit Hilfe der im Modell berücksichtigten Parameter erklärt werden (zur Interpretation von Erklärungsgehalten vgl. Homburg/Pflesser 2000b). Dass der Varianzerklärungsanteil trotz der Integration von Kontrollvariablen aber nicht noch höher ausgefallen ist, könnte darauf zurückzuführen sein, dass weitere wichtige, den Akquisitionserfolg erklärende Größen nicht miteingeflossen sind. Hierzu könnte z.B. die Wechselbereitschaft der Kunden gehören. Ein weiterer Grund mag in größeren Branchenunterschieden liegen, denn die betrachteten Branchen weisen trotz konzeptioneller Gemeinsamkeiten erhebliche anbieter- und kundenbezogene Unterschiede auf.

Die Analyse der geschätzten Pfadkoeffizienten zeigt, dass von den zwölf Hypothesen zu den Haupteffekten neun bestätigt werden konnten (vgl. Abbildung 5-2). Alle sechs Hypothesen zu den moderierenden Effekten konnten bestätigt werden.

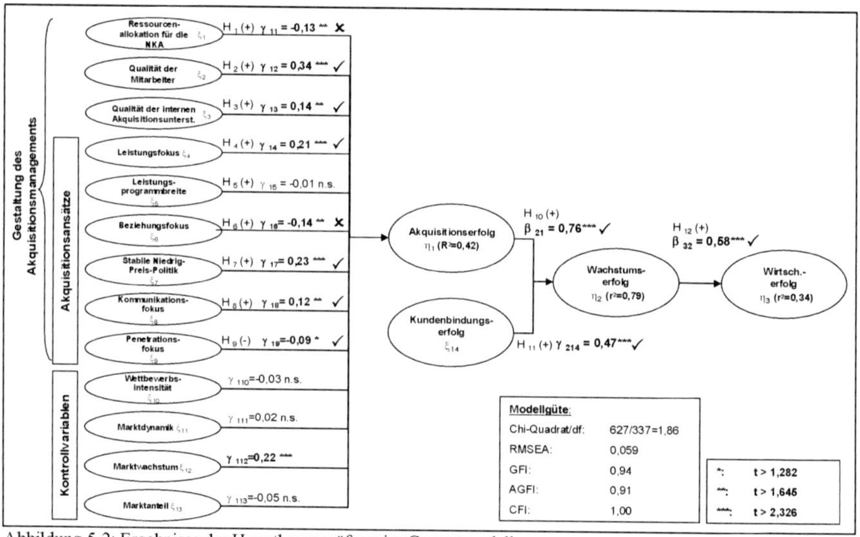

Abbildung 5-2: Ergebnisse der Hypothesenprüfung im Gesamtmodell

Im Folgenden sollen die Erkenntnisse der Hypothesenprüfung für die einzelnen Elemente des Kausalmodells interpretiert werden.

5.1.2.1 Effekte der Ressourcenallokation

Hypothese H_1 kann nicht bestätigt werden. Anstelle des erwarteten positiven Effekts geht von der Ressourcenallokation ein auf dem 5%-Niveau signifikant negativer Effekt auf den Akquisitionserfolg aus. Dies stellt ein ebenso überraschendes wie weitreichendes Ergebnis dar. Es ist offensichtlich nicht die Quantität der investierten Ressourcen, die den Erfolg maßgeblich beeinflusst. Auch die weiteren Ergebnisse im Gesamtmodell deuten stattdessen darauf hin, dass es auf die *Qualität* der eingesetzten Ressourcen ankommt. Ein ähnlicher Zusammenhang konnte einige Male bereits in einem breiteren vertrieblichen Kontext nachgewiesen werden. So fanden Albers (1998, S. 211) und Cravens/LaForge (1983, S. 179) heraus, dass es weniger die Höhe der investierten Ressourcen ist, als die Qualitätsorientierung bzw. Priorisierung in der Ressourcenallokation, die den Verkaufserfolg maßgeblich beeinflusst. Ähnliche Erkenntnisse ergibt auch eine Untersuchung aus dem Bereich der Markteinführung neuer Produkte (vgl. Kuhn 2007). Der negative Effekt der Ressourcenallokation auf den Akquisitionserfolg kann in erster Linie auf eine Effizienzminderung zurückgeführt werden. Bei hohem Ressourceneinsatz erhöht sich die Gefahr des nicht-wirtschaftlichen Umgangs mit diesen Ressourcen. Eine weitere Interpretationsmöglichkeit ist, dass der Ressourceneinsatz für die Neukundenakquisition bereits recht hoch ist und damit Sättigungsgrenzen erreicht worden sind.

Auf eine detaillierte Betrachtung der Ressourcenallokation im Rahmen eines separaten Partialmodells soll vor dem Hintergrund der geringen Varianzerklärung der Ressourcenallokation verzichtet werden.

5.1.2.2 Effekte der Qualität der Mitarbeiter

Hypothese H_2 zur Wirkung der Qualität der Mitarbeiter auf den Akquisitionserfolg wird bestätigt. Von diesem Faktor geht in der Gesamtbetrachtung sogar der stärkste Effekt aus. Dies verdeutlicht die zentrale Rolle der Mitarbeiter für den Akquisitionserfolg. Damit stellt dieses Ergebnis eine akquisitionsspezifische Bestätigung von Reinartz/Krafft/Hoyer (2005, S. 302) dar, die hinsichtlich der „Initiation"-Phase im CRM zum Ergebnis kommen: „[...] in establishing a relationship with a company, potential customers would rather have contact with people than with technology-driven systems."

Auch die Hypothesen zu den moderierenden Effekten konnten bestätigt werden. Hypothese H_{2a} zum positiv moderierenden Einfluss der Kundenheterogenität kann gestützt werden ($\gamma_{niedrig}$=0,19, γ_{hoch}=0,45; $\Delta\ \chi^2$ = 3,9**, p<0,05). Hervorzuheben ist die Stärke des moderierenden Effektes der Kundenheterogenität auf den Zusammenhang zwischen der Qualität der Mitarbeiter und dem Akquisitionserfolg. Während der Einfluss der Mitarbeiterqualität auf den Akquisitionserfolg bei niedriger Kundenheterogenität relativ schwach ausgeprägt ist, ist dieser bei hoher Kundenheterogenität sehr stark. Dieses Ergebnis unterstreicht die Bedeutung qualifizierter Mitarbeiter insbesondere gegenüber potenziellen Neukunden, die sich hinsichtlich ihrer Anforderungen an Produkte und den Verkaufsprozess sowie hinsichtlich ihrer Kaufentscheidungskriterien deutlich voneinander unterscheiden. In solchen Situationen hängt der Verkaufserfolg ganz wesentlich von den Fähigkeiten der Mitarbeiter „an der Kundenfront" ab.

Darüber hinaus kann auch Hypothese H_{2b} zum positiv moderierenden Einfluss der Leistungskomplexität ($\gamma_{niedrig}$=0,27, γ_{hoch}=0,41; $\Delta\ \chi^2$ = 5,6**, p<0,05) bestätigt werden. Wie bei der Kundenheterogenität ist auch hier die Höhe des moderierenden Effektes hervorzuheben. Allerdings wird hier auch deutlich, dass die Mitarbeiter selbst bei geringer Leistungskomplexität einen wichtigen Erfolgsfaktor für eine erfolgreiche Neukundenakquisition darstellen. Diese Ergebnisse verdeutlichen aber insgesamt, wie wichtig gute Mitarbeiter insbesondere in einem schwierigen Umfeld mit heterogenen Kunden und komplexen Leistungen sind.

5.1.2.3 Effekte der internen Akquisitionsunterstützung

Hypothese H_3 nimmt einen positiven Einfluss der internen Akquisitionsunterstützung auf den Akquisitionserfolg an. Ein solcher Einfluss konnte bestätigt werden. Dies verdeutlicht die Relevanz der Integration der internen Akquisitionsunterstützung in ein umfassendes Management der Neukundenakquisition. Auf die Erfolgswirkungen der einzelnen Elemente der internen Akquisitionsunterstützung wird in Abschnitt 5.3 gesondert eingegangen.

5.1.2.4 Effekte der Akquisitionsansätze

Von den sechs aufgestellten Hypothesen zu den Haupteffekten zwischen Akquisitionsansätzen und Akquisitionserfolg konnten lediglich vier bestätigt werden.

Hypothese H_4 wird bestätigt. Der starke positive Effekt des *Leistungsfokus* auf den Akquisitionserfolg belegt nachhaltig, dass überlegene Leistungen eine wichtige Stütze für den Akquisitionserfolg sind. Hypothese H_5 findet dagegen keine empirische Bestätigung. Hier wurde ein positiver Effekt der *Leistungsprogrammbreite* auf den Akquisitionserfolg unterstellt. Diese Hypothesenprüfung ergibt nur einen schwachen, nicht-signifikanten positiven Effekt.

Auch Hypothese H_6 zur positiven Wirkung des *Beziehungsfokus* auf den Akquisitionserfolg konnte nicht bestätigt werden. Hier ergibt sich sogar ein auf dem 5%-Niveau signifikant negativer Effekt auf den Akquisitionserfolg. Dies stellt eine ganz zentrale Aussage dieser Arbeit dar. Ein Grund für dieses überraschende Ergebnis könnte darin liegen, dass der

Beziehungsfokus einen sehr aufwändigen Ansatz darstellt, der sich negativ auf die Effizienz der Neukundenakquisition niederschlägt. Ebenfalls denkbar ist, dass Kunden auf Versuche, sie frühzeitig psychologisch-sozial zu binden, mit Reaktanz reagieren. Reaktanz liegt dann vor, wenn ein drohender Verlust an Handlungsspielraum wahrgenommen wird und der Kunde eine Gegenstrategie entwickelt, um diesen Spielraum wiederherzustellen (vgl. Brehm 1966). Trotz der vermeintlichen Vorteile frühzeitiger Bindungsversuche für den Kunden kann z. B. angenommen werden, dass der Kunde die Entstehung eines Schuldgefühls vermeiden will und deshalb entsprechende Maßnahmen seitens des Anbieters nicht akzeptiert (vgl. Ganesh/Arnold/Reynolds 2000, S. 77; Anderson/Narus 1998, S. 64). Der erwünschte Gewinnungseffekt tritt dann nicht ein. Der in den späteren Phasen einer Geschäftsbeziehung zweifelsohne wichtige Beziehungsfaktor ist im Rahmen der Neukundenakquisition also mit Bedacht einzusetzen (vgl. ähnlich Wathne/Biong/Heide 2001, S. 63).

Hypothese H_7 und somit die positive Wirkung des *Kommunikationsfokus* auf den Akquisitionserfolg kann bestätigt werden. Allerdings ist der Effekt des Kommunikationsfokus deutlich schwächer, als der des Leistungsfokus und der stabilen Niedrigpreispolitik. Offensichtlich schafft die unsicherheitsreduzierende Wirkung des Kommunikationsfokus nicht ebenso starke Kaufanreize wie der konkrete Mehrnutzen für den Kunden aus niedrigen Preisen und überlegenen Leistungen.

Hypothese H_8 wird bestätigt. Wie vermutet, hat eine *stabile Niedrigpreispolitik* einen positiven Effekt auf den Akquisitionserfolg. Von diesem Akquisitionsansatz geht sogar der stärkste Effekt aller Akquisitionsansätze und nach der Qualität der Mitarbeiter der zweitstärkste Effekt auf den Akquisitionserfolg im Gesamtmodell aus. Dieses Ergebnis stellt damit einen weiteren Beleg der hohen Wirksamkeit preisbezogener Strategien dar (vgl. auch Wathne/Biong/Heide 2001, S. 62: „Price dominated all of the other factors.“).

Hinsichtlich moderierender Effekte auf die Beziehung zwischen der stabilen Niedrigpreispolitik und dem Akquisitionserfolg wurden drei Hypothesen formuliert. Hypothese H_{8a} zum negativ moderierenden Einfluss der Marktdynamik wird bestätigt ($\gamma_{niedrig}$=0,25, γ_{hoch}=0,19; $\Delta\ \chi^2$ = 2,8*, p<0,1). Allerdings ist anzumerken, dass die Marktdynamik den Zusammenhang zwischen der stabilen Niedrigpreispolitik und dem Akquisitionserfolg nur relativ schwach moderiert. Das bedeutet, dass auch bei erhöhter Marktdynamik die Wirkung stabiler Niedrigpreise nur in geringem Maße reduziert wird.

Hypothese H_{8b} und damit der negativ moderierende Effekt einer hohen Kundenheterogenität wird ebenfalls bestätigt ($\gamma_{niedrig}$=0,31, γ_{hoch}=0,20; $\Delta\ \chi^2$ = 6,53 ***, p<0,01). Bei niedriger Kundenheterogenität – also bei relativ homogenen Anforderungen und Kaufentscheidungskriterien der Kunden hinsichtlich Produkten und Preisen – ist der Zusammenhang zwischen der stabilen Niedrigpreispolitik und dem Akquisitionserfolg stärker ausgeprägt als bei hoher Kundenheterogenität. Die Ergebnisse zeigen aber auch, dass selbst bei hoher Kundenheterogenität stabile Niedrigpreise immer noch einen recht wirkungsvollen Akquisitionsansatz darstellen.

Auch Hypothese H_{8c}, die eine negativ moderierende Wirkung der Leistungskomplexität annimmt, kann gestützt werden ($\gamma_{niedrig}$=0,41, γ_{hoch}=0,03; $\Delta\ \chi^2$ = 24,7***, p<0,01). Die γ-Werte bei niedriger und hoher Leistungskomplexität dokumentieren deutlich den starken negativ moderierenden Effekt auf den Zusammenhang zwischen stabilen Niedrigpreisen und dem Akquisitionserfolg. Während eine solche Preispolitik bei niedriger Komplexität eine außerordentlich wirksame Akquisitionsstrategie darstellt, ist die gleiche Strategie bei hoher Leistungskomplexität weitestgehend wirkungslos. Eine hohe Leistungskomplexität erhöht die Unsicherheit und das wahrgenommene Risiko der Kunden und lässt diese nach nicht-preislichen Signalen zur Produktqualität und zum Anbieter Ausschau halten.

Im Gegensatz zu den anderen Akquisitionsansätzen wurde hinsichtlich des *Penetrationsfokus* ein negativer Effekt auf den Akquisitionserfolg angenommen. Diese Hypothese (H_9) findet Bestätigung durch die empirischen Daten. Das „Kaufen von Kunden“ ist teuer. Darunter leidet die Effizienz der Akquisition. Außerdem werden über den Penetrationsfokus v.a. gerade die Kunden gewonnen, die Unternehmen nicht haben wollen (vgl. Cao/Gruca 2005, S. 219). Die Aufwendungen für die Neukundenakquisition werden sich für so gewonnene Kunden nur selten amortisieren. Vom Angebot vorübergehend niedriger Neukundenpreise und -konditionen ist also in dieser branchenübergreifenden Sicht abzuraten.

5.1.2.5 Erfolgswirkungen

Alle Hypothesen zu den Erfolgswirkungen (H_{10}-H_{12}) können bestätigt werden. Die positiven Effekte des Akquisitionserfolgs (H_{10}) und des Kundenbindungserfolgs (H_{11}) auf den Wachstumserfolg sind wenig überraschend. Interessanterweise weist der Akquisitionserfolg aber einen deutlich stärkeren Effekt auf den Wachstumserfolg aus als der Kundenbindungserfolg. Dies widerspricht der weitverbreiteten Annahme des „absoluten Vorrangs der Kundenbindung“ (Köhler 2001, S. 83). Ein Grund für diese deutlich stärkeren

Effekte des Akquisitionserfolgs auf den Wachstumserfolg könnte im aktuellen Niveau der Kundenbindung zu finden sein. Denn die Kundenbindung wurde in den vergangenen Jahren in vielen Unternehmen erheblich verbessert (vgl. Krafft et al. 2000, S. 2). Cross-Selling-Potenziale und die Durchdringung bestehender Kunden sind in vielen Fällen bereits weitgehend ausgeschöpft. Wirkliche Wachstumsimpulse müssen daher aus der Erschließung neuer Kunden kommen (vgl. Homburg/Krohmer 2006, S. 409).

Die Daten stützen auch Hypothese H_{10a} zur positiv moderierenden Wirkung der Wettbewerbsintensität auf die Beziehung zwischen Akquisitionserfolg und Wachstumserfolg ($\gamma_{niedrig}$=0,69, γ_{hoch}=0,81; $\Delta\ \chi^2$ = 4,3**, p<0,05). Akquisitionserfolge tragen demnach insbesondere bei hohem Wettbewerbsdruck zum Wachstum bei. Auch dieses Ergebnis widerspricht damit der verbreiteten Meinung einer ausschließlichen Relevanz der Kundenbindung bei hoher Wettbewerbsintensität. Andererseits wird auch deutlich, dass eine erfolgreiche Neukundenakquisition unabhängig vom Wettbewerbsdruck ein zentraler Wachstumstreiber ist.

Schließlich kann auch Hypothese H_{12} durch die empirischen Daten bestätigt werden. Der durch den Akquisitions- und Kundenbindungserfolg verursachte Wachstumserfolg führt zu einem erhöhten wirtschaftlichen Unternehmenserfolg.

5.2 Partialmodell I – Die Qualität der Mitarbeiter

5.2.1 Hypothesenformulierung

Im Gesamtmodell wurde der Faktor *Qualität der Mitarbeiter* in aggregierter Form betrachtet. Im Rahmen des Partialmodells I kommen wir nun zur Formulierung der Hypothesen H_{13}-H_{17} zum Zusammenhang zwischen den einzelnen Konstrukten dieses Faktors und dem Akquisitionserfolg.

Die dreizehnte Hypothese beschäftigt sich mit dem Zusammenhang zwischen der *Verkaufskompetenz* der Mitarbeiter und dem Akquisitionserfolg. Die Verkaufskompetenz umfasst akquisitionsspezifische Fähigkeiten und Persönlichkeitsmerkmale ebenso wie Kompetenzen, die für eine erfolgreiche Verkaufstätigkeit grundsätzlich benötigt werden (z. B. die Fachkompetenz). Empirisch fundierte Erkenntnisse zur Wirkung dieser Kompetenzen auf den Akquisitionserfolg liegen zwar bislang nicht vor. Im Rahmen der Forschung zum persönlichen Verkauf ist die Wirkung unterschiedlicher Fähigkeiten und

Persönlichkeitsmerkmale auf den Verkaufserfolg aber vielfach untersucht worden (vgl. Abschnitt 2.3.1.1). Wie empirisch gezeigt werden konnte, erhöht insbesondere die vertriebliche Fachkompetenz die Kaufwahrscheinlichkeit (vgl. Marshall/Goebel/Moncrief 2003, S. 250 f.; Szymanski 1988, S. 70; Woodside/Davenport 1974, S. 200). Empirische Studien können zeigen, dass die Fähigkeit der Mitarbeiter zur Erfassung der Kundenbedürfnisse die Wahrscheinlichkeit eines Verkaufsabschlusses (vgl. Saxe/Weitz 1982, S. 348) bzw. das relative Umsatzwachstum und den Marktanteilserfolg (vgl. Hooley et al. 2003, S. 24 ff.) erhöht. Kahn/Shuchman (1961, S. 93) betonen daher: „The sine qua non of success in new account development is the ability to obtain, understand, and use information about the prospect himself." Ebenfalls nachgewiesen werden konnte, dass die Fachkompetenz des Verkäufers auch dem Verkaufsabschluss vorgelagerte Größen wie die Kundenzufriedenheit und den Vertrauensaufbau positiv beeinflussen kann (vgl. Kennedy/Ferell/LeClair 2001, S. 81; Crosby/Evans/Cowles 1990, S. 69 ff.; Lau/Chin 2003, S. 24 ff.). Eine solche Kompetenzvermittlung ist insbesondere für neue Anbieter von zentraler Bedeutung (Weitz 1981, S. 95: „Establishing credibility by creating the impression of expertise is most effective when an out-salesperson makes initial contact with a customer.").

In Anlehnung an Stock (2001) gehen wir ferner davon aus, dass Signaling-Maßnahmen von Mitarbeitern mit einer hohen Fachkompetenz durch die potenziellen Kunden eher wahrgenommen werden als Signale von weniger kompetenten Mitarbeitern. Kunden sind insbesondere gegenüber neuen Anbietern auf solche unsicherheitsreduzierenden Signale angewiesen. Durch diese Signalingwirkung kann der Akquisitionserfolg verstärkt werden. Ein weiterer Bestandteil der Verkaufskompetenz ist die Sozialkompetenz. Aus Kundensicht steigt mit der sozialen Kompetenz des Verkäufers die wahrgenommene Qualität des Verkaufsprozesses (vgl. Hennig-Thurau/Thurau 1999; Zahn 1997). Dies kann insbesondere dann einen kaufentscheidenden Faktor darstellen, wenn nahezu identische Wettbewerbsprodukte angeboten werden. Darüber hinaus zeigt die Forschung zum persönlichen Verkauf, dass auch bestimmte Persönlichkeitsmerkmale wie z. B. die Risikofreude, die Misserfolgstoleranz und das Selbstbewusstsein den Verkaufserfolg fördern (vgl. Morris/Avila/Teeple 1990; Ingram/Schwepker/Hutson 1992).

Diese Überlegungen führen uns zur folgenden Hypothese:

H_{13}: *Das Ausmaß der Verkaufskompetenz der Mitarbeiter hat einen positiven Einfluss auf den Akquisitionserfolg.*

Die vierzehnte Hypothese befasst sich mit der Wirkung des *kundenorientierten Verkaufsverhaltens* auf den Akquisitionserfolg. Wie bereits ausgeführt, beschreibt dieses ein Verkaufsverhalten, das eine optimale Beratung des Kunden und den Aufbau von Kundenzufriedenheit zum Ziel hat. In der wissenschaftlichen Literatur besteht weitgehender Konsens darüber, dass dieses Verkaufsverhalten zum Vertriebserfolg beiträgt (vgl. Stock 2001; Sujan/Weitz/Sujan 1988; Boorom/Goolsby/Ramsey 1998). Es existieren vielfältige empirische Nachweise, dass ein kundenorientiertes Verkaufsverhalten positiv auf den Verkaufserfolg wirkt (vgl. Haas 2001; Swenson/Herche 1994; Weitz/Sujan/Sujan 1986; Sujan/Weitz/Kumar 1994; Crosby/Evans/Cowles 1990; Spiro/Weitz 1990). Dabei wirkt das kundenorientierte Verkaufsverhalten v. a. indirekt auf den Verkaufserfolg über die Erhöhung der Glaubwürdigkeit des Verkaufsmitarbeiters und über die Förderung von Kundenvertrauen und Kundenzufriedenheit (vgl. u.a. Kennedy/Ferell/LeClair 2001, S. 81; Weitz 1981, S. 95 f.; Goff et al. 1997, S. 178; Guenzi 2002, S. 760). Dies ist im Rahmen der ersten Kontakte mit dem potenziellen Neukunden von großer Bedeutung (vgl. Boles/Johnson/Barksdale 2000, S. 79; Swan/Trawick/Silva 1985, S. 207; Crosby/Evans/Cowles 1990, S. 77). Das kundenorientierte Verkaufsverhalten wird überdies in hohem Maße durch die Informationsversorgung und die Beratung des Kunden geprägt (vgl. Haas 2001, S. 15 f.). Diese Beratung senkt das wahrgenommene Kaufrisiko für den Kunden (vgl. Dwyer/Schurr/Oh 1987, S. 76) und erhöht den Verkaufserfolg (vgl. Haas 2001, S. 18).

Die Annahme einer positiven Wirkung des kundenorientierten Verkaufsverhaltens auf den Akquisitionserfolg wird durch die Forschung zum persönlichen Verkauf damit vielfach belegt. Andererseits ist ein solches Verkaufsverhalten häufig sehr aufwändig (vgl. Saxe/Weitz 1982, S. 348). Aufgrund der vielfältigen Vorteile dieses Verkaufsverhaltens lautet aber unsere Hypothese:

H_{14}: Das kundenorientierte Verkaufsverhalten hat einen positiven Einfluss auf den Akquisitionserfolg.

Die Hypothesen H_{15}-H_{17} entsprechen den Hypothesen zu den Erfolgswirkungen im Gesamtmodell. Für eine Herleitung verweisen wir daher auf Abschnitt 5.1.1.5.

5.2.2 Empirische Überprüfung der Hypothesen

Wie im Gesamtmodell erfolgt auch im Rahmen des Partialmodells die Hypothesenüberprüfung auf Basis einer Kausalanalyse. Dazu haben wir ein Modell mit drei exogenen und drei endogenen Variablen aufgestellt. Die Ergebnisse der Hypothesenprüfung sind in Abbildung 5-3 aufgeführt. Die globalen Maße zur Beurteilung der Modellgüte weisen durchgängig gute Werte auf (χ^2/df=2,49; RMSEA=0,077; AGFI=0,96; GFI=0,96; CFI=1,0). Als lokale Gütemaße werden die quadrierten multiplen Korrelationen der abhängigen Variablen betrachtet. Hierbei kann der Wert von 0,22 als sehr zufrieden stellend betrachtet werden. Dies gilt insbesondere, weil in diesem Partialmodell nur ein Teil der akquisitionsbezogenen Erfolgsfaktoren integriert ist.

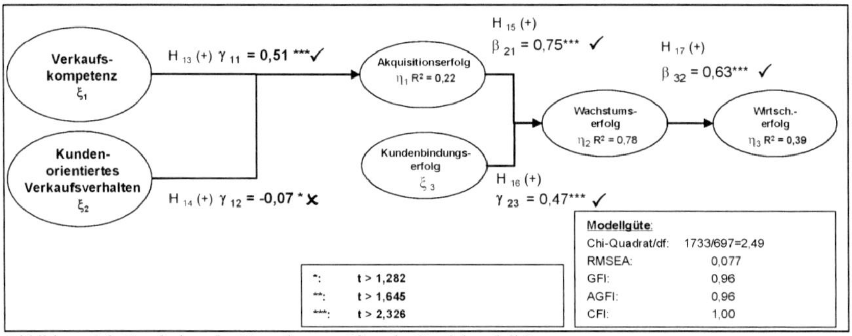

Abbildung 5-3: Ergebnisse der Hypothesenprüfung im Partialmodell I

Die Analyse der geschätzten Pfadkoeffizienten zeigt, dass Hypothese H_{13} als Untersuchungshypothese bestätigt werden konnte. Der stark positive Effekt der *Verkaufskompetenz* auf den Akquisitionserfolg belegt nachhaltig die zentrale Bedeutung der Mitarbeiter und ihrer Verkaufsfähigkeiten im Rahmen der Neukundenakquisition. Diese Erkenntnis ist konsistent mit früheren Befunden aus der Forschung zum persönlichen Verkauf.

Der in Hypothese H_{14} unterstellte positive Effekt des *kundenorientierten Verkaufsverhaltens* auf den Akquisitionserfolg konnte dagegen nicht bestätigt werden. Vielmehr ergibt sich ein auf dem 10%-Niveau signifikanter negativer Effekt. Dieses Ergebnis überrascht, ähnelt aber dem ebenfalls nicht erwarteten negativen Einfluss des Beziehungsfokus auf den Akquisitionserfolg im Gesamtmodell (vgl. Abschnitt 5.1.2.4). Eine mit geringem Verkaufsdruck gepaarte hohe Kundenorientierung schadet dem Akquitionserfolg eher, als dass sie ihn fördert. Hierfür lassen sich folgende Gründe anführen: Kundenorientiertes Verkaufsverhalten ist sehr aufwändig. Kundenorientierte Mitarbeiter investieren viel Zeit in die Identifikation von Kundenbedürfnissen oder die Ausarbeitung von Konzepten zur Befriedigung dieser Bedürfnisse (vgl. Saxe/Weitz 1982, S. 344 f.; Sujan/Weitz/Kumar 1994,

S. 40). Dies wirkt sich negativ auf die Wirtschaftlichkeit der Neukundenakquisition aus. Darüber hinaus entstehen Opportunitätskosten durch entgangene kurzfristige Verkäufe (vgl. Weitz/Sujan/Sujan 1986, S. 176; Marshall/Ferre 1998, S. 184). Kundenorientiertes Verkaufsverhalten führt zudem weniger direkt zum Verkaufsabschluss. Hier besteht die Gefahr, dass Wettbewerber mit einem Verkaufsabschluss zuvorkommen.

Die Hypothesen zu den Erfolgswirkungen (H_{15}-H_{17}) konnten auch im Partialmodell I bestätigt werden und entsprechen denen im Gesamtmodell.

5.3 Partialmodell II – Die Gestaltung der internen Akquisitionsunterstützung

5.3.1 Hypothesenformulierung

Die im Folgenden vorgestellten Hypothesen H_{18}-H_{28} untersuchen den Einfluss der einzelnen Elemente der internen Akquisitionsunterstützung auf den Akquisitionserfolg.

Hypothese H_{18} beschäftigt sich speziell mit der Wirkung der Qualität der *Neukundensegmentierung* auf den Akquisitionserfolg. Wie bereits beschrieben, zeichnet sich eine gute Segmentierung durch eine hohe Kaufverhaltensrelevanz aus und differenziert zwischen den Bedürfnissen der Kunden. Eine solche kaufverhaltensrelevante Kundensegmentierung ist die Grundlage für eine differenzierte und bedürfnisorientierte Marktbearbeitung (vgl. Homburg/Krohmer 2006). Sie dient insbesondere der Verbesserung der Effektivität der Marktbearbeitung, weil die angebotenen Leistungen und der Verkaufsprozess auf Basis der gebildeten Segmente an die unterschiedlichen Anforderungen und Bedürfnisse der Kunden angepasst werden können (vgl. Homburg/Schäfer/Schneider 2006; Ackerschott 2004; Sargeant/West 2001; Bailom et al. 1999; Hedaa 1996). Dieses zielgruppenspezifische Vorgehen ist angesichts niedriger Erfolgsquoten insbesondere für die Neukundenakquisition relevant (vgl. Kohrmann 2003, S. 55 f.; Belz 2003, S. 269 f.). Diese Einschätzung wurde auch in den durchgeführten Expertengesprächen wiederholt geäußert. Somit wird die folgende Hypothese formuliert:

H_{18}: Die Qualität der Segmentierung hat einen positiven Einfluss auf den Akquisitionserfolg.

Die neunzehnte Hypothese befasst sich mit dem Effekt der Qualität der *Neukundenpriorisierung* auf den Akquisitionserfolg. Diese erfasst, inwiefern eine auf Basis klarer Wirtschaftlichkeitsbetrachtungen vorgenommene Gewichtung potenzieller Neukunden erfolgt und in der Marktbearbeitung umgesetzt wird. Die Bedeutung der Priorisierung für den Verkaufserfolg und den Akquisitionserfolg wird in der Literatur vielfach betont (vgl. Gelbrich 2001; Blattberg/Getz/Thomas 2001b; Stahl/Matzler 2001). Eine gute Priorisierung gewährleistet, dass der Anteil von „Gewinnbringern" im Kundenportfolio von vornherein erhöht wird. Die knappen Marketing- und Vertriebsressourcen des Anbieters können dadurch sinnvoller eingesetzt werden. Durch die Ausrichtung der Akquisitionsmaßnahmen am kundenspezifischen Potenzial sind Anbieter darüber hinaus in der Lage, besonders wertvolle Kunden gezielter anzusprechen. Die positive Wirkung auf die Wirtschaftlichkeit der Neukundenakquisition konnte in einigen empirischen Studien bereits gestützt werden (vgl. Gelbrich 2001, S. 257; Venkatesan/Kumar 2004, S. 118 ff.). Vor diesem Hintergrund ergibt sich die folgende Hypothese:

H_{19}: Die Qualität der Priorisierung hat einen positiven Einfluss auf den Akquisitionserfolg.

Es ist anzunehmen, dass die Wirkung der Priorisierung auf den Akquisitionserfolg ebenfalls moderierenden Einflüssen unterliegt. Ein solcher Einfluss kann von der *Wettbewerbsintensität* ausgehen. Denn eine hohe Wettbewerbsintensität geht in der Regel mit verstärkten Akquisitions- und Abwerbe-Maßnahmen der Anbieter einher. Damit steigt die Gefahr des ungerichteten Ressourceneinsatzes. Ein wettbewerbsintensives Umfeld erhöht daher die Notwendigkeit, sinnvoll zu priorisieren (vgl. Stahl/Matzler 2001, S. 57; Gelbrich 2001, S. 201). Als Hypothese lässt sich folglich formulieren:

H_{19a}: Der Zusammenhang zwischen der Qualität der Priorisierung und dem Akquisitionserfolg ist um so stärker, je höher die Wettbewerbsintensität ist.

Daneben gehen wir von einem moderierenden Einfluss der *Qualität der Mitarbeiter* aus. Denn die Priorisierung ist nicht nur eine Frage des richtigen Methodeneinsatzes, sondern basiert wesentlich auf ihrer systematischen Umsetzung (vgl. Gelbrich 2001, S. 23 ff.). Die erfolgreiche Implementierung der Priorisierung erfordert daher Mitarbeiter, die diese Priorisierung verstehen und konsequent umsetzen (vgl. Szymanski 1988, S. 66). Eine weitere Hypothese lautet daher:

H_{19b}: Der Zusammenhang zwischen der Qualität der Priorisierung und dem Akquisitionserfolg ist um so stärker, je höher die Qualität der Mitarbeiter ist.

Im Rahmen der 20. Hypothese wird der Zusammenhang zwischen der *Qualität der Planung und Kontrolle* und dem Akquisitionserfolg untersucht. Dieses Element der internen Akquisitionsunterstützung umfasst die systematische Ziel- und Budgetfestsetzung sowie die Erfolgs- und Kostenkontrolle im Rahmen der Neukundenakquisition. Denn diese ist in der Regel sehr aufwändig und zeichnet sich durch hohe Misserfolgsquoten aus. Aus diesem Grund wird gefordert, dass Akquisitionsziele und -maßnahmen systematisch geplant werden müssen (vgl. Karg 2001, S. 39 ff.; Kohrmann 2003, S. 56). Darüber hinaus ist die laufende und systematische Kontrolle der Maßnahmen und der Erfolgsquoten von großer Bedeutung, um ggfs. Fehlentwicklungen vorzubeugen (vgl. Blattberg/Getz/Thomas 2001b, S. 112). Zwar liegen bislang keine empirischen Befunde zur Erfolgswirkung der Planung und Kontrolle im spezifischen Kontext der Neukundenakquisition vor. Hinsichtlich des Vertriebs- bzw. Verkaufserfolgs wird eine entsprechende Erfolgswirkung durch empirische Studien aber gestützt (vgl. Hesse/Evanschitzky 2004; Krafft et al. 2000; Baldauf/Cravens 2003). Ferner unterstreicht auch die Forschung zur strategischen Planung die positive Erfolgswirkung einer systematischen Planung auf das Umsatzwachstum und den wirtschaftlichen Unternehmenserfolg (vgl. z. B. Hart/Banbury 1994; Lysonski/Pecotich 1992). Hieraus ergibt sich folgende Hypothese:

H_{20}: Die Qualität der Planung und Kontrolle hat einen positiven Einfluss auf den Akquisitionserfolg.

Die 21. Hypothese beschäftigt sich mit der Erfolgswirkung der *Qualität des Informationsmanagements*. Wie bereits beschrieben, geht es in diesem Zusammenhang um die systematische Erfassung und Nutzung neukundenbezogener Informationen. Die Informationserfassung und -nutzung wird als ein wesentlicher Einflussfaktor des Markterfolgs gesehen. So betonen Slater/Narver (2000, S. 120): Grundvoraussetzung für den kundenbezogenen Erfolg ist die Fähigkeit „to continuously generate intelligence about customers‘ expressed and latent needs“. Slater/Narver (2000, S. 122) weisen empirisch nach, dass die „market-focused intelligence generation“ das relative Umsatzwachstum positiv beeinflusst. Bezogen auf die Neukundenakquisition betonen Wathne/Biong/Heide (2001, S. 63): „In highly competitive markets, knowledge of why customers decide to dissolve a relationship is key to achieving a strategic advantage.“ Demnach können neue Anbieter nur dann adäquate Abwerbungsmaßnahmen gegenüber Kunden des Wettbewerbs entwickeln, wenn entsprechende Informationen erfasst und genutzt werden. Neben der Effektivität wird durch die Nutzung kundenbezogener Informationen auch die Effizienz der Marktbearbeitung verbessert (vgl. Sharma/Pillai 1996, S. 31). Analog weist auch der ressourcenbasierte Ansatz auf die Erfolgsrelevanz des Informationsmanagements hin (vgl. Abschnitt 2.5.3). Somit formulieren wir folgende Hypothese:

H_{21}: Die Qualität des Informationsmanagements hat einen positiven Einfluss auf den Akquisitionserfolg.

Einen die Wirkung der Qualität des Informationsmanagements moderierenden Einfluss erwarten wir ausgehend von der *Wettbewerbsintensität*. Denn ein intensiver Wettbewerb ist meist durch eine verstärkte Angleichung der angebotenen Leistungen gekennzeichnet. Differenzierungspotenziale ergeben sich dann in erster Linie aus Informationen zu den Kunden und ihren Bedürfnissen (vgl. Slater/Narver 2000, S. 123). Bei homogener Produktqualität und vergleichbaren Preisen kann mit Hilfe geeigneter Informationen die Akquisition z. B. auf die verkaufsprozessbezogenen Bedürfnisse der Kunden angepasst werden (vgl. Sharma/Pillai 1996, S. 28). Eine weitere Hypothese lautet daher:

H_{21a}: Der Zusammenhang zwischen der Qualität des Informationsmanagements und dem Akquisitionserfolg ist um so stärker, je höher die Wettbewerbsintensität ist.

Die 22. und die 23. Hypothese betrachten den Zusammenhang zwischen der *Akquisitions- bzw. Leistungsorientierung des Anreizsystems* und dem Akquisitionserfolg. Gemäß dem ressourcenbasierten Ansatz (vgl. Abschnitt 2.5.3) stellt die adäquate Gestaltung des Anreizsystems eine wertvolle Ressource und damit einen potenziellen Wettbewerbsvorteil dar. Auch im Kontext der Strategieimplementierung wird die Bedeutung der Anreizsysteme diskutiert. So betonen Balkin/Gomez-Mejia (1990, S. 154): „When properly designed, the reward system of an organization can be a key contributor to the accomplishment of its strategic objectives."

Ein solches strategisches Ziel ist die Neukundenakquisition. Unternehmen sehen sich in der Praxis häufig mit dem Problem konfrontiert, dass Verkaufsmitarbeiter Besuche bei bekannten Bestandskunden gegenüber der beschwerlichen Neukundenakquisition vorziehen (vgl. Krafft 1995, S. 182; Kahn/Shuchman 1961, S. 90 ff.). Auch Ogbuehi/Sharma (1999, S. 68) weisen darauf hin, dass „[...] an overly large emphasis upon customer satisfaction and the quest for long-term relationships may encourage sales people to limit themselves by calling only on those customers with whom they have a positive relationship instead of building new relationships." Unternehmen müssen daher sicherstellen, dass die Mitarbeiter für die Akquisition neuer Kunden explizit belohnt werden (vgl. Krafft 2002, S. 190). Im Einklang mit den Untersuchungen von Reinartz/Krafft/Hoyer (2005) und Krafft et al. (2000) vermuten wir, dass eine akquisitionsspezifische Gestaltung des Anreizsystems den Akquisitionserfolg erhöht. Damit ergibt sich folgende Hypothese:

H_{22}: *Das Ausmaß der Akquisitionsorientierung der Anreizsysteme hat einen positiven Einfluss auf den Akquisitionserfolg.*

Üblicherweise werden Vertriebsmitarbeiter weniger nach akquisitionsspezifischen Zielen als nach allgemein leistungsbezogenen Größen, wie dem Umsatzvolumen, dem Deckungsbeitrag oder der Kundenzufriedenheit vergütet (vgl. Krafft/Frenzen/Jeck 2002, S. 43). In Bezug auf die Wirkung eines solchen Anreizsystems weisen Studien insbesondere auf die Wirkung auf die Kundenorientierung von Mitarbeitern, auf die Kundenzufriedenheit und den Unternehmenserfolg hin (vgl. Hauser/Simester/Wernerfelt 1994; Sharma 1997; Sharma/Sarel 1995). Es ist aber davon auszugehen, dass auch eine solche Ausgestaltung des Anreizsystems den Akquisitionserfolg fördern kann (vgl. Krafft 1995). So motiviert die Honorierung anhand des Umsatzvolumens zur Ausweitung des eigenen Kundenstamms. Auch bei einer an Deckungsbeiträgen orientierten Vergütung werden Mitarbeiter bestrebt sein, Akquisitionsmaßnahmen wirtschaftlich durchzuführen (vgl. Höhn 1990). Eine Orientierung an der Kundenzufriedenheit fördert ebenfalls Verhaltensweisen des Mitarbeiters, die einer erfolgreichen Neukundenakquisition zuträglich sein können. Denn auch in diesem Kontext gilt: Nur wenn ein potenzieller Neukunde zufrieden ist, wird er erwägen, beim Anbieter zu kaufen (vgl. Gouthier 2004a). Unsere Hypothese zur Wirkung allgemein leistungsbezogener Anreizsysteme lautet daher:

H_{23}: *Das Ausmaß der Leistungsorientierung der Anreizsysteme hat einen positiven Einfluss auf den Akquisitionserfolg.*

Die 24. Hypothese untersucht die Wirkung der *personellen Akquisitionsunterstützung*. Die Ausführungen zur Forschung im Vertriebsmanagement haben gezeigt, dass die Flexibilität ein wichtiger Erfolgsfaktor von Verkaufsorganisationen ist (vgl. Moon/Gupta 1997, S. 36; Wilson 1995, S. 341). Diese kann mit der Unterstützung durch die geeigneten „non-sales resources" erheblich gesteigert werden (vgl. Moon/Gupta 1997, S. 36). Dies gilt insbesondere im Rahmen der aufwändigen Neukundenakquisition (vgl. Hutt/Johnston/Ronchetto 1985, S.

36), in der der Verkaufsmitarbeiter im hohen Maße auf Unterstützung angewiesen ist (Moon/Gupta 1997, S. 37). So konnte nachgewiesen werden, dass die Unterstützung durch zusätzliche Mitarbeiter im Innendienst mit höheren Umsätzen und Deckungsbeiträgen einhergeht (vgl. Krafft et al. 2000, S. 12). Wie in Abschnitt 4.3.5 bereits dargestellt, erfordern darüber hinaus gerade die in dieser Arbeit betrachteten erklärungsbedürftigen Leistungen häufig die Hinzunahme von Spezialisten im Rahmen von „Selling-Teams" (vgl. Moon/Gupta 1997, S. 31). Helfert (1998, S. 68 ff.) belegt im Rahmen ihrer empirischen Studie die Erfolgswirkung qualifizierter und adäquat zusammengesetzter Teams. Vor diesem Hintergrund wird folgende Hypothese aufgestellt:

H_{24}: Die Qualität der personellen Akquisitionsunterstützung hat einen positiven Einfluss auf den Akquisitionserfolg.

Die 25. Hypothese befasst sich mit der *Wirkung der IT- und trainingsgestützten Akquisitionsunterstützung* auf den Akquisitionserfolg. Wie in Abschnitt 2.3.1.2 dargestellt, wird in der IT- und Trainingsunterstützung ein wichtiger Erfolgsfaktor im Verkauf gesehen (vgl. Winkelmann 2004, S. 308; Speier/Venkatesh 2002, S. 99). Der Einsatz von Analyseinstrumenten und Datenbanken kann insbesondere durch eine erleichterte und verbesserte Individualisierung des Verkaufsgesprächs die Effektivität der Neukundenakquisition steigern helfen (vgl. Kuhlmann 2001, S. 342; Link/Hildebrand 1993, S. 141 ff.; Winkelmann 2002, S. 274; Link/Hildebrand 1997, S. 381 ff.). Überdies steigt dadurch die vom Kunden wahrgenommene Beratungsqualität und damit auch die wahrgenommene Kompetenz des Verkäufers (vgl. Brandt 1998, S. 320 ff.). Darüber hinaus kann die Wirtschaftlichkeit der Neukundenakquisition verbessert werden, weil Prozesse automatisiert werden und Verkaufsmitarbeiter vor Ort Informationen erfassen und erfragen können (vgl. Brandt 1998, S. 319 ff.). Dies erhöht die für die aktive Neukundenakquisition aufwendbare Zeit (vgl. Johnson/Bharadwaj 2005, S. 6). Brandt (1998, S. 338) kann zeigen, dass Anbieter nach der Einführung computergestützter Angebotssysteme ein zwischen 30% und 60% verbessertes Verkaufsvolumen aufweisen.

Im Einklang mit den empirischen Ergebnissen von Dannenberg (2002) wird ferner angenommen, dass neben der IT-Unterstützung auch ein adäquates Akquisitionstraining den Akquisitionserfolg fördern kann. Auch wenn computergestützte Analyseinstrumente und mobile Datenbank-Zugriffsmöglichkeiten mittlerweile zur Standardausstattung in vielen Vertrieben gehören, können hinsichtlich der Qualität dieser Instrumente sowie insbesondere hinsichtlich akquisitionsbezogener Schulungsmaßnahmen durchaus Unterschiede existieren (vgl. Brandt 1998, S. 342). Insgesamt führen diese Überlegungen zu der folgenden Hypothese:

H_{25}: Die Qualität der IT- und trainingsgestützten Akquisitionsunterstützung hat einen positiven Einfluss auf den Akquisitionserfolg.

In diesem Zusammenhang stellt sich die Frage, wie weitgehend die Unterstützungswirkung solcher Instrumente ist (vgl. ähnlich Brandt 1998; Johnson/Bharadwaj 2005). Ist es möglich, über den Einsatz entsprechender Instrumente Defizite bei den Mitarbeitern zu kompensieren? Dies scheint insbesondere vor dem Hintergrund der Knappheit erfahrener und qualifizierter Verkäufer eine relevante Frage zu sein. Wir untersuchen daher den moderierenden Einfluss der Qualität der Mitarbeiter und gehen davon aus, dass die genannten Instrumente im Rahmen der Neukundenakquisition eine geeignete Möglichkeit darstellen, Defizite in der Qualität der Mitarbeiter auszugleichen. Die Wirkung dieser Instrumente müsste also bei geringer Mitarbeiterqualität höher ausfallen. Unsere Hypothese lautet daher:

H_{25a}: Der Zusammenhang zwischen der Qualität der IT- und trainingsgestützten Akquisitionsunterstützung und dem Akquisitionserfolg ist um so stärker, je geringer die Qualität der Mitarbeiter ist.

Die Hypothesen H_{26}-H_{28} entsprechen den Hypothesen zu den Erfolgswirkungen im Gesamtmodell. Für eine Herleitung verweisen wir daher auf Abschnitt 5.1.1.5.

5.3.2 Empirische Überprüfung der Hypothesen

Auch die Hypothesen im Rahmen des Partialmodells II sind auf Basis einer Kausalanalyse geprüft worden. Dazu haben wir ein Modell mit neun exogenen und drei endogenen Variablen aufgestellt. Die Ergebnisse der Hypothesenprüfung im Modell sind in Abbildung 5-4 grafisch dargestellt. Die globalen Maße zur Beurteilung der Modellgüte (χ^2/df=1,87; RMSEA=0,064; AGFI=0,95; GFI=0,95; CFI=1,0) liegen durchgängig innerhalb der in der Literatur empfohlenen Grenzen (vgl. Abschnitt 3.2.1). Die quadrierten multiplen Korrelationen der abhängigen Variablen (R^2) weisen für ein Partialmodell akzeptable Werte auf. Auch hier sind die Effekte zwischen den Erfolgsgrößen stabil und entsprechen denen im Gesamtmodell (H_{26}-H_{28}).

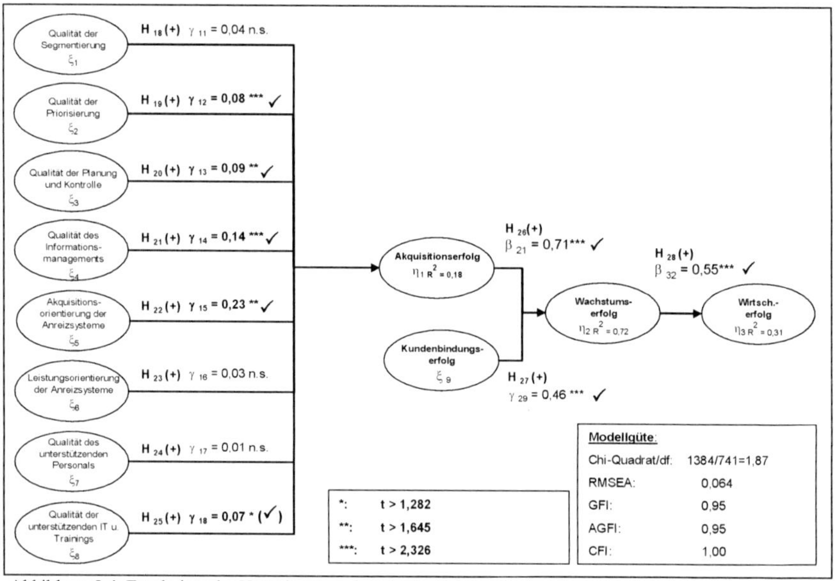

Abbildung 5-4: Ergebnisse der Hypothesenprüfung im Partialmodell II

Die Analyse der geschätzten Pfadkoeffizienten zeigt, dass Hypothese H_{18} zur Erfolgswirkung der Neukundensegmentierung nicht bestätigt werden konnte. Hypothese H_{19} findet dagegen empirische Unterstützung durch die Daten. Demnach wirkt sich die Qualität der Neukundenpriorisierung positiv auf den Akquisitionserfolg aus. Diese Erkenntnis ist konsistent mit anderen Befunden aus der Forschung zum Kundenwert und Vertriebsmanagement (vgl. Gelbrich 2001; Hansotia/Wang 1997). Auch Hypothese H_{19a} zur positiv moderierenden Wirkung der Wettbewerbsintensität kann bestätigt werden ($\gamma_{niedrig}$=0,02, γ_{hoch}=0,15; $\Delta\ \chi^2$ = 8,87***, p<0,01). Die Priorisierung potenzieller Neukunden hat insbesondere bei erhöhter Wettbewerbsintensität einen positiven Einfluss auf den Akquisitionserfolg. In einer solchen Situation ist die Gefahr einer unwirtschaftlichen und ungesteuerten Neukundenakquisition „mit der Gießkanne“ besonders hoch. Darüber hinaus wird auch Hypothese H_{19b} und damit die positiv moderierende Wirkung der Qualität der Mitarbeiter durch die Daten bestätigt ($\gamma_{niedrig}$=0,6, γ_{hoch}=0,17; $\Delta\ \chi^2$ = 7,8***, p<0,01). Zur Entfaltung ihrer vollen Erfolgswirkung ist die Neukundenpriorisierung also auf qualifizierte Mitarbeiter angewiesen. Dies unterstreicht, dass die Priorisierung nicht nur eine Frage der geeigneten Instrumente und Methoden, sondern in der Umsetzung im hohen Maße von den Mitarbeitern abhängig ist.

Hypothese H_{20} wird ebenfalls bestätigt. Dies unterstreicht die Relevanz einer systematischen Planung und Kontrolle für eine effektive und effiziente Neukundenakquisition. Auch Hypothese H_{21} erfährt Bestätigung durch die Daten. Wie vermutet, wirkt sich die Qualität des Informationsmanagements positiv auf den Akquisitionserfolg aus. Im betrachteten Partialmodell geht vom Informationsmanagement sogar der zweitstärkste Effekt auf den Akquisitionserfolg aus. Das Ergebnis belegt, wie wichtig das Informationsmanagement für den Akquisitionserfolg ist. Hypothese H_{21a} zur moderierenden Wirkung der Wettbewerbsintensität wird ebenfalls bestätigt ($\gamma_{niedrig}$=0,12, γ_{hoch}=0,21; $\Delta \chi^2$ = 4,9**, p<0,05). Das akquisitionsbezogene Informationsmanagement ist also insbesondere – allerdings nicht ausschließlich – bei hoher Wettbewerbsintensität von Bedeutung.

Auch Hypothese H_{22} kann bestätigt werden. Von einer akquisitionsorientierten Gestaltung des Anreizsystems geht von allen exogenen Variablen im Modell der stärkste Einfluss auf den Akquisitionserfolg aus. Hypothese H_{23} erfährt dagegen keine empirische Unterstützung. Der erwartete positive Einfluss der Leistungsorientierung der Anreizsysteme auf den Akquisitionserfolg stellt sich zwar als schwach positiv, nicht aber als signifikant heraus. Ein Grund könnte darin liegen, dass eine allgemeine Leistungsorientierung zwar positiv auf den Umsatz wirkt, gleichzeitig aber dazu verleitet, leicht realisierbare Umsätze bei Stammkunden vorzuziehen (vgl. auch Krafft/Frenzen/Jeck 2002, S. 43). Die Ergebnisse der Hypothesenprüfung zu H_{22} und H_{23} verdeutlichen die Notwendigkeit einer akquisitionsspezifischen Gestaltung der Anreizsysteme.

Hypothese H_{24} findet keine empirische Unterstützung. Die Daten liefern keinen Hinweis darauf, dass sich eine höhere Qualität der personellen Unterstützung auf den Akquisitionserfolg auswirkt. Hypothese H_{25} kann dagegen bestätigt werden. Wie erwartet, besteht ein positiver Zusammenhang zwischen der Qualität der IT- und trainingsgestützten Akquisitionsunterstützung und dem Akquisitionserfolg. Allerdings fällt dieser Effekt nur auf dem 10%-Niveau signifikant aus. Hypothese H_{25a} zur negativ moderierenden Wirkung der Qualität der Mitarbeiter kann durch die empirischen Daten nicht bestätigt werden ($\gamma_{niedrig}$=0,04, γ_{hoch}=0,09; $\Delta \chi^2$= 1,3 n.s.). Dieses Ergebnis kann folgendermaßen interpretiert werden: Selbst eine gute IT-Unterstützung und ein umfangreiches Schulungsangebot können Defizite bei den Qualifikationen der Mitarbeiter nicht ausgleichen. „High-Tech" muss dem „High-Touch" also in jedem Fall untergeordnet bleiben (vgl. auch Brandt 1998, S. 49). Dieses Ergebnis deckt sich auch mit ähnlichen Befunden von Reinartz/Krafft/Hoyer (2005, S. 302).

6. Bestandsaufnahme zum State of Practice der Neukundenakquisition

Nachdem in den vorangegangenen Kapiteln die ersten drei Forschungsfragen beantwortet werden konnten, widmet sich dieses Kapitel nun der vierten Forschungsfrage. Hier geht es darum, anhand deskriptiver Statistiken wichtige Erkenntnisse zum State of Practice der Neukundenakquisition in deutschen Unternehmen zu vermitteln. Wie bereits im Rahmen der Literaturbestandsaufnahme gezeigt wurde, sind die existierenden Untersuchungen hierzu zumeist älteren Datums und beschränken sich auf einzelne Branchen oder auf das deutschsprachige Ausland. Im Rahmen der folgenden Darstellungen zeigen wir neben der Bedeutung, dem Aufwand und dem Erfolg (vgl. Abschnitt 6.1) auch die Praxis in den wichtigsten Gestaltungsfeldern im Management der Neukundenakquisition auf (vgl. Abschnitt 6.2). Um die Anschaulichkeit der Ergebnisse zu verbessern, nehmen wir für die Mittelwerte der Konstrukte bzw. Indikatoren eine Transformation vor. Dazu wandeln wir die ursprüngliche 7-er Ratingskala in eine 3-er Skala um.

6.1 Bedeutung, Aufwand und Erfolg der Neukundenakquisition

Zunächst widmen wir uns der aktuellen Bedeutung der Neukundenakquisition. In diesem Zusammenhang haben wir die befragten Unternehmen die aktuelle Wichtigkeit der Akquisition neuer Kunden gegenüber der Bindung bestehender Kunden beurteilen lassen (vgl. Abbildung 6-1).

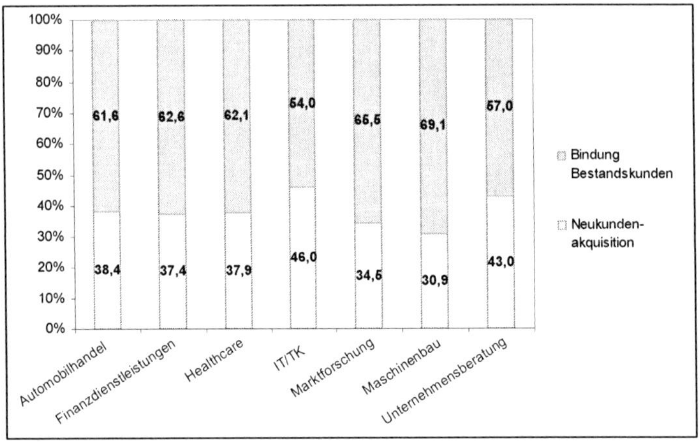

Abbildung 6-1: Beurteilung der derzeitigen Wichtigkeit der Neukundenakquisition

Es wird deutlich, dass die Neukundenakquisition der Bestandskundenbindung aktuell in allen Branchen untergeordnet ist. Auffällig sind ferner die relativ geringen Unterschiede zwischen den befragten Branchen. Ein im Branchenvergleich hohes Gewicht hat die Neukundenakquisition in der IT/TK- und Unternehmensberatungsbranche. Die im Branchenschnitt geringste aktuelle Wichtigkeit wird im Maschinenbau gesehen.

Die derzeitige Bedeutung der Neukundenakquisition lässt sich auch anhand des Neukundenanteils am Geschäftsvolumen ablesen. Dieser ist für die betrachteten Branchen in Abbildung 6-2 dargestellt. Neben dem jeweiligen Branchendurchschnitt sind die Werte des 25%- und des 75%-Quartils dargestellt. Dabei zeigt sich, dass Neukunden insbesondere im Automobilhandel und in der Unternehmensberatung einen vergleichsweise hohen Anteil am Geschäftsvolumen ausmachen. Im Automobilhandel machen Neukunden durchschnittlich 24% des Geschäftsvolumens aus. Bei einem Viertel aller Automobilhändler machen Neukunden sogar mehr als 30% des Umsatzes aus (75%-Quartil). Ein weiteres Viertel der befragten Händler hat einen Neukundenanteil von unter 15% am Geschäftvolumen (25%-Quartil). Ein relativ geringes Gewicht hat der durch Neukunden generierte Umsatz dagegen wiederum im Maschinenbau. Hier beläuft sich der Neukundenanteil am Geschäftsvolumen auf durchschnittlich 10%. Hervorzuheben ist darüber hinaus die Streuung innerhalb der Branchen. Diese ist in der IT/TK-Branche besonders stark ausgeprägt. So haben 25% der IT/TK-Unternehmen einen Neukundenanteil am Geschäftsvolumen unter 6%. Für weitere 25% der Unternehmen hat die Neukundenakquisition dagegen eine sehr hohe Bedeutung – diese weisen einen Neukundenanteil von über 29% des Geschäftsvolumens aus. Während in der IT/TK- und in der Unternehmensberatungsbranche diese Zahlen v.a. über ein relativ stetiges Marktwachstum zu begründen sind, verdeutlicht der hohe Neukundenanteil im Automobilhandel insbesondere die hohe Wettbewerbsintensität und Kundenfluktuation in der Branche.

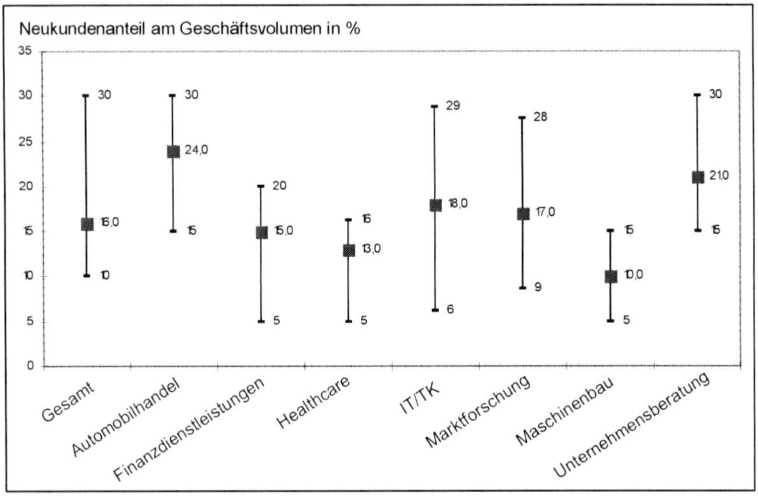

Abbildung 6-2: Neukundenanteil am Geschäftsvolumen

Die Einschätzung der Unternehmen hinsichtlich der *zukünftigen Bedeutung der Neukundenakquisition* ist in

Abbildung 6-3 dargestellt. Es wird deutlich, dass die Unternehmen aller befragten Branchen von einer zunehmenden Bedeutung der Neukundenakquisition ausgehen. Besonders deutlich fällt dieser erwartete Bedeutungs-zuwachs im Automobilhandel aus. Aber auch rund zwei Drittel der befragten Unternehmen aus der Finanzdienstleistungs-, Healthcare- und IT/TK-Branche erwarten eine zunehmende Bedeutung der Neukundenakquisition. Wie

Abbildung 6-3 ebenfalls zu entnehmen ist, sehen gut drei Viertel aller Unternehmen aus dem Automobilhandel und der IT/TK-Branche zukünftige Wachstumspotenziale sogar ausschließlich in der Akquisition neuer Kunden. Diese Meinung teilen mit Ausnahme der Finanzdienstleistungsbranche jeweils deutlich mehr als die Hälfte der befragten Unternehmen. Offensichtlich ist in vielen Branchen das Wachstumspotenzial aus einer erhöhten Kundendurchdringung bereits ausgeschöpft. Unternehmen müssen daher neue Kunden gewinnen, um ihre Wachstumsziele zu erreichen.

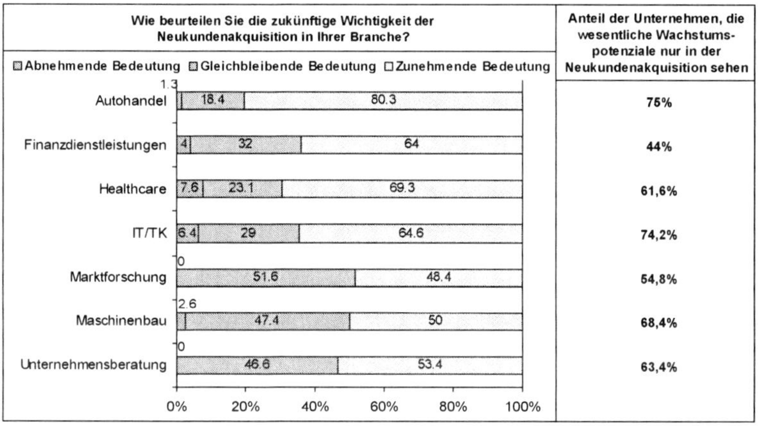

Abbildung 6-3: Beurteilung der zukünftigen Bedeutung der Neukundenakquisition

Es ist bekannt, dass die Akquisition neuer Kunden ein sehr aufwändiges Unterfangen darstellt. Gerade im Vertrieb der hier betrachteten erklärungsbedürftigen Leistungen ist ein zentraler Treiber des Akquisitionsaufwands die Anzahl der notwendigen persönlichen Informations- und Verkaufskontakte. Abbildung 6-4 stellt neben dieser Größe auch die durchschnittliche Dauer des Akquisitionsprozesses in den unterschiedlichen Branchen dar. Zwei Ergebnisse wollen wir hier hervorheben: Zum einen existieren deutliche Unterschiede zwischen den Branchen. So benötigen Maschinenbauer durchschnittlich fast drei mal soviele persönliche Kontakte wie Finanzdienstleistungs- und Marktforschungsunternehmen. Zum anderen ist die Streuung des Akquisitionsaufwands innerhalb der Branchen sehr unterschiedlich stark ausgeprägt. Während die Unterschiede zwischen den Unternehmen der Automobilhandels- und Finanzdienstleistungsbranche hinsichtlich Aufwand und Dauer des Akquisitionsprozesses relativ gering sind, sind diese im Maschinenbau und in der IT/TK-Branche sehr groß. 25% der befragten Maschinenbauer benötigen über 45 Wochen bis zu einem Erstauftrag (75%-Quartil). Weitere 25% der Maschinenbauunternehmen brauchen dagegen maximal 12 Wochen für die Akquisition eines neuen Kunden (25%-Quartil). In der IT/TK-Branche sind es bei jeweils einem Viertel der Unternehmen über 43 Wochen (75%-Quartil) bzw. weniger als 10 Wochen (25%-Quartil) bis zum Erstauftrag eines neuen Kunden.

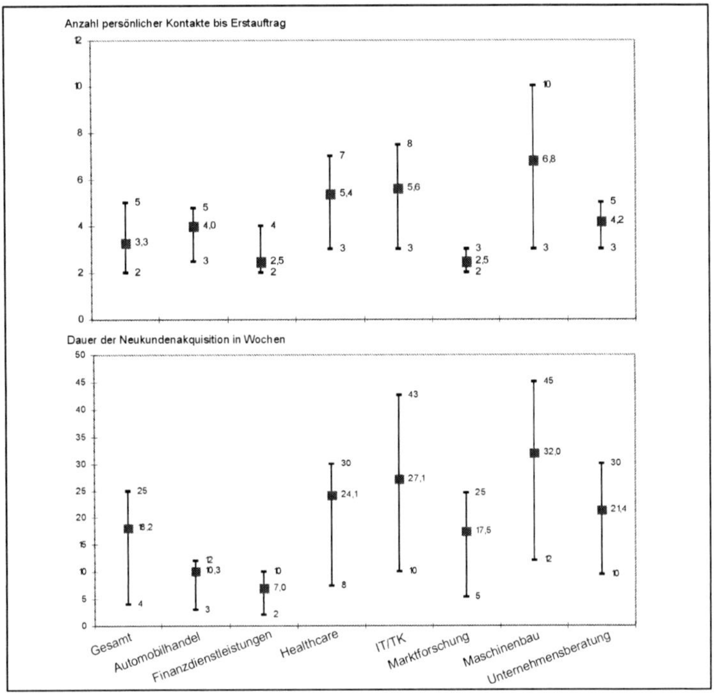

Abbildung 6-4: Anzahl persönlicher Kontakte bis zum Erstauftrag und Dauer der Neukundenakquisition

Im Folgenden wollen wir darüber hinaus darstellen, *wie erfolgreich* Unternehmen in der Neukundenakquisition sind (vgl. Abbildung 6-5). Dazu haben wir zum einem erfasst, welcher Anteil der kontaktierten potenziellen Neukunden gewonnen werden kann. Zum anderen ist dargestellt, welcher Anteil der gewonnenen Neukunden auch gebunden werden kann. Dabei zeigt sich, dass Unternehmen im Automobilhandel eine im Branchenvergleich eher geringe Erfolgsquote aufweisen. Hier werden nur 15% der angesprochenen potenziellen Neukunden auch gewonnen. Dagegen ist die Erfolgsquote in der Healthcarebranche und im Maschinenbau mit 30% bzw. 27% überdurchschnittlich hoch. Auffällig ist auch hier die hohe Streuung innerhalb der Branchen. Dies gilt insbesondere für die Healthcarebranche: 25% der Unternehmen akquirieren weniger als jeden zehnten angesprochenen potenziellen Neukunden (25%-Quartil), während 25% der Unternehmen mehr als jeden zweiten Interessenten gewinnen können (75%-Quartil). Hinsichtlich des Anteils gebundener Neukunden erkennt man ebenfalls gewisse branchenspezifische Unterschiede. Während im Automobilhandel und im Maschinenbau nur rund jeder fünfte Neukunde auch gebunden werden kann, wird in der IT/TK- und in der Unternehmensberatungsbranche fast jeder dritte Neukunde gebunden.

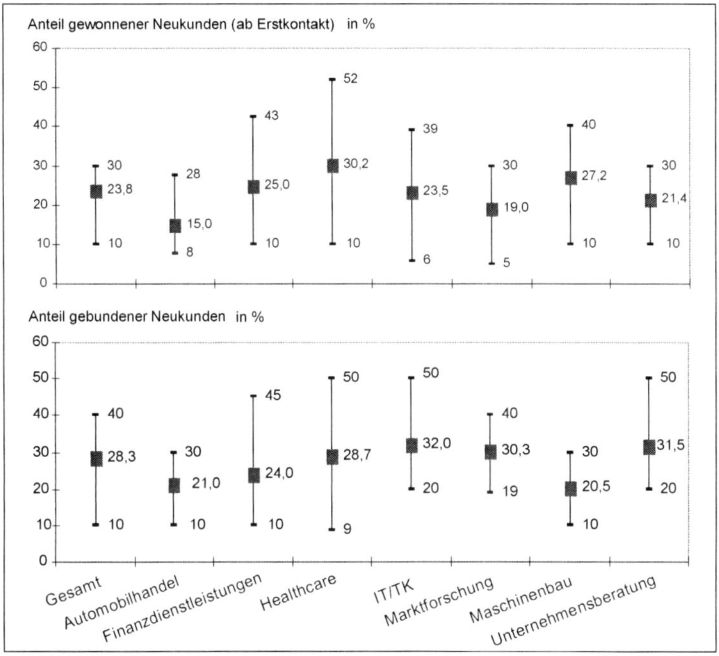

Abbildung 6-5: Anteil gewonnener und später gebundener Neukunden

6.2 Die Gestaltung der Neukundenakquisition

In diesem Abschnitt wenden wir uns dem State of Practice hinsichtlich zentraler Gestaltungsfelder der Neukundenakquisition zu. Dazu wollen wir zunächst darstellen, welche *Akquisitionsansätze* (vgl. auch Abschnitt 4.4) in den befragten Unternehmen in welchem Umfang eingesetzt werden.

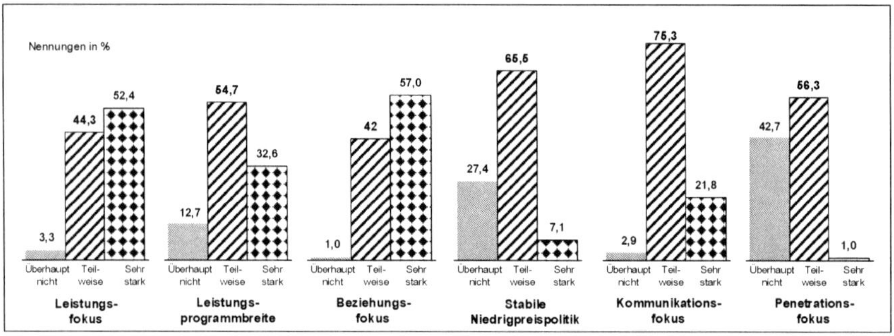

Abbildung 6-6: Status Quo der Strategiewahl zur Neukundenakquisition

Die verschiedenen Ansätze zur Neukundenakquisition kommen in höchst unterschiedlichem Ausmaß zum Einsatz. Auffällig ist die große Verbreitung des Leistungsfokus (52% der befragten Unternehmen setzen diesen Ansatz in hohem Maße zur Neukundenakquisition ein), des Beziehungsfokus (57%) sowie der Leistungsprogrammbreite (33%). Eine schwache Verbreitung weisen dagegen die beiden preisbezogenen Akquisitionsansätze auf: Nur 7% der Unternehmen „bekennen" sich zur Akquisition über stabile Niedrigpreise – noch weniger (1%) sind es nur bei vorübergehenden Niedrigpreisangeboten (Penetrationsfokus). Dieses Ergebnis deckt sich mit einer Einschätzung von Porter (1999, S. 317): „Unternehmensführungen sehen den Preiswettbewerb als unpassend oder unter ihrer Würde an." Angesichts der starken Erfolgswirkung einer stabilen Niedrigpreispolitik (vgl. Abschnitt 5.1.2.4) scheinen Unternehmen jedoch gut beraten, diesen Akquisitionsansatz stärker in Betracht zu ziehen. Auch Porter sieht im Verzicht auf eine stabile Niedrigpreispolitik eine typische strategische Falle für viele Unternehmen. Während eine Betonung des Leistungsfokus vor dem Hintergrund unserer empirischen Ergebnisse in Abschnitt 5.1.2.4 als gute Wahl erscheint, stellt der starke Fokus vieler Unternehmen auf eine beziehungsorientierte Neukundenakquisition keine erfolgsversprechende Strategie dar.

Im Folgenden wollen wir den State of Practice der erfolgsrelevanten Elemente der *internen Akquisitionsunterstützung* (vgl. Abschnitt 5.3.2) aufzeigen. Dazu wenden wir uns zunächst der für die erfolgreiche Neukundenakquisition notwendigen *Priorisierung* potenzieller Neukunden zu. Abbildung 6-7 zeigt auf, in welchem Ausmaß die Neukundenpriorisierung auf Basis welcher Kriterien erfolgt. Die Abschlusswahrscheinlichkeit und der Referenzwert des potenziellen Neukunden stellen dabei die am häufigsten eingesetzten Kriterien dar. Aber auch auf Basis der erwarteten Profitabilität der Kundenbeziehung und des

Kundenzufriedenheitspotenzials werden potenzielle Neukunden in rund 80% der befragten Unternehmen (zumindest teilweise) priorisiert.

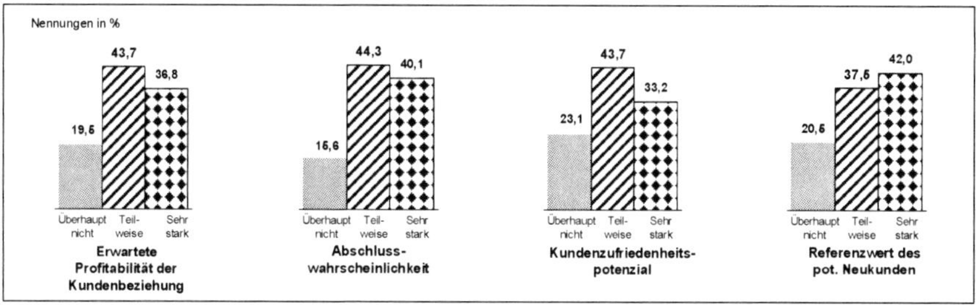

Abbildung 6-7: Status Quo zum Kriterieneinsatz im Rahmen der Neukundenpriorisierung

Bezüglich der ebenfalls erfolgsrelevanten *Informationserhebung* wird dagegen deutlich (vgl. Abbildung 6-8), dass zentrale Kundeninformationen durch die Unternehmen mehrheitlich überhaupt nicht oder nur teilweise erhoben werden. Nur in jedem fünften Unternehmen erfolgt die systematische Erhebung der Bedürfnisse potenzieller Neukunden. Noch weniger Verbreitung findet die Erhebung des aktuellen Bedarfs, der Zufriedenheit mit dem aktuellen Anbieter und der wesentlichen Entscheidungsprozesse potenzieller Neukunden. Hier besteht ohne Zweifel ein großer Verbesserungsbedarf in der Praxis.

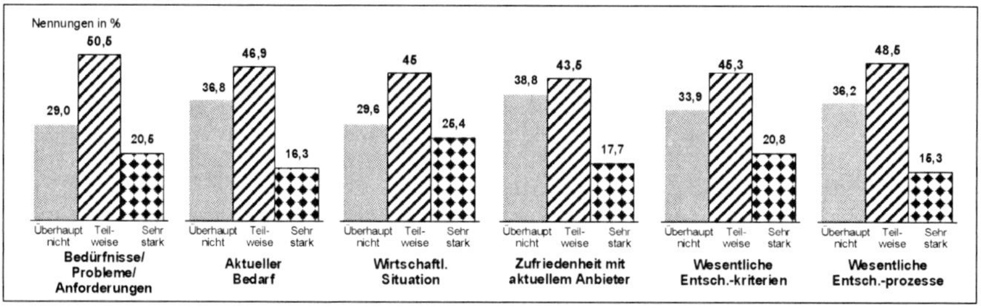

Abbildung 6-8: Status Quo der akquisitionsbezogenen Informationserhebung

Auch hinsichtlich der *Planung und Kontrolle* der Neukundenakquisition (vgl. Abbildung 6-9) sind große Defizite bei vielen Unternehmen zu sehen. Nur rund jedes vierte Unternehmen arbeitet mit speziellen Budgets für die Neukundenakquisition. Gleiches gilt für den Einsatz einer systematischen Erfolgsmessung und -kontrolle. Noch weniger verbreitet ist die systematische Wirtschaftlichkeitskontrolle. Mehr als 40% der Unternehmen arbeiten nach eigener Aussage ohne jede Kontrolle der Wirtschaftlichkeit ihrer Neukundenakquisition.

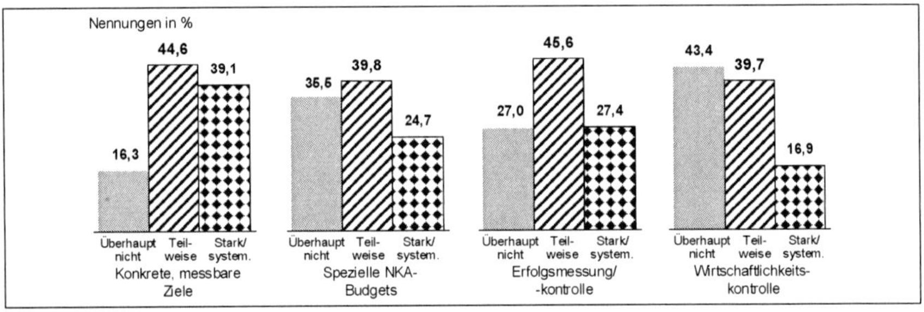

Abbildung 6-9: Status Quo der Planung und Kontrolle der Neukundenakquisition

Abschließend wenden wir uns der Verbreitung *akquisitions- und leistungsorientierter Anreizsysteme* zu (vgl. Abbildung 6-10). In Abschnitt 5.3.2 wurde die Akquisitionsorientierung der Anreizsysteme bereits als wichtiger Erfolgsfaktor identifiziert. Doch während allgemein leistungsorientierte Kriterien in den Anreizsystemen der Unternehmen relativ weit verbreitet sind, ist eine explizite Akquisitionsorientierung in den befragten Unternehmen eher die Ausnahme. Für weniger als jedes vierte Unternehmen stellt die Gewinnung neuer Kunden ein wichtiges Kriterium im Anreizsystem dar. Hinsichtlich der Ertragsstärke und Loyalität gewonnener Neukunden gilt dies sogar nur für knapp 15% und 11% der Unternehmen. Dieses Ergebnis steht im Einklang mit Krafft/Frenzen/Jeck (2002, S. 43), die diesbezüglich ebenfalls erhebliche Defizite konstatieren. Somit stellt auch die Akquisitionsorientierung des Anreizsystems ein erhebliches Verbesserungspotenzial in vielen Unternehmen dar.

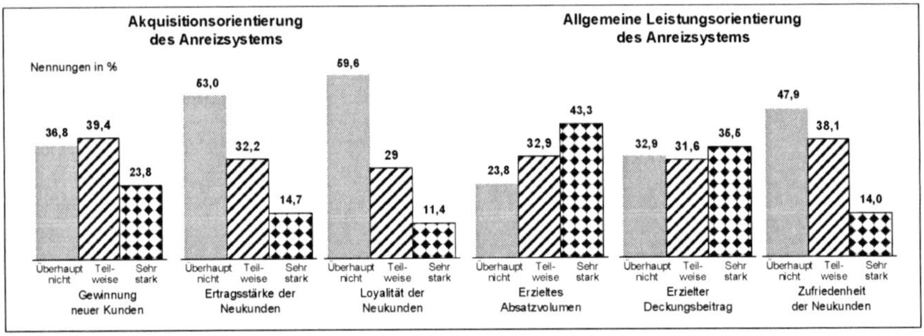

Abbildung 6-10: Status Quo der Gestaltung der Anreizsysteme

In der Gesamtbetrachtung sind den Unternehmen in den befragten Branchen erhebliche Defizite hinsichtlich der erfolgsrelevanten Elemente der internen Gestaltung der Neukundenakquisition zu attestieren.

7. Zusammenfassende Bewertung der Arbeit

In diesem abschließenden Kapitel werden zum einen die wesentlichen Erkenntnisse der Arbeit zusammengefasst (Abschnitt 7.1). Zum anderen werden die Implikationen aus den Ergebnissen der Arbeit für die Forschung (Abschnitt 7.2) und die Unternehmenspraxis (Abschnitt 7.3) herausgearbeitet.

7.1 Zusammenfassung der zentralen Ergebnisse

Ausgangspunkt der vorliegenden Arbeit war das existierende Verbesserungspotenzial der Neukundenakquisition in der Unternehmenspraxis, das aufkeimende Interesse der Wissenschaft an dem Thema sowie die großen bestehenden Forschungslücken zur Neukundenakquisition. Ziel der Arbeit war vor diesem Hintergrund die theoretisch-konzeptionell fundierte und empirische Untersuchung der Erfolgsfaktoren und Erfolgswirkungen im Management der Neukundenakquisition. Dazu wurden vier Forschungsfragen formuliert (Abschnitt 1.2).

Um diese Forschungsfragen zu beantworten, erfolgte zunächst eine systematische Bestandsaufnahme der Literatur zur Neukundenakquisition (Abschnitt 2.2) sowie zu drei angrenzenden Literaturgebieten (Abschnitt 2.3). Basierend auf dieser Bestandsaufnahme und gestützt durch theoretische Bezugspunkte (Abschnitt 2.5) wurde ein umfassendes Untersuchungsmodell entwickelt (Kapitel 1). Dieses Gesamtmodell wurde ergänzt um zwei Partialmodelle. Insgesamt haben wir zu diesen drei Modellen 28 Hypothesen zu Haupteffekten sowie 10 Hypothesen zu moderierenden Effekten formuliert.

Zur Überprüfung der Hypothesen wurde eine branchenübergreifende empirische Untersuchung in insgesamt sieben Branchen durchgeführt. Im Rahmen dieser Untersuchung wurden über 300 für die Neukundenakquisition verantwortliche Führungskräfte befragt. Durch Anwendung fortgeschrittener multivariater Analyseverfahren und deskriptiver Statistiken kommen wir zu folgenden Erkenntnissen hinsichtlich unserer Forschungsfragen:

1a. Welches sind die zentralen Gestaltungsfelder im Management der Neukundenakquisition?

1b. Welche grundsätzlichen Strategien zur Neukundenakquisition können unterschieden werden?

Die Ergebnisse der empirischen Untersuchung stützen das auf Basis der Literaturbestandsaufnahme und der theoretischen Grundlagen abgeleitete Modell. Demnach umfasst ein systematisches Management der Neukundenakquisition neben Akquisitionsstrategien und der Ressourcenallokation auch die Mitarbeiter sowie unterschiedliche Elemente der internen Akquisitionsunterstützung. Wir konnten hier neben der Segmentierung und Priorisierung auch die Planung und Kontrolle, das Informationsmanagement, die Ausgestaltung der Anreizsysteme sowie die personelle und IT-/trainingsgestützte Akquisitionsunterstützung identifizieren. In Bezug auf Forschungsfrage 1b unterscheiden wir sechs grundsätzliche Ansätze zur Gewinnung neuer Kunden: den Leistungsfokus, die Leistungsprogrammbreite, den Beziehungsfokus, den Kommunikationsfokus sowie die stabile Niedrigpreispolitik und den Penetrationsfokus.

2a. Welches sind die zentralen Erfolgsfaktoren im Management der Neukundenakquisition?

2b. Inwiefern existieren moderierende Effekte auf die Beziehung zwischen Erfolgsfaktoren und dem Akquisitionserfolg?

Angesichts der Verbesserungspotenziale der Neukundenakquisition in der Praxis stellt die Untersuchung der Erfolgsfaktoren das zentrale Ziel dieser Arbeit dar. Neben den direkten Effekten zwischen den Gestaltungsvariablen und dem Akquisitionserfolg (Forschungsfrage 2a) haben wir überdies ausgewählte Bedingungen untersucht, unter denen die Erfolgsfaktoren unterschiedlich stark ausgeprägt sind (Forschungsfrage 2b). Die Beantwortung der Forschungsfragen 2a und 2b erfolgte über die Ableitung und empirische Überprüfung des Gesamtmodells und der zwei Partialmodelle zur Qualität der Mitarbeiter und zur internen Akquisitionsunterstützung. Im Rahmen dieser Untersuchungsmodelle wurde auf Basis existierender Erkenntnisse aus Forschung und Praxis sowie auf Basis der theoretisch-konzeptionellen Bezugspunkte eine Konzeptualisierung und Operationalisierung der unterschiedlichen Gestaltungsvariablen und Erfolgsgrößen vorgenommen. Durch die Überprüfung der Hypothesen zu den Haupteffekten und moderierenden Effekten konnten die folgenden zentralen Ergebnisse gewonnen werden:

- Das *Ausmaß der Ressourcenallokation* für die Neukundenakquisition stellt keinen zentralen Treiber des Akquisitionserfolgs dar.
- Der mit großem Abstand wichtigste Erfolgsfaktor im Rahmen der hier betrachteten Neukundenakquisition für erklärungsbedürftige Leistungen ist die *Qualität der Mitarbeiter*. Dies gilt insbesondere bei hoher Kundenheterogenität und hoher Leistungskomplexität. Erfolgsrelevant für die Akquisition neuer Kunden ist allerdings nur die verkaufsbezogene Qualität bzw. Kompetenz der Mitarbeiter. Die angenommene positive Wirkung des kundenorientierten Verkaufsverhaltens konnte dagegen nicht

bestätigt werden. Unser Ergebnis entspricht der Auffassung von Saxe/Weitz (1982), die betonen, dass kundenorientiertes Verkaufsverhalten nur dann empfehlenswert ist, wenn eine Geschäftsbeziehung zwischen Verkäufer und Kunde bereits existiert. Dieser Tatbestand ist in der Neukundenakquisition aber nicht erfüllt.

- Hinsichtlich der Erfolgswirkung der unterschiedlichen *Akquisitionsansätze* sind die stark positiven Effekte des Leistungsfokus und der stabilen Niedrigpreispolitik sowie der negative Effekt des Beziehungsfokus hervorzuheben. Die Ergebnisse decken sich mit den Befunden von Doney/Cannon (1997, S. 46), die nachgewiesen haben, dass viele Kunden „trainiert" sind, sich auf „objective evidence that demonstrates the superiority of the product offering, rather than subjective assessments (of trust)" zu stützen. Das durch den Beziehungsfokus geförderte Vertrauen in den Anbieter ist im Allgemeinen offensichtlich eher ein „Order Qualifier" als ein „Order Winner". Ersteres sind Kriterien, die ein Unternehmen erfüllen muss, um überhaupt als möglicher Lieferant angesehen zu werden. Dagegen sind „Order Winner" solche Kriterien, die tatsächlich zur Neukundenakquisition führen (vgl. Doney/Cannon 1997, S. 46; Hill 1994, S. 33). Unsere Ergebnisse bestätigen auch Beverland (2001, S. 209), der herausfindet, dass Anbieter häufig die Wichtigkeit beziehungsbezogener Elemente überschätzen („Customers paid lip service to intimacy, and when it came down to it, price was still the real issue."). Auf Basis unserer Ergebnisse ist Wathne/Biong/Heide (2001, S. 63) zuzustimmen, die konstatieren: „Price is [...] the strongest competitive tool available to a new entrant that wishes to undermine an existing relationship." Die positive Wirkung einer stabilen Niedrigpreispolitik wird durch eine hohe Kundenheterogenität und hohe Leistungskomplexität allerdings negativ moderiert.

- Die *interne Akquisitionsunterstützung* stellt ein in der Praxis häufig vernachlässigtes, aber wichtiges Element im Management der Neukundenakquisition dar. Insbesondere die Neukundenpriorisierung, das akquisitionsbezogene Informationsmanagement, die akquisitionsspezifische Ausgestaltung des Anreizsystems und die Planung und Kontrolle stellen wichtige Erfolgsfaktoren dar. Dabei wird die positive Wirkung der Priorisierung durch die Qualität der Mitarbeiter positiv moderiert. Das Informationsmanagement ist bei hoher Wettbewerbsintensität besonders erfolgsrelevant. Nicht bestätigt werden konnte dagegen die Erfolgsrelevanz der Neukundensegmentierung, der Leistungsorientierung des Anreizsystems sowie der personellen Akquisitionsunterstützung.

3. Welches sind die (relativen) Erfolgswirkungen der Neukundenakquisition?

Auch die Erfolgswirkungen wurden im Rahmen der Untersuchungsmodelle untersucht. Entgegen der verbreiteten Ansicht, dass Wachstumspotenziale heutzutage aus der Kundenbindung und Kundendurchdringung bzw. aus erhöhtem Cross-Selling kommen müssen („because it is easier for institutions to grow by cross-selling [...] to existing customers than by attracting new customers“, Kamakura/Ramaswami/Srivastava 1991, S. 329), zeigen unsere Ergebnisse, dass die Neukundenakquisition den wichtigeren Wachstumstreiber darstellt. Dies gilt auch für Unternehmen in gesättigten Branchen. Dabei weist der Akquisitionserfolg einen deutlich stärkeren Effekt auf den Wachstumserfolg auf als der Kundenbindungserfolg. Darüber hinaus konnten wir zeigen, dass die positive Wirkung des Akquisitionserfolgs gerade bei hoher Wettbewerbsintensität besonders stark ausgeprägt ist. Dies heißt nicht, dass die Kundenbindung nicht mehr von Bedeutung wäre. Aber die Ergebnisse machen deutlich, dass Verbesserungs- und damit auch Wachstumspotenziale heute v. a. in der Neukundenakquisition zu finden sind.

4. Welchen Stellenwert hat die Neukundenakquisition aktuell in den unterschiedlichen Branchen und wie wird das Management der Neukundenakquisition in der unternehmerischen Praxis aktuell gestaltet?

Unsere Bestandsaufnahme zum State of Practice erbrachte folgende zentrale Erkenntnisse:

- Unternehmen in allen untersuchten Branchen sprechen der Neukundenakquisition aktuell eine geringere Bedeutung als der Kundenbindung zu. Gleichzeitig gehen die Unternehmen mehrheitlich aber auch von einer wieder zunehmenden Bedeutung der Neukundenakquisition aus. Denn die überwiegende Mehrheit der befragten Unternehmen sieht wesentliche Wachstumspotenziale nur in der Akquisition neuer Kunden.

- Hinsichtlich der Bedeutung der Neukundenakquisition, aber auch beim Aufwand und Erfolg, existieren sowohl zwischen den Branchen als auch innerhalb einer Branche deutliche Unterschiede.

- Der Leistungsfokus, der Beziehungsfokus und die Leistungsprogrammbreite stellen besonders verbreitete Ansätze zur Akquisition neuer Kunden dar. Nur in Ausnahmefällen sehen Unternehmen dagegen in einer stabilen Niedrigpreispolitik oder in vorübergehenden Lockangeboten zentrale Akquisitionsstrategien. Wie die Ergebnisse unserer Kausalanalysen zeigen (vgl. Abschnitt 5.1.2.4), verfolgen Unternehmen damit aber mehrheitlich nicht erfolgreiche Akquisitionsstrategien.

- Auch hinsichtlich der erfolgsrelevanten Elemente der internen Akquisitionsunterstützung besteht wesentlicher Verbesserungsbedarf in der Praxis. Unsere Untersuchung ergab deutliche Defizite in der Informationserhebung, in der Planung und Kontrolle der Neukundenakquisition sowie in der akquisitionsbezogenen Gestaltung des Anreizsystems.

7.2 Implikationen für die Forschung

Der Forschungsbeitrag der vorliegenden Arbeit kann aus inhaltlicher, theoretischer und methodischer Sicht bewertet werden.

Ein erster *inhaltlicher* Forschungsbeitrag liegt in der systematischen Bestandsaufnahme der bestehenden Literatur zur Neukundenakquisition. Nach unserem Kenntnisstand handelt es sich hier um die mit Abstand umfassendste Aufbereitung der wissenschaftlichen Literatur zu diesem Thema. Des Weiteren erfolgte im Rahmen der vorliegenden Arbeit erstmals eine systematische Verknüpfung der Neukundenakquisition mit verwandten Themenfeldern (vgl. Abschnitt 2.3). Insbesondere Erkenntnisse aus der Forschung zum Vertriebsmanagement und persönlichen Verkauf, zum Kundenbeziehungsmanagement sowie zum organisationalen Beschaffungsverhalten wurden integriert.

Ein weiterer inhaltlicher Beitrag liegt in der umfassenden Konzeption des Managements der Neukundenakquisition. Unser Modell erfasst aus einer Managementperspektive integrativ alle zentralen Entscheidungsbereiche im Rahmen der Neukundenakquisition. Auch in der systematischen Erarbeitung eines fundierten Untersuchungsrahmens zur Analyse von Wirkungszusammenhängen zwischen Gestaltungsvariablen und den Erfolgsgrößen ist ein wichtiger Beitrag dieser Arbeit zu sehen.

Ein dritter inhaltlicher Beitrag zur Forschung liegt in den empirischen Ergebnissen dieser Arbeit. Hier ist zunächst die aus unserer Sicht bislang umfassendste Identifikation zentraler branchenübergreifender Erfolgsfaktoren des Akquisitionserfolgs zu nennen. Hierbei wurden nach außen gerichtete Aspekte (Akquisitionsansätze) ebenso berücksichtigt wie Aspekte der internen Akquisitionsunterstützung. Darüber hinaus gelingt der nach unserem Wissen erstmalige empirische Nachweis der moderierenden Wirkung bestimmter markt-, kunden-, leistungs- und anbieterbezogenen Kontextvariablen auf die Beziehung zwischen ausgewählten Gestaltungsvariablen und dem Akquisitionserfolg. Überdies konnten die Erfolgswirkungen der Neukundenakquisition auf den Unternehmenserfolg empirisch erfasst und mit der Wirkung des Kundenbindungserfolgs verglichen werden. Damit kann die vorliegende

Untersuchung wichtige inhaltliche Erkenntnisbeiträge zu einem durch die Marketingwissenschaft bislang relativ unerforschten Themengebiet leisten.

Neben den genannten inhaltlichen Beiträgen kann die Arbeit auch zur *theoretischen* Fundierung der Neukundenakquisition beitragen (vgl. Abschnitt 2.5). Mit der Risikotheorie, der Informationsökonomie und dem ressourcenbasierten Ansatz wurde das Untersuchungsmodell sowohl aus verhaltenswissenschaftlicher wie auch aus ökonomischer Perspektive theoretisch fundiert. Die beiden erstgenannten Theorien fundieren die Entscheidungssituation und das Kaufverhalten von Kunden bei neuen Anbietern. Damit tragen die beiden Theorien auch zum Verständnis der Wirkung unterschiedlicher Maßnahmen des Anbieters bei. Der ressourcenbasierte Ansatz hilft bei der Erklärung unterschiedlicher Erfolgsfaktoren im Management der Neukundenakquisition. Die theoretischen Beiträge sind in das Modell eingeflossen und konnten in der empirischen Untersuchung bestätigt werden.

Abschließend sollte die vorliegende Arbeit der Marketingwissenschaft auch in *methodischer* Hinsicht Impulse geben können. Dabei ist an erster Stelle der Einsatz fortgeschrittener Verfahren der Dependenzanalyse im Kontext der Neukundenakquisition zu nennen. Unsere Hypothesen zu Haupteffekten und moderierenden Zusammenhängen wurden mittels der Kausalanalyse bzw. Mehrgruppenkausalanalyse geprüft. Ein weiterer wichtiger methodischer Beitrag ist in der systematischen Entwicklung mehrerer Messinstrumente im Kontext der Neukundenakquisition zu sehen. In Ermangelung existierender empirischer Studien zu dem Thema mussten viele Skalen selbst entwickelt werden. Diese neuen Messmodelle konnten mittels Gütemaßen der ersten und zweiten Generation validiert werden und können somit für zukünftige weiterführende Forschungen herangezogen werden. Ein letzter methodischer Beitrag der Arbeit liegt in der Generierung einer branchenübergreifenden Datengrundlage, die sich damit deutlich von den existierenden Arbeiten zu diesem Thema abhebt.

Ansatzpunkte für eine zukünftige Forschung zur Neukundenakquisition liegen u.a. in den Restriktionen der vorliegenden Arbeit begründet. Eine erste Restriktion findet sich im empirischen Untersuchungsdesign. Für die vorliegende Arbeit wurden ausschließlich Schlüsselinformanten auf Anbieterseite befragt. Zukünftige Untersuchungen könnten beispielsweise die Erfolgswirkung unterschiedlicher Akquisitionsansätze anhand von dyadischen Daten untersuchen, die anbieterseitige Daten mit Kundendaten kombinieren. Ebenfalls ausbaubar ist der auf 307 Datensätze begrenzte Umfang der Stichprobe.

Insbesondere die in der Arbeit nicht bestätigten Hypothesen könnten auf Basis einer größeren Stichprobe erneut überprüft werden.

Eine weitere methodische Restriktion der Arbeit liegt in der statischen Betrachtung der Neukundenakquisition. Ein interessanter Ansatzpunkt für weitere Forschungen könnte z.B. in der Überprüfung der Nachhaltigkeit des Akquisitionserfolgs unterschiedlicher Akquisitionsansätze liegen. Dabei könnte der Frage nachgegangen werden, welcher der dargestellten Ansätze die verlässlichste spätere Bindung der gewonnenen Neukunden erlaubt.

Die vorliegende Arbeit hat den Anspruch, branchenübergreifend gültige Aussagen zu treffen. Dies bedeutet aber gleichzeitig einen gewissen Detailverlust bzgl. der speziellen Anforderungen und Erfolgsfaktoren der Neukundenakquisition in einzelnen Branchen. Eine sinnvolle Ergänzung zur durchgeführten Untersuchung wäre daher eine branchenbezogene Betrachtung. In Abhängigkeit der jeweiligen Branche könnte dann auch ein Multiple-Informant-Ansatz gewählt werden. Eine solche Vorgehensweise war mit den gewählten Branchen in der vorliegenden Untersuchung nicht möglich. Alternativ zur branchenbezogenen Betrachtung könnten akquisitionsbezogene Besonderheiten durch eine differenzierte Untersuchung im Business-to-Business- bzw. Business-to-Consumer-Kontext adressiert werden. Eine Fokussierung auf Business-to-Business-Unternehmen böte z.B. die Möglichkeit, die Wirkung von „Selling Teams“ im Rahmen der Neukundenakquisition genauer zu bewerten.

Eine abschließende inhaltliche Restriktion liegt in der Betrachtung der Erfolgswirkungen auf aggregierter Ebene. Zukünftige Arbeiten könnten die Kosten- und Erlöswirkungen der Neukundenakquisition differenzierter empirisch analysieren.

7.3 Implikationen für die Unternehmenspraxis

Neben den wissenschaftlichen Implikationen ergeben sich aus den durchgeführten Dependenzanalysen und deskriptiven Ergebnissen auch zahlreiche Erkenntnisse, die für die Neukundenakquisition in der Praxis von Bedeutung sind. Folgende Erkenntnisse und Implikationen zu Erfolgswirkungen und Erfolgsfaktoren lassen sich hier festhalten:

- Ein erstes aus Praxissicht interessantes Ergebnis liegt in der Erkenntnis, dass sich die Neukundenakquisition für den Anbieter lohnt. Unternehmen, die eine systematische Neukundenakquisition betreiben, weisen einen höheren Wachstumserfolg und einen höheren wirtschaftlichen Erfolg auf. Dies gilt allerdings nur für die Neukundenakquisition, die nicht nur effektiv, sondern auch effizient erfolgt. Unternehmen sollten daher nicht alle Aufmerksamkeit der Kundenbindung schenken oder sich auf zeitlich begrenzte Kundengewinnungsaktionen beschränken, sondern sollten kontinuierlich in die Neukundenakquisition investieren und diese optimieren. Diese positiven Auswirkungen der Neukundenakquisition finden sich entgegen der verbreiteten Meinung nicht nur in stark wachsenden Märkten, sondern auch in Branchen, die eher durch Stagnation und hohen Wettbewerbsdruck gekennzeichnet sind.

- Darüber hinaus wurden im Rahmen der vorliegenden Arbeit zentrale Erfolgsfaktoren der Neukundenakquisition identifiziert und manche bestehenden Mythen ausgeräumt: Besonders interessant aus Praxissicht ist beispielsweise das Ergebnis, dass das Ausmaß der investierten *Ressourcen* keine Rolle für den Akquisitionserfolg spielt. Ebenso überraschend ist, dass eine *beziehungsorientierte Neukundenakquisition* den Akquisitionserfolg nicht positiv beeinflusst. Dies kann für die erfolgreiche Neukundenakquisition sogar kontraproduktiv sein. Dieses Ergebnis erfährt besondere Praxisrelevanz angesichts der starken Verbreitung des Beziehungsfokus (vgl. Abschnitt 6.2). Anstatt in den aufwändigen und offenbar wenig zielführenden Beziehungsaufbau bereits in der Akquisitionsphase zu investieren, sollten sich Unternehmen Neukunden über *Leistungsvorteile und Niedrigpreise* erschließen. Diese Akquisitionsstrategien erwiesen sich als die mit Abstand wirksamsten Ansätze zur Akquisition neuer Kunden. Niedrige Preise führen aber nicht per se zum Erfolg. Im Gegensatz zu einer stabilen, durch hohe Transparenz gekennzeichneten Niedrigpreisstrategie, ist die Akquisition über vorübergehende Niedrigpreis- oder Lockangebote nicht erfolgreich. Vom „Kaufen neuer Kunden“ sollten Unternehmen in den betrachteten Branchen daher absehen. Vor dem Hintergrund dieser Ergebnisse zur Wirksamkeit der unterschiedlichen Akquisitionsstrategien sei Unternehmen geraten, einen *Zwei-Phasen-Ansatz* zu wählen (vgl. auch Beverland 2001, S. 213). In einer ersten Phase sollte sich der Anbieter v. a. auf den Verkaufsabschluss konzentrieren. Dieser kann durch überlegene Leistungen und stabil niedrige Preise, die dem Kunden einen direkten Nutzen erbringen, am besten gefördert werden. Nach dem Verkaufsabschluss sollte der Anbieter dann in der zweiten Phase gezielt in die Geschäftsbeziehung investieren. Dies bedeutet nicht, dass in der ersten Phase nicht auch bereits Beziehungsaufbau geleistet werden kann. Es kommt allerdings darauf an, dass in den beiden Phasen die Balance aus Verkaufs- und Beziehungsorientierung unterschiedlich sein muss.

- Der mit Abstand wichtigste Erfolgsfaktor der Neukundenakquisition ist die *Qualität der Mitarbeiter*. Dieses Ergebnis unterstreicht mit großer Deutlichkeit die Bedeutung qualifizierter Verkäufer für erklärungsbedürftige Leistungen. Dabei kommt der in der Praxis eher schwach ausgeprägten Verkaufskompetenz eine herausragende Bedeutung zu. Nicht erfolgsrelevant ist in diesem Zusammenhang dagegen ein kundenorientiertes Verkaufsverhalten.
- Häufig wird die Neukundenakquisition auf Strategien und Akquisitionsinstrumente reduziert. Wie unsere Untersuchung zeigt, hängt der Akquisitionserfolg aber auch davon ab, wie die Neukundenakquisition *intern unterstützt* wird. Das Zusammenführen unserer Ergebnisse aus der Erfolgsfaktoren- und der State-of-Practice-Betrachtung liefert wertvolle Einsichten in notwendige Verbesserungspotenziale von Unternehmen. Von Bedeutung ist insbesondere die Qualität des akquisitionsbezogenen *Informationsmanagements*. Angesichts der festgestellten Mängel in der Erhebung relevanter Neukunden-Informationen, besteht hier ein deutliches Optimierungspotenzial. Gleiches gilt für die konsequente Kontrolle des Erfolgs und der Wirtschaftlichkeit der eingesetzten Akquisitionsmaßnahmen. Hier mussten wir bei einem signifikanten Anteil der befragten Unternehmen erhebliche Defizite feststellen. Darüber hinaus sollten Unternehmen die Ausgestaltung ihrer Anreizsysteme überdenken. Zur Förderung des Akquisitionserfolgs ist es nicht ausreichend, allgemein leistungsbezogen auf Basis von Umsatzzahlen und Deckungsbeiträgen zu vergüten. Notwendig ist stattdessen die explizite Honorierung der Mitarbeiter bei Erfüllung akquisitionsspezifischer Ziele (z. B. die Gewinnung neuer Kunden, die Ertragsstärke und Loyalität gewonnener Neukunden). Auch dies erfolgt in den meisten Unternehmen noch viel zu selten.

Obwohl die Ergebnisse der vorliegenden Arbeit durchaus als Plädoyer für einen verstärkten Fokus auf die Neukundenakquisition zu sehen sind, wollen wir hier keinen einseitigen Fokus propagieren. Unternehmen müssen eine Balance zwischen der Neukundenakquisition und Bestandskundenbindung anstreben. Die Fokussierung auf eines der beiden Ziele ist nur unter Ausnahmebedingungen wirklich zu empfehlen. Die vorliegende Arbeit konnte zeigen, dass sich die Neukundenakquisition lohnt und über welche Stellhebel Unternehmen ihren Akquisitionserfolg verbessern können.

8. Literaturverzeichnis

Aaker, D.A., Jacobsen, R. (1985), Is Market Share All that it's Cracked up to Be? Journal of Marketing, 49, 11-22.

Achrol, R., Stern, L. (1988), Environmental Determinants of Decision-Making Uncertainty in Marketing Channels, Journal of Marketing Research, 25, 2, 36-50.

Ackerschott, H. (2004), Identifikation und Bewertung potenzieller Neukunden, in: Decker, R.F., Wartenberg, P. (Hrsg.), Vertriebs- und Kundenmanagement, Lohmar, 137-153.

Adler, J. (1996), Informationsökonomische Fundierung von Austauschprozessen: Eine nachfragerorientierte Perspektive, Wiesbaden.

Albers, S. (1989), Ein System zur IST-SOLL-Abweichungs-Ursachenanalyse von Erlösen, Zeitschrift für Betriebswirtschaft, 59, 6, 637-654.

Albers, S. (1998), Regeln für die Allokation eines Marketingbudgets auf Produkte oder Marktsegmente, Zeitschrift für betriebswirtschaftliche Forschung, 50, 3, 211-235.

Alchian, A.A., Demsetz, H. (1973), The Property-Rights-Paradigm, Journal of Economic History, 33, 3, 16-27.

Anderson, B.R. (1987), Professional Selling, 3rd ed., Englewood Cliffs.

Anderson, C.R., Zeithaml, C.P. (1984), Stage of the Product Life Cycle, Business Strategy and Business Performance, Academy of Management Journal, 27, 1, 5-24.

Anderson, E., Lodish, L.M., Weitz, B.A. (1987), Resource Allocation Behaviour in Conventional Channels, Journal of Marketing Research, 24, 1, 85-97.

Anderson, E., Oliver, R.L. (1987), Perspectives on Behaviour-Based versus Outcome-Based Salesforce Control Systems, Journal of Marketing, 51, 76-88.

Anderson, E., Sullivan, M. (1993), The Antecedents and Consequences of Customer Satisfaction for Firms, Marketing Science, 12, 2, 125-143.

Anderson, J.C., Gerbing, D.W. (1988), Structural Equation Modelling in Practice: A Review and Recommended Two-Step Approach, Psychological Bulletin, 103, 4, 411-423.

Anderson, J.C., Narus, J.A. (1998), Business Marketing: Understand what Customers Value, Harvard Business Review, 76, 53-65.

Armstrong, J.S., Overton, T.S. (1977), Estimating Non Response Bias in Mail Surveys, Journal of Marketing Research, 14, 8, 396-402.

Babakus, E., Cravens, D., Grant, K., Ingram, T., LaForge, R. (1996), Investigating the Relationships among Sales, Management Control, Sales Territory Design, Salesperson Performance, and Sales Organization Effectiveness, International Journal of Research in Marketing, 13, 4, 345-363.

Backhaus, K. (1997), Relationship Marketing – Ein neues Paradigma im Marketing?, in: Bruhn, M., Steffenhagen, H. (Hrsg.), Marktorientierte Unternehmensführung, Heribert Meffert zum 60. Geburtstag, Wiesbaden, 19-36.

Backhaus, K., Erichson, B., Plinke, W., Weiber, R. (2003), Multivariate Analysemethoden: Eine anwendungsorientierte Einführung, 10. Aufl., Berlin.

Bagozzi, R.P. (1979), The Role of Measurement in Theory Construction and Hypothesis Testing: Toward a Holistic Model, in: Ferrell, O., Brown, S., Lamb, C. (Hrsg.), Conceptual and Theoretical Developments in Marketing, Chicago, 15-32.

Bagozzi, R.P. (1994), Structural Equation Models in Marketing Research, Basic Principles, in: Bagozzi, R.P. (Hrsg.), Principles of Marketing Research, Cambridge, 317-385.

Bagozzi, R.P., Baumgartner, H. (1994), The Evaluation of Structural Equation Models and Hypothesis Testing, in: Bagozzi, R.P. (Hrsg.), Principles of Marketing Research, Cambridge, 386-422.

Bagozzi, R.P., Fornell, C. (1982), Theoretical Concepts, Measurements, and Meaning, in Fornell, C. (Hrsg.): A Second Generation of Multivariate Analysis. Measurement and Validation, New York.

Bagozzi, R.P., Phillips, L. (1982), Representing and Testing Organizational Theories: A Holistic Construal, in: Administrative Science Quarterly, 27, 3, 459-489.

Bagozzi, R.P., Yi, Y. (1988), On the Evaluation of Structural Equation Models, Journal of the Academy of Marketing Science, 16, 1, 74-97.

Bagozzi, R.P., Yi, Y., Phillips, L. (1991), Assessing Construct Validity in Organizational Research, Administrative Science Quarterly, 36, 3, 421-458.

Bailom, F., Casagranda, M., Matzler, K., Tschemernjak, D. (1999), Wertsteigernde Akquisitionsstrategien durch die Benefits-Profitabilitäts-Analyse, Thexis, 1999/2, 15-19.

Balakrishnan, S., Wernerfelt, B. (1986), Technical Change, Competition and Vertical Integration, Strategic Management Journal, 7, July/Aug., 347-359.

Baldauf, A., Cravens, D.W. (2003), Managementparameter und Außendienstmerkmale als Determinanten der Effektivität von Verkaufsorganisationen, Zeitschrift für Betriebswirtschaft, 73, 4, 371-405.

Balkin, D.B., Gomez-Mejia, L.R. (1990), Matching Compensation and Organizational Strategies, Strategic Management Journal, 11, 2, 153-169.

Bamberger, I., Wrona, T. (1996a), Der Ressourcenansatz im Rahmen des Strategischen Managements, Zeitschrift für betriebswirtschaftliche Forschung, 48, 130-153.

Bamberger, I., Wrona, T. (1996b), Der Ressourcenansatz und seine Bedeutung für die Strategische Unternehmensführung, Zeitschrift für betriebswirtschaftliche Forschung, 48, 2, 130-153.

Bamford, C.E., Dean, T.J., McDougall, P.P. (2000), An Examination of the Impact of Initial Founding Conditions and Decisions upon the Performance of New Bank Start-Ups, Journal of Business Venturing, 15, 253-277.

Banasiewicz, A. (2004), Acquiring High Value, Retainable Customers, Database Marketing and Customer Strategy Management, 12, 1, 21-31.

Bansai, H.S., Taylor, S.F., St. James, Y. (2005), „Migrating to New Service Providers": Toward a Unifying Framework of Consumers` Switching Behaviors, Journal of the Academy of Marketing Science, 33, 1, 96-115.

Barney, J.B. (1991), Firm Resources and Sustained Competitive Advantage, Journal of Management, 17, 1, 99-120.

Barney, J.B. (2001), Is the Resource-Based "View" a Useful Perspective for Strategic Management Research? Yes, Academy of Management Review, 26, 1, 41-56.

Bauer, H. (1979), Die Entscheidung des Handels über die Aufnahme neuer Produkte – Eine verhaltenstheoretische Analyse, Berlin.

Bauer, H. (1991), Strategische Erfolgsfaktoren im Software-Marketing, in: Heinrich, L.J., Pomberger, G., Schauer, R. (Hrsg.), Die Informationswirtschaft in Unternehmen, Linz, 223-251.

Bauer, H., Huber, F. (1997), Der Wert der Marke, Arbeitspapier, Institut für Marktorientierte Unternehmensführung (IMU), Universität Mannheim.

Bauer, H., Sauer, N.E., Becker, S. (2003), Risikowahrnehmung und Kaufverhalten im Internet, Marketing ZFP, 25, 3, 183-199.

Bauer, R. (1960), Consumer Behaviour as Risk-Taking, in: Hancock, R. (Hrsg.), Proceedings of the 43rd Conference of the American Marketing Association, Chicago, 389-398.

Bauer, R. (1967), Consumer Behavior as Risk-Taking, in: Cox, D.F. (Hrsg.), Risk Taking and Information Handling in Consumer Behavior, Boston, 23-33.

Baumgartner, H., Homburg, Ch. (1996), Applications of Structural Equation Modelling in Marketing and Consumer Research: A Review, International Journal of Research in Marketing, 13, 139-161.

Bearden, W.O., Shimp, T.A. (1982), The Use of Extrinsic Cues to Facilitate Product Adoption, Journal of Marketing Research, 19, 5, 229-329.

Becker, J., Homburg, Ch. (1999), Market-Oriented Management: A Systems-Based Perspective, Journal of Market-Focused Management, 4, 1, 17-41.

Behrman, D., Perreault, W. (1982), Measuring the Performance of Industrial Salespersons, Journal of Business Research, 10, 355-370.

Bello, D., Lohtia, R., Dant, S. (1999), Collaborative Relationships for Component Development: The Role of Strategic Issues, Production Costs and Transaction Costs, Journal of Business Research, 45, 15-31.

Belz, Ch. (1998), Akzente im innovativen Marketing, Zürich

Belz, Ch. (2002), Marketing Update 2005 - Akzente im innovativen Marketing, St. Gallen.

Belz, Ch. (2003), Logbuch Direktmarketing: Vom Mailing zum Dialog-Marketing, Frankfurt.

Belz, Ch. (2004), Marketing Reloaded – Marketingparadigmen auf dem Prüfstand, Thexis, 2/2004, 3-7.

Benkenstein, M., Stuhldreier, U. (2001), Kundenwertsteigerung durch Beziehungsmarketing im Privatkundengeschäft von Universalbanken, in: Günter, B., Helm, S. (Hrsg.), Kundenwert, Wiesbaden, 641-658.

Bentler, P. (1990), Comparative Fit Indexes in Structural Models, Psychological Bulletin, 107, 2, 238-246.

Bentler, P., Bonett, D. (1980), Significance Tests and Goodness of Fit in the Analysis of Covariance Structures, Psychological Bulletin, 88, 3, 588-606.

Berekoven, L., Eckert, W., Ellenrieder, P. (2004), Marktforschung: Methodische Grundlagen und praktische Anwendung, 10. Aufl., Wiesbaden.

Berger, P.D., Bechwati, N.N. (2001), The Allocation of Promotion Budget to Maximize Customer Equity, Omega – The International Journal of Management Science, 29, 49-61.

Berger, P.D., Bolton, R.N., Bowman, D., Briggs, E., Kumar, V., Parasuraman, A., Creed, T. (2000), Marketing Actions and the Value of Customer Assets, Journal of Service Research, 5, 39-54.

Berger, P.D., Nasr, N.I. (1998), Customer Lifetime Value: Marketing Models and Applications, Journal of Interactive Marketing, 12, 17-31.

Bettman, J.R. (1973), Perceived Risk and its Components: A Model and Empirical Test, Journal of Marketing Research, 10, 2, 184-191.

Beverland, M. (2001), Contextual Influences and the Adoption and Practice of Relationship Selling in a Business-to-Business Setting – An Exploratory Study, Journal of Personal Selling and Sales Management, 11, 3, 207-215.

Bharadwaj, S.G., Varadarajan, R.P., Fahy, J. (1993), Sustainable Competitive Advantage in Service Industries, A Conceptual Model and Research Propositions, Journal of Marketing, 57, 83-99.

Bhargava, M., Dubelaar, C., Ramaswami, S. (1994), Reconciling Diverse Measures of Performance: A Conceptual Framework and Test of a Methodology, Journal of Business Research, 31, 235-246.

Blattberg, R.C., Deighton, J. (1996), Manage Marketing by the Customer Equity Test, Harvard Business Review, 74, 4, 136-145.

Blattberg, R.C., Getz, G., Thomas, J.S. (2001a), Customer Equity: Building and managing relationships as Valuable Assets, Boston.

Blattberg, R.C., Getz, G., Thomas, J.S. (2001b), Managing Customer Acquisition, Direct Marketing, 64, 6, 41-55.

Bloom, P.N., Reve, T. (1990), Transmitting Signals to Consumers for Competitive Advantage, Business Horizons, 33, 4, 58-67.

Bohn, A. (1993), Differenzierungsstrategien – Kritische Würdigung eines zentralen Konzeptes der strategischen Unternehmensführung, München.

Bohr, K. (1993), Effizienz und Effektivität, in: Wittmann, W. et al. (Hrsg.), Handwörterbuch der Betriebswirtschaft, 5. Aufl. Stuttgart, 855-869.

Boles, J.S., Johnson, J.T., Barksdale, H. (2000), How Salespeople Build Quality Relationships: A Replication and Extension, Journal of Business Research, 48, 1, 75-82.

Bollen, K.A. (1989), Structural Equations with Latent Variables, New York.

Bollen, K.A., Lennox, R. (1991), Conventional Wisdom on Measurement: A Structural Equation Perspective, Psychological Bulletin, 110, 2, 305-314.

Bolton, R.N., Lemon, K.N., Verhoef, P.C. (2004), The Theoretical Underpinnings of Customer Asset Management: A Framework and Propositions for Future Research, Journal of the Academy of Marketing Science, 32, 3, 271-292.

Boorom, M., Goolsby, J., Ramsey, R. (1998), Relational Communication Traits and Their Effect on Adaptiveness and Sales Performance, Journal of the Academy of Marketing Science, 26, 1, 16-30.

Booth, M.E., Philip, G. (1998), Technology, Competencies and Competitiveness: The Case for Reconfigurable and Flexible Strategies, Journal of Business Research, 41, 1, 29-40.

Bouncken, R. (2000), Vertrauen - Kundenbindung - Erfolg?, in: Bruhn, M., Stauss, B. (Hrsg.), Dienstleistungsmanagement Jahrbuch 2000: Kundenbeziehungen im Dienstleistungsbereich, Wiesbaden, 3-22.

Bowman, D., Narayandas, D. (2004), Linking Customer Management Effort to Customer Profitability in Business Markets, Journal of Marketing Research, 16, 433-447.

Brandt, F. (1998), Computergestützte Angebotssysteme in der persönlichen Verkaufsberatung, Wiesbaden.

Brehm, J.W. (1966), A Theory of Psychological Reactance, New York.

Breitschuh, J. (1999), Neukundengewinnung mit Methoden des Direktmarketings am Beispiel des Versandhandels in der BRD – eine empirische Untersuchung, Wiesbaden.

Breivik, E., Rokkan, A., Lines, R., Larsen, S. (1998), Establishing Marketing Relationships: Deliberate Decision or Inertia?, 27th EMAC Conference, Track 1.

Brooksbank, R. (1995), The New Model of Personal Selling: Micromarketing, Journal of Personal Selling and Sales Management, 15, 2, 61-66.

Brown, S.P. (1995), The Moderating Effects of Insupplier/Outsupplier Status on Organizational Buyer Attitudes, Journal of the Academy of Marketing Science, 23, 3, 170-181.

Browne, M., Cudeck, R. (1993), Alternative Ways of Assessing Model Fit, in: Bollen, K., Long, J. (Hrsg.), Testing Structural Equation Models, Newbury Park, 136-162.

Bruhn, M. (2000a), Das Konzept der kundenorientierten Unternehmensführung, in: Hinterhuber, H.H., Matzler, K. (Hrsg.), Kundenorientierte Unternehmensführung, Wiesbaden, 23-48.

Bruhn, M. (2000b), Kundenerwartungen – Theoretische Grundlagen, Messung und Managementkonzept, Zeitschrift für Betriebswirtschaft, 9, 1031-1054.

Bruhn, M. (2001), Relationship Marketing, München.

Brush, T.H., Bromily, P., Hendrickx, M. (2000), The Free Cash Flow Hypothesis for Sales Growth and Firm Performance, Strategic Management Journal, 21, 4, 455-472.

Bubb, P.L., van Rest, D.J. (1973), Loyalty as a Component of the Industrial Buying Decision, Industrial Marketing Management, 3, 1, 25-32.

Bunn, M. (1993), Taxonomy of Buying Decision Approaches, Journal of Marketing, 57, 1, 38-56.

Bunn, M., Liu, B. (1996), Situational Risk in Organizational Buying: A Basis für Adaptive Selling, Industrial Marketing Management, 25, 439-452.

Burnham, T.A., Freis, J.K., Mahajan, V. (2003), Consumer Switching Costs: A Typology, Antecedents, and Consequences, Journal of the Academy of Marketing Science, 31, 2, 109-126.

Büttgen, M. (2003), Recovery Management – systematische Kundenrückgewinnung und Abwanderungsprävention zur Sicherung des Unternehmenserfolges, Die Betriebswirtschaft, 63, 1, 60-76.

Buzzell, R.D., Gale, B., Sultan, R. (1975), Market Share – A key to Profitability, Harvard Business Review, 53, 1, 97-107

Buzzell, R.D., Gale, B. (1987), The PIMS Principles – Linking Strategy to Performance, New York.

Cannon, J.P., Homburg, Ch. (2001), Buyer-Supplier Relationships and Customer Firm Costs, Journal of Marketing, 65, 1, 29-43.

Cannon, J.P., Perreault, W.D. (1999), Buyer-Seller Relationships in Business Markets, Journal of Marketing Research, 36, 11, 439-460.

Cao, Y., Gruca, T. (2005), Reducing Adverse Selection through Customer Relationship Management, Journal of Marketing, 69, 4, 219-229.

Capraro, A.J., Broniarczyk, B., Srivastava, R.K. (2003), Factors Influencing the Likelihood of Customer Defection: The Role of Consumer Knowledge, Journal of the Academy of Marketing Science, 31, 2, 164-176.

Cardinaels, E., Roodhooft, F., Warlop, L. (2004), Customer Profitability Analysis Reports for Resource Allocation: The Role of Complex Marketing Environments, Abacus, 40, 2, 238-258.

Chakravarty, B. (1986), Measuring Strategic Performance, Strategic Management Journal, 7, 437-458.

Chandon, P., Wansink, B., Laurent, G. (2000), A Benefit Congruency Framework of Sales Promotion Effectiveness, Journal of Marketing, 64, 65-81.

Choffray, J.M., Johnston, P.E. (1979), Measuring Perceived Pre-Purchase Risk for A New Industrial Product, Industrial Marketing Management, 8, 4, 333-340.

Churchill, G.A. (1979): A Paradigm for Developing Better Measures of Marketing Constructs, Journal of Marketing Research, 16, 2, 64-73.

Churchill, G.A. (1991), Marketing Research – Methodological Foundations, 5. Aufl., Fort Worth.

Churchill, G.A., Ford, N.M., Hartley, S.W., Walker Jr., O.C. (1985), The Determinants of Salesperson Performance: A Meta-Analysis, Journal of Marketing Research, 22, 5, 103-118.

Churchill, G.A., Peter, J.P. (1984), Research Design Effects on the Reliability of Rating Scales: A Meta-Analysis, Journal of Marketing Research, 21, 4, 360-375.

Claycomb, V., Frankwick, G.L. (1997), The Dynamics of Buyer's Perceived Costs During the Relationship Development Process, Journal of Business-to-Business Marketing, 4, 1, 1-37.

Clopton, S. (1984), Seller and Buying Firm Factors Affecting Industrial Buyers' Negotiation Behavior and Outcomes, Journal of Marketing Research, 21, 2, 39-53.

Coase, R. (1937), The Nature of the Firm, Economica, 4, 4, 386-405.

Collis, D.J., Montgomery, C.A. (1995), Competing on Resources: Strategy in the 1990s, Harvard Business Review, 7, 118-128.

Colombo, R. (2000), A Model for Diagnosing and Reducing Nonresponse Bias, Journal of Advertising Research, 20, 1/2, 85-93.

Cooper, A.C., Gimeno-Gascon, F.J., Woo, C.Y. (1994), Initial Human and Financial Capital as Predictors of New Venture Performance, Journal of Business Venturing, 9, 371-395.

Cooper, R. (2000), Product Leadership, Cambridge.

Cooper, R., Easingwood, C., Edgett, S., Kleinschmidt, E., Storey, C. (1994), What Distinguishes the Top Performing New Products in Financial Services, Journal of Product Innovation, 11, 281-299.

Corsten, H. (1986), Zur Diskussion von Dienstleistungsbesonderheiten und ihre ökonomischen Auswirkungen, in: Gesellschaft für Konsumforschung (Hrsg.), Jahrbuch der Absatz- und Verbrauchsforschung, 32, Nürnberg.

Cortina, J. M. (1994), What is Coefficient Alpha? An Examination of Theory and Applications, Journal of Applied Psychology, 78, 1, 98-104.

Covin, J.G., Slevin, D.P., Schultz, R.L. (1994), Implementing Strategic Missions: Effective Strategic, Structural and Tactical Choices, Journal of Management Studies, 31, 4, 481-503.

Cox, D.F., Rich, S.U. (1964), Perceived Risk and Consumer Choice Decision Making – The Case of Telephone Shopping, Journal of Marketing Research, 11, 1, 32-39.

Crane, F., Clarke, T. (1988), The Identification of Evaluative Criteria and Cues Used in Selecting Services, Journal of Service Marketing, 2, 53-60.

Cravens, D.W., Ingram, T.N., LaForge, R.W., Young, C.E. (1993), Behavior-Based and Outcome-Based Salesforce Control Systems, Journal of Marketing, 57, 47-59.

Cravens, D.W., LaForge, R.W. (1983), Salesforce Deployment Analysis, Industrial Marketing Management, 12, 7, 179-192.

Cronbach, L.J. (1947), Test 'Reliability': Its Meaning and Determination, Psychometrika, 12, 1, 1-16.

Cronbach, L.J. (1951), Coefficient Alpha and the Internal Structure of Tests, Psychometrika, 16, 3, 297-334.

Cronin, J.J., Page, T.J. (1988), An Examination of the Relative Impact of Growth Strategies on Profit Performance, European Journal of Marketing, 22, 1, 57-68.

Crosby, L.A., Evans, K.R., Cowles, D. (1990), Relationship Quality in Services Selling: An Interpersonal Influence Perspective, Journal of Marketing, 54, 1, 68-81.

Cudeck, R., Browne, M. (1983), Cross-Validation of Covariance Structures, Multivariate Behavioral Research, 18, 2, 147-167.

Dannenberg, H. (2002), Neukundengewinnung, in: Pepels, W. (Hrsg.), Handbuch Vertrieb, 31-48.

Darby, M., Karni, E. (1973), Free Competition and the Optimal Amount of Fraud, Journal of Law and Economics, 16, 67-88.

Dalrymple, D.J. (1988), Sales Management, 3. Aufl., New York.

Dalton, D.R., Todor, W.D., Spendolini, M.J., Fielding, G.J., Porter, L.W. (1980), Organization Structure and Performance: A Critical Review, Academy of Management Review, 5, 49-64.

Darmon, R.Y. (1990), Setting Commission Rates for the Control of the Salesperson's Client-Prospect Effort Allocation, Journal of the Operational Research Society, 41, 151-163.

Dawar, N., Sarvary, M. (1997), The Signaling Impact of Low Introductory Price on Perceived Quality and Trial, Marketing Letters, 8, 3, 251-259.

Dawes, P., Lee, D. (1996), Communication Intensity in Large-Scale Organizational High Technology Purchasing Decisions, Journal of Business-to-Business Marketing, 3, 3, 12-38.

Day, G.S. (1984), Strategic Market Planning, St. Paul.

Day, G.S. (1990), Market Driven Strategy: Processes for Creating Value, New York.

DeCormier, R.A., Jobber, D. (1993), The Counselor Selling Method: Concepts and Constructs, Journal of Personal Selling and Sales Management, 13, 4, 39-59.

Dess, G., Davis, P. (1984), Porter's (1980) Generic Strategies as Determinants of Strategic Group Membership an Organizational Performance, Academy of Management Journal, 27, 3, 467-488.

Dess, G., Robinson, R.B. (1984), Measuring Organizational Performance in the Absence of Objective Measures, Strategic Management Journal, 5, 265-273.

Detroy, E. (2005), Das Powerbuch der Neukundengewinnung, 3. Aufl., Frankfurt.

Deutsche Gesellschaft für Qualität (2005), Excellence Barometer 2005, Frankfurt.

Diamantopoulos, A., Schlegelmilch, B. (1996), Determinants of Industrial Mail Survey Response: A Survey-on-Surveys Analysis of Researchers' and Managers' Views, Journal of Marketing Management, 12, 6, 505-531.

Diamantopoulos, A., Siguaw, J.A. (2000), Introducing LISREL: A Guide for the Uninitiated, London.

Dierickx, I., Cool, K. (1989), Asset Stock Accumulation and Sustainability of Competitive Advantages, Management Science 35, 1504-1511.

Diller, H. (1995), Kundenbindung als Zielvorgabe im Beziehungs-Marketing, Arbeitspapier Nr. 40, Universität Nürnberg.

Diller, H. (1997), Preis-Management im Zeichen des Beziehungsmarketing, Die Betriebswirtschaft, 57, 6, 749-762.

Diller, H. (2000), Preispolitik, 3. Aufl., Stuttgart.

Diller, H., Kusterer, M. (1988), Beziehungsmanagement: Theoretische Grundlagen und explorative Befunde, Marketing-Zeitschrift für Forschung und Praxis, 10, 3, 211-220.

Diller, H., Saatkamp, J. (2002), Schwachstellen in Marketingprozessen, Marketing-Zeitschrift für Forschung und Praxis, 4, 239-252.

Dittrich, S. (2000), Kundenbindung als Kernaufgabe im Marketing – Kundenpotentiale langfristig ausschöpfen, St. Gallen.

Doney, P.M., Cannon, J.P. (1997), An Examination of the Nature of Trust in Buyer-Seller-Relationships, Journal of Marketing, 61, 2, 35-51.

Dorner, B. (1999), Versandhandelsmarketing – Ansätze zur Kundengewinnung und Kundenbindung, Wiesbaden.

Dubinsky, A.J. (1999), Salesperson Failure – Sales Management is the Key, Industrial Marketing Management, 28, 7-17.

Duncan, R. (1972), Characteristics of Organizational Environments and Perceived Environmental Uncertainty, Administrative Science Quarterly, 17, 313-327.

Dunn, M.G., Murphy, P.E., Skelly, G.U. (1986), Research Note: The Influence of Perceived Risk on Brand Preference for Supermarket Products, Journal of Retailing, 62, 2, 204-216.

Dwyer, F.R., Schurr, P.H., Oh, S. (1987), Developing Buyer-Seller Relationships, Journal of Marketing, 5, 2, 11-27.

Dwyer, S., Hill, J.S., Martin, W.S. (2000), An Empirical Investigation of Critical Success Factors in the Personal Selling Process of Homogenous Goods, Journal of Personal Selling and Sales Management, 20, 3, 151-159.

Engel, J., Blackwell, R., Miniard, P. (1993), Consumer Behavior, 7. Aufl., Fort Worth.

Engelhardt, W., Günter, B. (1981) Investitionsgüter-Marketing, Stuttgart.

Engelhardt, W., Kleinaltenkamp, M., Reckenfelderbäumer, M. (1993), Leistungsbündel als Absatzobjekte: Ein Ansatz zur Überwindung der Dichotomie von Sach- und Dienstleistungen, Zeitschrift für betriebswirtschaftliche Forschung, 45, 5, 395-426.

Engelhardt, W., Schwab, W. (1982), Die Beschaffung von investiven Dienstleistungen, Die Betriebswirtschaft, 42, 4, 503-513.

Erevelles, S., Roy, A., Yip, L.S.C. (2001), The Universality of the Signal Theory for Products and Services, Journal of Business Research, 52, 2, 175-188.

Erickson, G.M., Johansson, J.K. (1985), The Role of Price in Multi-Attribute Product Evaluations, Journal of Consumer Research, 12, 195-199.

Evans, K.R., Arnold, T.J., Grant, J.A. (1999), Combining Service and Sales at the Point of Customer Contact: A Retail Banking Example, Journal of Service Research, 2, 1, 34-49.

Evans, K.R., Good, D.J., Hellman, T.W. (1998), Relationship Selling: New Challenges for Today's Sales Manager, in: Bauer, G.J., Baunchalk, M.S., Ingram, T.N., LaForge, R.W. (Hrsg.), Emerging Trends in Sales Thought and Practice, Westport, 31-48.

Evans, K.R., Kleine, R.E., Landry, T.D., Crosby, L.A. (2000), How First Impressions of a Customer Impact Effectiveness in an Initial Sales Encounter, Journal of the Academy of Marketing Science, 28, 4, 512-526.

Fahy, J. (1996), Competitive Advantage in International Services: A Resource-Based View, International Studies of Management and Organization, 26, 2, 24-37.

Fiala, B. (1998), Prozessorientierte Kundengewinnung bei Dienstleistungsanbietern, in: Meyer, A. (Hrsg.), Handbuch Dienstleistungsmarketing, Stuttgart, 1125-1151.

Finkelman, D., Goland, A. (1990), How Not to Satisfy Your Customers, The McKinsey Quarterly, 2, 2-12.

Finn, A., Kayandé, U. (1997), Reliability Assessment and Optimization of Marketing Measurement, Journal of Marketing Research, 34, 2, 262-275.

Fischer, M. (2001), Produktlebenszyklus und Wettbewerbsdynamik, Wiesbaden.

Ford, N.M., Walker, O.C., Churchill, G.A., Hartley, S.W. (1987), Selecting Successful Salespeople: A Meta-Analysis of Biografical and Psychological Selection Criteria, in: Houston, M.J. (Hrsg.), Review of Marketing 1987, Chicago AMA.

Fornell, C. (1986), A Second Generation of Multivariate Analysis: Classification of Methods and Implications for Marketing Research, Working Paper, University of Michigan, Ann Arbor.

Fornell, C., Larcker, D.F. (1981), Evaluating Structural Equation Models With Unobservable Variables and Measurement Error, Journal of Marketing Research, 18, 1, 39-50.

Fornell, C., Wernerfelt, B. (1987), Defensive Marketing Strategy by Customer Complaint Management: A Theoretical Analysis, Journal of Marketing Research, 14, 11, 337-346.

Freiling, J. (2001), Resource-Based View und ökonomische Theorie: Grundlagen und Positionierung des Ressourcenansatzes, Wiesbaden.

Frenzen, H., Krafft, M. (2004), Vertriebssteuerung, in: Backhaus, K., Voeth, M. (Hrsg.), Handbuch Industriegütermarketing, Wiesbaden.

Freter, H., Obermeier, O. (2000), Marktsegmentierung, in: Herrmann, A., Homburg, Ch. (Hrsg.), Marktforschung: Methoden – Anwendungen – Praxisbeispiele, 2. Aufl., Wiesbaden, 739-764.

Fritz, W. (1992), Marktorientierte Unternehmensführung und Unternehmenserfolg: Grundlagen und Ergebnisse einer empirischen Untersuchung, Stuttgart.

Fritz, W. (1995), Marketing-Management und Unternehmenserfolg, 2. Aufl., Stuttgart.

Fritz, W., Thiess, M. (1986), Das Informationsverhalten des Konsumenten und seine Konsequenzen für das Marketing, in: Unger, F. (Hrsg.), Konsumentenpsychologie und Markenartikel, Heidelberg.

Ganesan, S. (1994), Determinants of Long-Term-Orientation in Buyer-Seller Relationships, Journal of Marketing, 58, 2, 1-19.

Ganesh, J., Arnold, M.J., Reynolds, K.E. (2000), Understanding the Customer Base of Service Providers: An Examination of the Difference between Switchers and Stayers, Journal of Marketing, 64, 65-87.

Garvin, D.A. (1988), Managing Quality: The Strategic and Competitive Edge, New York.

Gatignon, H., Xuereb, J.M. (1997), Strategic Orientation of the Firm and New Product Performance, Journal of Marketing Research, 34, 1, 77-90.

Gelbrich, K. (2001), Kundenwert: Wertorientierte Akquisition von Kunden im Automobilbereich, Göttingen.

Georgi, D. (2000), Entwicklung von Kundenbeziehungen, Wiesbaden.

Gerbing, D.W., Anderson, J.C. (1988): An Updated Paradigm for Scale Development Incorporating Unidimensionality and Its Assessment, Journal of Marketing Research, 25, 5, 186-192.

Gerhard, A. (1995), Die Unsicherheit des Konsumenten bei der Kaufentscheidung: Verhaltensweisen von Konsumenten und Anbietern, Wiesbaden.

Gerth, N. (2001), Zur Bedeutung eines neuen Informationsmanagements für den CRM-Erfolg, in: Link, J. (Hrsg.): Customer Relationship Management, Berlin, 103-116.

Gierl, H., Gehrke, G. (2004), Kundenbindung in industriellen Zuliefer-Abnehmer-Beziehungen, Zeitschrift für betriebswirtschaftliche Forschung, 56, 203-236.

Goff, B., Boles, J., Bellenger, D., Stojack, C. (1997), The Influence of Salesperson Selling Behaviors on Customer Satisfaction with Products, Journal of Retailing, 73, 2, 171-183.

Göttgens, O. (1996), Erfolgsfaktoren in stagnierenden und schrumpfenden Märkten: Instrumente einer erfolgreichen Unternehmenspolitik, Wiesbaden.

Gouthier, M. (2004a), Das Management von Neukundenbeziehungen, WiSt, 10, 590-596.

Gouthier, M. (2004b), Neukundenmanagement, in: Hippner, H., Wilde, K.D. (Hrsg.), Grundlagen des CRM – Konzepte und Gestaltung, Wiesbaden, 393-426.

Grant, R.M. (1991), The Resource-based Theory of Competitive Advantage: Implications for Strategy Formulation, California Management Review, 33, 3, 114-135.

Grant, R.M. (1996), Toward a Knowledge-Based Theory of the Firm, Strategic Management Journal, 17, Special Issue Winter, 109-122.

Green, D.H., Barclay, D.W., Ryans, A. (1995), Entry Strategy and Long-Term Performance: Conceptualization and Empirical Examination, Journal of Marketing, 59, 1-16.

Greenley, G.E., Foxall, G.R. (1998), External Moderation of Associations among Stakeholder Orientations and Company Performance, International Journal of Research in Marketing, 15, 1, 51-69.

Grisaffe, D., Kumar, A. (1998), Antecedents and Consequences of Customer Value: Testing an Expanded Framework, Arbeitspapier Nr. 98, Marketing Science Institute, Cambridge MA.

Grönroos, Ch. (1994), From Marketing Mix to Relationship Marketing: Towards a Paradigm Shift in Marketing, Management Decision, 32, 2, 4-20.

Gronhaug, K. (1977), Exploring a Complex Organizational Buying Decision, Industrial Marketing Management, 6, 6, 439-444.

Guenzi, P. (2002), Sales Force Activities and Customer Trust, Journal of Marketing Management, 18, 7, 749-779.

Günter, B., Helm, S. (2004), Die Bewertung von Kundenbeziehungen von Industriegütermärkten, in: Backhaus, K., Voeth, M. (Hrsg.), Handbuch Industriegütermarketing, Wiesbaden, 457-479.

Gürhan-Canli, Z., Batra, R. (2004), When Corporate Image Affects Product Evaluations: The Moderating Role of Perceived Risk, Journal of Marketing Research, 41, 2, 197-205.

Gwinner, R. (1968), Base Theory in the Formulation of Sales Strategies, MSU Business Topics, 16 (Autumn), 37-44.

Haas, A. (2001), Erfolgreich Verkaufen durch Zufriedenheitsorientierte Beratung, Arbeitspapier Nr. 92, Universität Erlangen-Nürnberg.

Haas, A. (2003a), Erfolgreiche Neukundengewinnung durch Systematisches Interessentenmanagement, Jahrbuch der Absatz- und Verbrauchsforschung, 3/2003, 295-312.

Haas, A. (2003b), Erfolgreiche Neukundengewinnung mit CRM, Arbeitspapier Nr. 107, Universität Erlangen-Nürnberg.

Haas, A. (2003c), Discounting als strategische Konzeption, in: Diller, H., Herrmann, A. (Hrsg.), Handbuch Preispolitik, Wiesbaden, 213-237.

Hakansson, H., Johanson, J., Wootz, B. (1977), Influence Tactics in Buyer – Seller Processes, Industrial Marketing Management, 5, 319-333.

Hakansson, H., Wootz, B. (1979), A Framework of Industrial Buying and Selling, Industrial Marketing Management, 8, 28-39.

Hall, R. (1992), The Strategic Analysis of Intangible Resources, Strategic Management Journal, 13, 2, 135-144.

Hansotia, B.J., Wang, P. (1997), Analytical Challenges in Customer Acquisition, Journal of Direct Marketing, 11, 2, 7-19.

Hart, C.W., Heskett, J.L., Sasser, W.E. (1990), The Profitable Art of Service Recovery, Harvard Business Review, 68, 4, 148-156.

Hart, S., Banbury, C. (1994), How Strategy-Making Processes Can Make a Difference, Strategic Management Journal, 15, 251-269.

Hartung, J., Elpelt, B., Klösener, H.-K. (2002), Statistik: Lehr- und Handbuch der angewandten Statistik, 13. Aufl., München.

Hauser, J., Simester, D., Wernerfelt, B. (1994), Customer Satisfaction Incentives, Marketing Science, 13, 4, 327-350.

Hawes, J.M., Barnhouse, S.H. (1987), How Purchasing Agents Handle Personal Risk, Industrial Marketing Management, 16, 4, 287-293.

Hedaa, L. (1996), Customer Acquisition in Sticky Business Markets, in: International Business Review, Oct96, 5, 5, 509-531.

Heide, J.B., Weiss, A.M. (1995), Vendor Consideration and Switching Behavior for Buyers in High-Technology Markets, Journal of Marketing, 59, 3, 30-44.

Helfert, G. (1998), Teams im Relationship Marketing: Design effektiver Kunden-beziehungsteams, Wiesbaden.

Hennig-Thurau, T., Thurau, C. (1999), Sozialkompetenz als vernachlässigter Untersuchungsgegenstand des (Dienstleistungs-)Marketing, Marketing ZFP, 21, 4, 297-311.

Herrmann, A. (2004), Stichwort „Produktprogramm“, in: Bruhn, M., Homburg, Ch. (Hrsg.), Gabler Lexikon Marketing, Wiesbaden, 603.

Herrmann, A., Homburg, Ch. (2000): Marktforschung: Ziele, Vorgehensweisen und Methoden, in: Herrmann, A., Homburg, Ch. (Hrsg.): Marktforschung, 2. Aufl., Wiesbaden, 265-294.

Hesse, J., Evanschitzky, H. (2004), Vertrieb in der Konsumgüterindustrie, in: Ahlert, D., Evanschitzky, H., Hesse, J., Salfeld, A. (Hrsg.), Exzellenz in Marketingmanagement und Vertrieb, Gabler, 76-87.

Hirshleifer, J. (1973), Economics of Information: Where Are We in the Theory of Information?, American Economic Association, 63, 2, 31-39.

Hirshleifer, J., Riley, J. (1979), The Analytics of Uncertainty and Information: An Expository Survey, Journal of Economic Literature, 17, 12, 1375-1421.

Hildebrand, V.G. (1997), Individualisierung als strategische Option der Marktbearbeitung: Konzeption, situative Determinanten, Erfolgswirkungen und informations-technologische Umsetzung, Kassel.

Hildebrandt, L. (1984), Kausalanalytische Validierung in der Marketingforschung, Marketing ZFP, 6, 1, 41-51.

Hildebrandt, L. (1998), Kausalanalytische Validierung in der Marketingforschung, in: Hildebrandt, L., Homburg, Ch. (Hrsg.), Die Kausalanalyse: Ein Instrument der empirischen betriebswirtschaftlichen Forschung, Stuttgart, 86-115.

Hill, R.W., Hillier, T.J. (1977), Organisational Buying Behaviour: The Key to More Effective Selling to Industrial Markets, London.

Hill, T. (1994), Manufacturing Strategy, Burr Ridge.

Hippner, H., Leber, M., Wilde, K.D. (2004), Kundeninformationen als Basis des CRM, in: Hippner, H., Wilde, K.D. (Hrsg.), IT-Systeme im CRM – Aufbau und Potenziale, 151-182.

Hippner, H., Merzenich, M., Wilde, K.D. (2004), Data Mining – Grundlage und Einsatzpotenziale im CRM, in: Hippner, H., Wilde, K.D. (Hrsg.), IT-Systeme im CRM – Aufbau und Potenziale, 241-268.

Hitt, M.A., Bierman, L., Shimizu, K., Kochhar, R. (2001), Direct and Moderating Effects of Human Capital on Strategy and Performance in Professional Service Firms: A Resource-Based Perspective, Academy of Management Journal, 44, 1, 13-28.

Hlavecek, J.D., Ames, B.C. (1986), Segmenting Industrial and High Tech Markets, Journal of Business Strategy, 3, 39-50.

Hoch, S.J., Drèze, X., Purk, M.E. (1994), EDLP, Hi-Lo, and Margin Arithmetic, Journal of Marketing, 58, 16-27.

Hofbauer, G., Hellwig, C. (2005), Professionelles Vertriebsmanagement: Der prozessorientierte Ansatz aus Anbieter- und Beschaffersicht, Erlangen.

Hogan, J., Lemon, K., Rust, R. (2002), Customer Equity Management: Charting New Directions for the Future of Marketing, Journal of Service Research, 5, 1, 4-12.

Höhn, P. (1990), Grundlagen, Elemente und Aufbau von Vergütungssystemen für den Verkaufsaußendienst, Göttingen.

Holak, S.L., Lehmann, D.R. (1990), Purchase Intentions and the Dimensions of Innovation: An Exploratory Model, Journal of Product Innovation Management, 7, 59-73.

Holden, R.K. (1990), An Exploratory Study of Trust in Buyer-Seller Relationships, Dissertation, University Microfilms International, Ann Arbor.

Holler, A. (1998), Einflussfaktoren der Prozessqualität bei beratungsintensiven Dienstleistungen, Freiburg.

Homburg, Ch. (1989), Exploratorische Ansätze der Kausalanalyse als Instrument der Marketingplanung, Frankfurt/M.

Homburg, Ch. (1992), Die Kausalanalyse: Eine Einführung, Wirtschaftswissenschaftliches Studium, 21, 499-508 und 541-544.

Homburg, Ch. (1995), Closeness to the Customer in Industrial Markets, Zeitschrift für Betriebswirtschaft, 65, 3, 309-331.

Homburg, Ch. (2000), Kundennähe von Industriegüterunternehmen: Konzeption – Erfolgsauswirkungen – Determinanten, 3. Aufl., Wiesbaden.

Homburg, Ch., Baumgartner, H. (1995a): Die Kausalanalyse als Instrument der Marketingforschung: Eine Bestandsaufnahme, Zeitschrift für Betriebswirtschaft, 65, 10, 1091-1108.

Homburg, Ch., Baumgartner, H. (1995b): Beurteilung von Kausalmodellen: Bestandsaufnahme und Anwendungsempfehlungen, Marketing-Zeitschrift für Forschung und Praxis, 17, 3, 162-176.

Homburg, Ch., Bruhn, M. (2003), Kundenbindungsmanagement – eine Einführung in die theoretischen und praktischen Problemstellungen, in: Bruhn, M., Homburg, Ch. (Hrsg.), Handbuch Kundenbindungsmanagement, 4. Aufl., Wiesbaden, 3-37.

Homburg, Ch., Dobratz, A. (1992), Covariance Structure Analysis via Specification Searches, Statistical Papers, 33, 2, 119-142.

Homburg, Ch., Fargel, T., Neue Kunden systematisch gewinnen, Harvard Business Manager, Oktober 2006, 94-111.

Homburg, Ch., Fassnacht, M. (1999), Measurement of Organizational Performance: Exploring the Objective/Perceptual Performance Dichotomy and the Multiple Respondent Issue, Proceedings of the American Marketing Association Summer Educators' Conference, 7.-10. August 1999, San Francisco.

Homburg, Ch., Giering, A. (1996): Konzeptualisierung und Operationalisierung komplexer Konstrukte, Marketing-Zeitschrift für Forschung und Praxis, 18, 1, 5-24.

Homburg, Ch., Hoyer, W., Stock-Homburg, R. (2007), How to Get Customers Back? Insights into Customer Relationship Revival Activities, Journal of the Academy of Marketing Science (forthcoming).

Homburg, Ch., Jensen, O. (2000), Kundenorientierte Vergütungssysteme: Voraussetzungen, Verbreitung, Zeitschrift für Betriebswirtschaft, 70, 1, 55-74.

Homburg, Ch., Kebbel, Ph. (2001), Komplexität als Determinante der Qualitätswahrnehmung von Dienstleistungen, Zeitschrift für betriebswirtschaftliche Forschung, 53, 8, 478-499.

Homburg, Ch., Krohmer, H. (2006), Marketingmanagement – Strategie, Instrumente, Umsetzung, Unternehmensführung, Wiesbaden.

Homburg, Ch., Pflesser, Ch. (2000a), A Multiple-Layer Model of Market-Oriented Organizational Culture: Measurement Issues and Performance Outcomes, Journal of Marketing Research, 37, 4, 449-462.

Homburg, Ch., Pflesser, Ch. (2000b), Strukturgleichungsmodelle mit latenten Variablen: Kausalanalyse, in: Herrmann, A., Homburg, Ch. (Hrsg.), Marktforschung: Methoden – Anwendungen – Praxisbeispiele, 2. Aufl., Wiesbaden, 633-660.

Homburg, Ch., Schäfer, H. (1999), Customer Recovery: Profitabilität durch systematische Rückgewinnung von Kunden, Arbeitspapier M 39, Institut für Marktorientierte Unternehmensführung (IMU), Universität Mannheim, Mannheim.

Homburg, Ch., Schäfer, H. (2001), Profitabilität durch Cross-Selling: Kundenpotenziale professionell erschließen, Arbeitspapier M 60, Institut für Marktorientierte Unternehmensführung (IMU), Universität Mannheim.

Homburg, Ch., Schäfer, H., Schneider, J. (2006), Sales Excellence: Vertriebsmanagement mit System, Wiesbaden.

Homburg, Ch., Schneider, J. (2001), Industriegütermarketing, in: Tscheulin, D.K., Helmig, B. (Hrsg.), Branchenspezifisches Marketing: Grundlagen – Besonderheiten – Gemeinsamkeiten, Sonderdruck, Wiesbaden, 587-613.

Homburg, Ch., Sütterlin, S. (1990), Kausalmodelle in der Marketingforschung, Marketing-Zeitschrift für Forschung und Praxis, 12, 3, 181-192.

Homburg, Ch., Werner, H. (1998), Kundenorientierung mit System, Frankfurt.

Homburg, Ch., Workman, J.P., Jensen, O. (2000), Fundamental Changes in Marketing Organization: The Movement Toward a Customer-Focused Organizational Structure, Journal of the Academy of Marketing Science, 28, 4, 459-478.

Homburg, Ch., Workman, J.P., Jensen, O. (2002), A Configurational Perspective on Key Account Management, Journal of Marketing, 66, 2, 38-60.

Homburg, Ch., Workman, J.P, Krohmer, H. (1999), Marketing's Influence Within the Firm, Journal of Marketing, 63, 4, 1-17.

Hooley, G.J., Greenley, G.E., Cadogan, J.W., Fahy, J. (2003), The Performance Impact of Marketing Resources, Journal of Business Research, 58, 18-27.

Hopf, M. (1983), Ausgewählte Probleme zur Informationsökonomie, Wirtschaftswissenschaftliches Studium, 6, 6, 313-318.

Hoyer, W., MacInnis, D. (2001), Consumer Behavior, Boston.

Hungenberg, H. (2001), Strategisches Management in Unternehmen, 2. Aufl., Wiesbaden.

Hunt, S.D. (1991), Modern Marketing Theory: Critical Issues in the Philosophy of Marketing Science, Cincinnati.

Hunt, S.D., Morgan, R.M. (1995), The Comparative Advantage Theory of Competition, Journal of Marketing, 59, 4, 1-15.

Hunt, S.D., Sparkman, R.D., Wilcox, J.B. (1982), The Pretest in Survey Research: Issues and Preliminary Findings, Journal of Marketing Research, 19, 2, 269-273.

Hutt, M.D., Johnston, W.J., Ronchetto, J.R. (1985), Selling Centers and Buying Centers: Formulating Strategic Exchange Patterns, Journal of Personal Selling and Sales Management, 5, 33-40.

Hutt, M.D., Speh, T. (1984), The Marketing Strategy Center: Diagnosing the Industrial Marketer's Interdisciplinary Role, Journal of Marketing, 48, 53-61.

Hüttner, M., Schwarting, U. (2002), Grundzüge der Marktforschung, 7. Aufl., München.

Immes, S. (1993), Wahrgenommenes Risiko bei der industriellen Kaufentscheidung, Trier.

Ingram, T.N., Schwepker, C.H., Hutson, D. (1992), Why Salespeople Fail, Industrial Marketing Management, 21, 225-230.

Jacoby, J. (1978), Consumer Research: A State of the Art Review, Journal of Marketing, 42, 4, 87-96.

Jarvis, L.P., Wilcox, J.B. (1977), True Vendor Loyalty or Simply Repeat Purchase Behavior?, Industrial Marketing Management, 6, 1, 9-14.

Jaster, B. (2001), Was gute Berater bringen, Sales-Business, 12, 12-17.

Jaworski, B.J., Kohli, A.K. (1993), Market Orientation: Antecedents and Consequences, Journal of Marketing Research, 57, 3, 53-70.

Jaworski, B.J., Stathakopoulus, V., Krishnan, H.S. (1993), Control Combinations in Marketing: Conceptual Framework and Empirical Evidence, Journal of Marketing, 57, 1, 57-69.

Jenner, Th. (1999), Determinanten des Unternehmenserfolges: Eine empirische Analyse auf der Basis eines holistischen Untersuchungsansatzes, Stuttgart.

John, G., Reve, T. (1982): The Reliability and Validity of Key Informant Data from Dyadic Relationships in Marketing Channels, Journal of Marketing Research, 19, 11, 517-524.

John, G., Weitz, B. (1989), Salesforce Compensation: An Empirical Investigation of Factors Related to Use of Salary versus Incentive Compensation, Journal of Marketing Research, 26, 2, 1-14.

Johnson, D.S., Bharadwaj, S. (2005), Digitization of Selling Activity and Sales Force Performance: An Empirical Investigation, Journal of the Academy of Marketing Science, 33, 1, 3-18.

Johnson, E.M., Kurtz, D.L., Scheuing, E.E. (1986), Sales Management, New York.

Johnston, W., Lewin, J. (1996), Organizational Buying Behavior: Toward an integrative Framework, Journal of Business Research, 35, 1, 1-15.

Jöreskog, K.G. (1966), Testing a Simple Structure Hypothesis in Factor Analysis, Psychometrika, 31, 2, 165-178.

Jöreskog, K.G. (1967), Some Contributions to Maximum Likelihood Factor Analysis, Psychometrika, 32, 4, 443-482.

Jöreskog, K.G. (1969), A General Approach to Confirmatory Maximum Likelihood Factor Analysis, Psychometrika, 34, 2, 183-202.

Jöreskog, K.G. (1977), Structural Equation Models in the Social Sciences: Specification, Estimation, and Testing, in: Krishnaiah, P. (Hrsg.), Applications of Statistics, Amsterdam, 265-287.

Jöreskog, K.G. (1978), Structural Analysis of Covariance and Correlation Matrices, Psychometrika, 43, 4, 443-477.

Jöreskog, K.G., Sörbom, D. (1989), LISREL 7 – A Guide to the Program and Applications, 2. Aufl., Chicago.

Jöreskog, K.G., Sörbom, D. (1993), LISREL 8, A Guide to the Program and Applications, Chicago.

Kaas, K.P. (1990), Marketing als Bewältigung von Informations- und Unsicherheitsproblemen im Markt, Die Betriebswirtschaft, 50, 4, 539-548.

Kaas, K.P. (1991), Marktinformationen, Screening und Signaling unter Partnern und Rivalen, Zeitschrift für Betriebswirtschaft, 61, 3, 357-369.

Kaas, K.P., (1992), Marketing und Neue Institutionenlehre, Kiel.

Kaas, K.P. (1995a), Informationsökonomik, in: Tietz, B., Köhler, R., Zentes, J. (Hrsg.), Handwörterbuch des Marketing, Stuttgart, 971-981.

Kaas, K.P. (1995b), Marketing und Neue Institutionenökonomik, in: Kaas, K.P. (Hrsg.), Kontrakte, Geschäftsbeziehungen, Netzwerke – Marketing und Neue Institutionenökonomik, Düsseldorf.

Kaas, K.P., Busch, A. (1996), Inspektions-, Erfahrungs- und Vertrauenseigenschaften von Produkten, Marketing ZFP, 18, 4, 243-252.

Kaas, K.P., Schade, Ch. (1995), Unternehmensberater im Wettbewerb - Eine empirische Untersuchung aus der Perspektive der Neuen Institutionenlehre, Zeitschrift für Betriebswirtschaft, 10, 1067-1089.

Kahn, G.N., Shuchman, A. (1961), Specialize Your Salesmen!, Harvard Business Review, 39, January/February, 90-98.

Kainer, H., Alznauer, T. (2003), Vertriebscontrolling als Steuerungsinstrument für Marketing und Sales, in: Albers, S., Haßmann, V., Somm, F., Tomczak, T. (Hrsg.), Verkauf: Kundenmanagement, Vertriebssteuerung, E-Commerce, Düsseldorf.

Kaiser, H.F. (1974), An Index of Factorial Simplicity, Psychometrika, 39, 1, 31-36.

Kalwani, M.U., Narayandas, N. (1995), Long-Term Manufacturer-Supplier Relationships: Do They Pay Off for Supplier Firms?, Journal of Marketing, 59, 1, 1-16.

Kamakura, W., Ramaswami, S., Srivastava, R.V. (1991), Applying Latent Trait Analysis in the Evaluation of Prospects for Cross-Selling of Financial Services, International Journal of Research in Marketing, 8, 4, 329-349.

Kaplan, L.B., Szybillo, G.J., Jacoby, J. (1974), Components of Perceived Risk in Product Purchase, Journal of Applied Psychology, 59, 3, 287-292.

Karg, M. (2001), Kundenakquisition als Kernaufgabe des Marketing, St. Gallen.

Kelley, H., Thibaut, J. (1978), Interpersonal Relations: A Theory of Interdependence, New York.

Kellog, D., Chase, R. (1995), Constructing an Empirically Derived Measure of Customer Contact, Management Science, 41, 1734-1749.

Kekre, S., Srinivasan, K. (1990), A Broader Product Line: A Necessity to Achieve Success, Management Science, 36, 10, 1216-1231.

Kennedy, M., Ferrell, L., LeClair, D.T. (2001), Consumers' Trust of Salesperson and Manufacturer: An Empirical Study, Journal of Business Research, 51, 1, 73-87.

Kepper, G. (1996), Qualitative Methoden: Einsatzmöglichkeiten und Beurteilungskriterien, 2. Aufl., Wiesbaden.

Kieser, A. (1974), Der Einfluss der Umwelt auf die Organisationsstruktur der Unternehmung, Zeitschrift für Organisation, 43, 6, 302-314.

Kim, L., Lim, Y. (1988), Environment, Generic Strategies, and Performance in a Rapidly Developing Country: A Taxonomic Approach, Academy of Management Journal, 31, 4, 802-827.

Kirmani, A., Rao, A.R. (2000), No Pain, No Gain: A Critical Review of the Literature on Signaling Unobservable Product Quality, Journal of Marketing, 64, 2, 66-80.

Kirmani, A., Wright, P. (1989), Money Talks: Perceived Advertising Expense and Expected Product Quality, Journal of Consumer Research, 16, 344-353.

Kleinaltenkamp, M. (1992), Investitionsgüter-Marketing aus informationsökonomischer Sicht, Zeitschrift für betriebswirtschaftliche Forschung, 44, 9, 809-829.

Knauer, M. (2003), Kundenbindung in der Telekommunikation: Das Beispiel T-Mobile, in: Bruhn, M., Homburg, Ch. (Hrsg.), Handbuch Kundenbindungsmanagement, 4. Aufl., Wiesbaden, 673-688.

Knoblich, H. (1969), Betriebswirtschaftliche Warentypologie: Grundlagen und Anwendungen, Köln/Opladen.

Knyphausen, D. (1993), „Why are Firms Different?“ – Der “Ressourcenorientierte Ansatz” im Mittelpunkt einer aktuellen Kontroverse im Strategischen Management, Die Betriebswirtschaft, 53, 6, 771-791.

Köhler, R. (1993), Beiträge zum Marketing-Management, 3. Aufl., Stuttgart.

Köhler, R. (2001), Customer Relationship Management – Interdisziplinäre Grundlagen der systematischen Kundenorientierung, in: Klein, S., Loebbecke, C. (Hrsg.), Interdisziplinäre Managementforschung und -lehre, Wiesbaden, 79-107.

Kohli, A.K., Jaworski, B.J. (1990), Market Orientation: The Construct, Research Propositions and Managerial Implications, Journal of Marketing, 54, 2, 1-18.

Kohrmann, O. (2003), Mehrstufige Marktsegmentierung zur Neukundenakquisition, Wiesbaden.

Koppelmann, U. (1997), Produktmarketing, 5. Aufl., Berlin.

Krafft, M. (1995), Außendienstentlohnung im Licht der Neuen Institutionenlehre, Wiesbaden.

Krafft, M. (1999), Der Kunde im Fokus: Kundennähe, Kundenzufriedenheit, Kundenbindung – und Kundenwert?, Die Betriebswirtschaft, 59, 511-530.

Krafft, M. (2002), Kundenbindung und Kundenwert, Heidelberg.

Krafft, M., Frenzen, H., Jeck, M.S. (2002), Anreizsysteme: Wie Vertriebsteams entlohnt werden, Absatzwirtschaft, 45, 9, 40-44.

Krafft, M., Kainer, H., Marzian, S.H., Schwarz, P., Wille, K. (2000), VIP Vertriebs-Informations-Panel 2000, Koblenz.

Kroeber-Riel, W., Weinberg, P. (2003), Konsumentenverhalten, München.

Kuhlmann, E. (2001), Industrielles Vertriebsmanagement, München.

Kuhn, J. (2007), Erfolgsfaktoren in der Markteinführung neuer Produkte, Wiesbaden.

Kumar, N., Grisaffe, D.B. (2004), Effects of Extrinsic Attributes on Perceived Quality, Customer Value, and Behavioral Intentions in B2B Settings: A Comparison Across Goods and Service Industries, Journal of Business-to-Business Marketing, 11, 4, 43-71.

Kumar, N., Stern, L.W., Anderson, J.C. (1993), Conducting Interorganizational Research Using Key Informants, Academy of Management Journal, 36, 6, 1633-1651.

Kupsch, P.U. (1973), Das Risiko im Entscheidungsprozeß, Wiesbaden.

Lado, A.A., Wilson, M.C. (1994), Human Resource Systems and Sustained Competitive Advantage: A Competency-Based Perspective, Academy of Management Review, 19, 4, 699-727.

Lamont, L.M., Lundstrom, W.J. (1977), Identifying Successful Industrial Salesmen by Personality and Personal Characteristics, Journal of Marketing Research, 14, 11, 517-529.

Langerak, F. (2003), The Effect of Market Orientation on Positional Advantage and Organizational Performance, Journal of Strategic Marketing, 11, 2, 93-115.

Lasko, W., Busch, P. (2003), Professionelle Neukundengewinnung: Erfolgsstrategien kreativer Verkäufer, 3. Aufl., Wiesbaden.

Lau, G.T., Chin, H.W. (2003), Trustworthiness of Salespeople in the Business-to-Business Market: The Five C's, Journal of Business-to-Business Marketing, 10, 3, 1-31.

Leeflang, P.S.H., Wittink, D.R. (1996), Competitive Reaction Versus Consumer Response: Do managers Overreact?, International Journal of Research in Marketing, 13, 2, 103-119.

Lehmann, D.R., O'Shaughnessy, J. (1974), Difference in Attribute Importance for Different Industrial Products, Journal of Marketing, 2, 38, 36-42.

Leitner, F. (1915), Die Unternehmensrisiken, Berlin.

Leuthesser, L., Kohli, A.K. (1995), Relational Behavior in Business Markets – Implications for Relationship Management, Journal of Business Research, 34, 221-233.

Levitt, T. (1965), Industrial Purchasing Behavior: A Study in Communication Effects, Boston.

Link, J., Hildebrand, V. (1993), Database Marketing und Computer Aided Selling, München.

Link, J., Hildebrand, V. (1997), Strategische Aspekte des Database Marketing, in: Link, J., Brändli, D., Schleuning, Ch., Kehl, R.R. (Hrsg.), Handbuch Database Marketing, Ettlingen, 377-394.

Lisowsky, A. (1948), Risiko-Gliederung und Risikopolitik, Die Unternehmung, 13, 13-67.

Liu, A.H., Leach, M.P. (2001), Developing Loyal Customers with a Value-Adding Sales Force: Examining Customer Satisfaction and the Perceived Credibility of Consultative Salespeople, Journal of Personal Selling and Sales Management, 11, 2, 147-156.

Long, J.S. (1983): Confirmatory Factor Analysis, Sage University Paper Series on Quantitative Applications in Social Sciences (07-33), Beverly Hills.

Lutz, R.J., Reilly, P.J. (1973), An Exploration of the Effects of Perceived Social and Performance Risk on Consumer Information Acquisition, in: Ward, S., Wright, P. (Hrsg.), Advances in Consumer Research, 1, Urbana, 393-405.

Lysonski, S., Pecotich, A. (1992), Strategic Marketing Planning, Environmental Uncertainty and Performance, International Journal of Research in Marketing, 9, 3, 247-255.

MacCallum, R.C., Browne, M.W., Sugawara, H.M. (1996), Power Analysis and Determination of Sample Size for Covariance Structure Modelling, Psychological Methods, 1, 2, 130-149.

Mahoney, J.T., Pandian, R. (1992), The Resource-based View within the Conversation of Strategic Management, Strategic Management Journal, 13, 363-380.

Malhotra, N. (1993), Marketing Research: An Applied Orientation, Englewood Cliffs.

Maltz, E., Kohli, A.K. (1996), Market Intelligence Dissemination across Functional Boundaries, Journal of Marketing Research, 33, 1, 47-61.

Marschak, J. (1954), Towards an Economic Theory of Organization and Information, in: Thrall, R.M., Coombs, C.H., Davis, R.L. (Hrsg.), Decision Processes, New York/London, 187-220.

Marshall, G.W., Ferre, E.J. (1998), in: Bauer, G.J., Baunchalk, M.S., Ingram, T.N., LaForge, R.W. (Hrsg.), Emerging Trends in Sales Thought and Practice, Westport, 161-192.

Marshall, G.W., Goebel, D.J., Moncrief, W.C. (2003), Hiring for Success at the Buyer-Seller Interface, Journal of Business Research, 56, 4, 247-256.

Marzian, S., Smidt, W. (2002), Vom Vertriebsingenieur zum Market-Ing.: Kunden gewinnen mit System, Berlin.

Matzler, K. (2003), Preiszufriedenheit, in: Diller, H., Herrmann, A. (Hrsg.), Handbuch Preispolitik, Wiesbaden, 303-328.

McDougall, G., Snetsinger, D. (1990), The Intangibility of Services, Measurement and Competitive Perspectives, Journal of Services Marketing, 4, 27-40.

McKenna, R. (1991), Marketing in an Age of Diversity, in: Dolan, R. (Hrsg.), Strategic Marketing Management, Boston, 107-117.

McQuiston, D.H. (1989), Novelty, Complexity, and Importance as Causal Determinants of Industrial Buyer Behavior, Journal of Marketing, 53, 4, 66-79.

McQuitty, S. (1999), Recent Issues in Marketing Scale Testing and Development Using Structural Equation Models, Working Paper, College of Business Administration and Economics, New Mexico State University, Las Cruces.

Meffert, H. (2005), Kundenbindung als Element moderner Wettbewerbsstrategien, in: Bruhn, M., Homburg, Ch. (Hrsg.), Handbuch Kundenbindungsmanagement, 5. Aufl., Wiesbaden, 145-166.

Michaels, R.E., Day, R.L. (1985), Measuring Customer Orientation of Salespeople: A Replication with Industrial Buyers, Journal of Marketing Research, 22, 443-446.

Milgrom, P., Roberts, J. (1986), Price and Advertising Signals of Product Quality, Journal of Political Economy, 94, 4, 796-821.

Mishina, Y., Pollock, T.G., Porac, J.F. (2004), Are More Resources Always Better for Growth? Resource Stickiness in Market and Product Expansion, Strategic Management Journal, 25, 1179-1197.

Mitchell, V.-W., McGoldrick, P.J. (1996), Consumers' Risk-Reduction Strategies: A Review and Synthesis, The International Review of Retail, Distribution and Consumer Research, 6, 1, 1-32.

Mitra, K., Reiss, M.C., Capella, L.M. (1999), An Examination of Perceived Risk, Information Search and Behavioral Intentions in Search, Experience and Credence Services, Journal of Services Marketing, 13, 3, 208-228.

Mittal, V., Katrichis, J.M. (2000), Distinctions between New and Loyal Customers, Marketing Research, 12, 26-32.

Möller, K., Laaksonen, M. (1986), Situational Dimensions and Decision Criteria in Industrial Buying: Theoretical and Empirical Analysis, Advances in Business Marketing, 1, 163-207.

Moon, M.A., Gupta, S.F. (1997), Examining the Formation of Selling Centers: A Conceptual Framework, Journal of Personal Selling and Sales Management, 17, 2, 31-41.

Moorman, C., Zaltman, G., Deshpandé, R. (1992), Relationships between Providers and Users of Market Research: The Dynamics of Trust within and between Organizations, Journal of Marketing Research, 29, 314-328.

Monien, K., Decker, R. (2004), Segmentierung und Klassifikation von Kunden, in: Decker, R.F., Wartenberg, P. (Hrsg.), Vertriebs- und Kundenmanagement, Lohmar, 155-166.

Monroe, K.B. (2003), Pricing, New York.

Monroe, K.B., Dodds, W.B. (1988), A Research Program for Establishing the Validity of the Price-Quality Relationship, Journal of the Academy of Marketing Science, 16, 1, 151-168.

Morgan, R.M., Hunt, S. (1994), The Commitment-Trust Theory of Relationship Marketing, Journal of Marketing, 58, 3, 20-38.

Morgan, R.M., Hunt, S. (1999), Relationship-Based Competitive Advantage: The Role of Relationship Marketing in Marketing Strategy, Journal of Business Research, 46, 281-290.

Moriarty, R., Galper, M. (1978), Organizational Buying Behavior: A State of the Art Review and Conceptualization, MSI Report No. 78-101, Marketing Science Institute, Cambridge.

Moriarty, R., Spekman, R. (1984), An Empirical Investigation of the Information Sources Used During the Industrial Buying Process, Journal of Marketing Research, 21, 137-147.

Morris, M.H., Avila, R., Teeple, E. (1990), Sales Management as an Entrepreneurial Activity, Journal of Personal Selling and Sales Management, 10, 1-15.

Mühlmeier, S. (2004), Der aufgabenorientierte Ansatz – Kompetenzen im Marketing, St. Gallen.

Müller, W., Riesenbeck, H. (1991), Wie aus zufriedenen Kunden auch anhängliche werden, Harvard Business Manager, 13, 3, 67-79.

Mullen, M. (1995), Diagnosing Measurement Equivalence in Cross-National Research, Journal of International Business Studies, 26, 3, 631-654.

Murray, K.B. (1991), A Test of Services Marketing Theory: Consumer Information Acquisition Activities, Journal of Marketing, 55, 1, 10-26.

Murray, J., Kotabe, M., Wildt, A. (1995), Strategic and Financial Performance Implications of Global Sourcing Strategy: A Contingency Analysis, Journal of International Business Studies, First Quarter, 191-202.

Nagle, T.T., Holden, R.K. (2002), The Strategy and Tactics of Pricing, Boston.

Narver, J.C., Slater, S.F. (1990), The Effect of Market Orientation on Business Profitability, Journal of Marketing, 54, 4, 20-35.

Nelson, P. (1970), Information and Consumer Behavior, Journal of Political Economy, 78, 2, 311-330.

Nelson, P. (1974), Advertising as Information, Journal of Political Economy, 82, 4, 729-755.

Newall, J.A. (1977), Industrial Buyer Behavior: A Model for the Implications of Risk Handling Behavior for Communication Policies in Industrial Marketing, European Journal of Marketing, 11, 3, 166-211.

Nicklisch, H. (1912), Allgemeine kaufmännische Betriebslehre als Privatwirtschaftslehre des Handels und der Industrie, Band 1, Leipzig.

Nunnally, J. (1978), Psychometric Theory, New York.

Ogbuehi, A.O., Sharma, V.M. (1999), Redefining Industrial Salesforce Roles in a Changing Environment: Strategic Issues in Selection, Training and Management, Journal of Marketing Theory and Practice, 7, 1, 64-71.

Oliver, R.L, Anderson, E. (1994), An Empirical Test of the Consequences of Behavior- and Outcome-Based Sales Control Systems, Journal of Marketing, 58, 4, 53-67.

Olshavsky, R.W., Aylesworth, A.B., Kempf, M. (1995), The Price-Choice Relationship: A Contingent Processing Approach, Journal of Business Research, 33, 3, 207-221.

Olson, J.C. (1977), Price as an Informational Cue: Effects on Product Evaluations, in: Woodside, A.G., Sheth, J.N., Bennett, P.D. (Hrsg.), Consumer and Industrial Buying Behavior, New York, 267-285.

Ostrom, A., Iacobucci, D. (1995), Consumer Trade-offs and the Evaluation of Services, Journal of Marketing, 59, 1, 17-29.

Panne, F. (1977), Das Risiko im Kaufentscheidungsprozess des Konsumenten, Frankfurt.

Parkinson, St., Baker, M., Möller, K. (1986), Organizational Buying Behavior, Houndmills.

Parvatiyar, A., Sheth, J., Whittington, F. (1992), Paradigm Shift in International Marketing Relationships: Emerging Research Issues, Arbeitspapier, Research Conference on Customer Relationship Management: Theory and Practice, Emory University, Atlanta.

Pauwels, K., Hanssens, D., Siddarth, S. (2002), The Long-Term Effects of Price Promotions on Category Incidence, Brand Choice, and Purchase Quantity, Journal of Marketing Research, 39, 4, 421-440.

Pechtl, H. (2003), Logik von Preissystemen, in: Diller, H., Herrmann, A. (Hrsg.), Handbuch Preispolitik, Wiesbaden, 69-91.

Pelham, A.M., Wilson, D.T. (1996), A Longitudinal Study of the Impact of Market Structure, Firm Structure, Strategy, and Market, Journal of the Academy of Marketing Science, 24, 1, 27-43.

Penrose, E.T. (1959), The Theory of Growth of the Firm, London.

Peter, J.P. (1981), Construct Validity: A Review of Basic Issues and Marketing Practices, Journal of Marketing Research, 18, 2, 133-145.

Peter, J.P., Churchill, G.A. (1986), Relationships among Research Design Choices and Psychometric Properties of Rating Scales: A Meta-Analysis, Journal of Marketing Research, 23, 1, 1-10.

Peter, S.I. (2001), Kundenbindung als Markenziel: Identifikation und Analyse zentraler Determinanten, Wiesbaden.

Peteraf, M.A.(1993), The Cornerstones of Competitive Advantage: A Resource-based View, Strategic Management Journal, 14, 3, 179-191.

Peters, T.J., Waterman, R.H. (1982), In Search of Excellence, New York.

Peterson, R.A. (1994), A Meta-Analysis of Variance Accounted for and Factor Loadings in Exploratory Factor Analysis, Marketing Letters, 11, 3, 261-275.

Petroni, A., Braglia, M. (2000), Vendor Selection Using Principal Component Analysis, Journal of Supply Chain Management, 36, 2, 63-69.

Pfeiffer, H., della Schiava, M. (1996), Neue Kunden gewinnen, Wien.

Pflesser, C. (1999), Marktorientierte Unternehmenskultur: Konzeption und Untersuchung eines Mehrebenenmodells, Wiesbaden.

Philipp, F. (1967), Risiko und Risikopolitik, Stuttgart.

Philips, L.W., Chang, D.R., Buzzell, R.D. (1983), Product Quality, Cost Position and Business Performance, Journal of Marketing, 47, 26-43.

Phillips, L.W. (1981): Assessing Measurement Error in Key Informant Reports. A Methodological Note on Organizational Analysis in Marketing, Journal of Marketing Research, 18, 11, 395-415.

Picot, A. (1982), Transaktionskostenansatz in der Organisationstheorie: Stand der Diskussion und Aussagewert, Die Betriebswirtschaft, 42, 2, 267-284.

Plötner, O. (1999), Grundlagen der Gestaltung der Kommunikationsleistung, in: Kleinaltenkamp, M., Plinke, W. (Hrsg.), Markt- und Produktmanagement: Die Instrumente des technischen Vertriebs, Berlin.

Porter, M. (1980), Competitive Strategy, New York.

Porter, M. (1985), Competitive Advantage, New York.

Porter, M. (1999), Wettbewerbsstrategie: Methoden zur Analyse von Branchen und Konkurrenten, Frankfurt.

Porter, M., Millar, V.E. (1985), How Information gives you Competitive Advantage, Harvard Business Review, 63, 4, 149-161.

Porter, S.S., Wiener, J.L., Frankwick, G.L. (2003), The Moderating Effect of Selling Situation on the Adaptive Selling Strategy Effectiveness Relationship, Journal of Business Research, 56, 4, 275-282.

Posey, L. (2003), Switching Cost, Competition, and Pricing in the Property/Casualty Insurance Market for Large Commercial Accounts, Journal of Insurance Issues, 26, 1, 29-51.

Puto, C., Patton W.E., King, R.H. (1985), Risk Handling Strategies in Industrial Vendor Selection Decisions, Journal of Marketing, 49, 1, 89-98.

Rackham, N., DeVincentis J.R. (1998), Rethinking the Salesforce, McGraw-Hill.

Rasche, Ch., Wolfrum, B. (1994), Ressourcenorientierte Unternehmensführung, Die Betriebswirtschaft, 54, 4, 501-517.

Rasmusson, E. (1999), The 10 Traits of Top Salespeople, Sales and Marketing Management, 151, 8, 34-38.

Reeves, B. (1998), Make New Friends But Keep the Gold..., Wireless Review, 15, 8, 28-32.

Reeves, R.A., Barksdale, H.C. (1984), A Framework for Classifying Concepts of and Research on the Personal Selling Process, Journal of Personal Selling and Sales Management, 2, 11, 7-16.

Reichheld, F.F. (1997), Lernen Sie von abtrünnigen Kunden, was Sie falsch machen, Harvard Business Manager, 2, 57-68.

Reichheld, F.F., Detrick, C. (2003), Loyalty: A Prescription for Cutting Costs, Marketing Management, 09/10, 24-25.

Reid, D.A., Plank, R.E. (2000), Business Marketing Comes of Age: A Comprehensive Review of the Literature, Journal of Business-to-Business Marketing, 7, 2, 9-185.

Reinartz, W.J., Krafft, M., Hoyer, W. (2005), The Customer Relationship Management Process: Its Measurement and Impact on Performance, Journal of Marketing Research, 41, 3, 293-305.

Reinartz, W.J., Kumar, V. (2000), On the Profitability of Long-Life Customers in a Noncontractual Setting – An Empirical Investigation and Implications for Marketing, Journal of Marketing, 64, 4, 15-35.

Reinartz, W.J., Thomas, J.S., Kumar, V. (2005), Balancing Acquisition and Retention Resources to Maximize Customer Profitability, Journal of Marketing, 69, 1, 63-79.

Rentz, J.O., Shepherd, D., Tashchian, A., Dabholkar, P.A., Ladd, R.T. (2002), A Measure of Selling Skill: Scale Development and Validation, Journal of Personal Selling and Sales Management, 12, 1, 3-21.

Ringbeck, J. (1986), Qualitäts- und Werbestrategien bei Qualitätsunsicherheit der Konsumenten, Wiesbaden.

Robinson, W.T. (1988), Sources of Market Pioneer Advantages: The Case of Industrial Goods Industries, Journal of Marketing Research, 25, 87-94.

Robinson, P. J., Faris, C. W., Wind, Y. (1967), Industrial Buying and Creative Marketing, Boston.

Rogers, E.M. (1995), Diffusion of Innovation, New York.

Rogers, E.M., Shoemaker, F.F. (1971), Communication of Innovations, New York.

Rosada, M. (1990), Kundendienststrategien im Automobilsektor – theoretische Fundierung und Umsetzung eines Konzepts zur differenzierten Vermarktung von Sekundärdienstleistungen, Berlin.

Ruekert, R.W., Walker, O.C., Roering, K.J. (1985), The Organization of Marketing Activities: A Contingency Theory of Structure and Performance, Journal of Marketing, 49, 12, 13-25.

Rust, R.T., Zeithaml, V.A., Lemon, K.N. (2000), Driving Customer Equity, New York.

Sargeant, A., West, D.C. (2001), Customer Acquisition, Direct and Interactive Marketing, 119-150.

Saxe, R., Weitz, B.A. (1982), The SOCO Scale: A Measure of the Customer Orientation of Salespeople, Journal of Marketing Research, 19, 3, 343-351.

Schade, Ch. (1997), Marketing für Unternehmensberatung - Ein institutionenökonomischer Ansatz, Wiesbaden.

Schäfer, H. (2002), Die Erschließung von Kundenpotentialen durch Cross-Selling: Erfolgsfaktoren für ein produktübergreifendes Beziehungsmanagement, Wiesbaden.

Schmidt, H.J. (2001), Markenmanagement bei erklärungsbedürftigen Produkten, Wiesbaden.

Schultz-Gambard, J. (1993), Zum Problem von Drittvariablen in arbeits- und organisationspsychologischer Forschung, in: Bungard, W., Hermann, T. (Hrsg.), Arbeits- und Organisationspsychologie im Spannungsfeld zwischen Grundlagenorientierung und Anwendung, Bern.

Schulz, B. (1995), Kundenpotenzialanalyse im Kundenstamm von Unternehmen, Frankfurt.

Schumpeter, J.H. (1934), The Theory of Ecomomic Growth Development, Cambridge.

Scott, C.A. (1976), The Effects of Trial and Incentives on Repeat Purchase Behavior, Journal of Marketing Research, 13, 263-269.

Seyffert, R. (1972), Wirtschaftslehre des Handels, Opladen.

Sharma, A. (1997), Customer Satisfaction-Based Incentive Systems: Some Managerial and Salesperson Considerations, Journal of Personal Selling and Sales Management, 17, 2, 61-70.

Sharma, A., Pillai, R. (1996), Customers' Decision-making Styles and their Preference for Sales Strategies: Conceptual Examination and Empirical Study, Journal of Personal Selling and Sales Management, 16, 1, 21-33.

Sharma, A., Sarel, D. (1995), The Impact of Customer Satisfaction Based Incentive Systems on Salespeople's Customer Service Response: An Empirical Study, Journal of Personal Selling and Sales Management, 15, 3, 17-30.

Sharma, S., Durand, R., Gur-Arie, O. (1981), Identification and Analysis of Moderator Variables, Journal of Marketing Research, 18, 291-300.

Sheth, J.N. (1973), A Model of Industrial Buying Behavior, Journal of Marketing, 37, 4, 50-56.

Shoemaker, R.W., Shoaf, F.R. (1975), Behavioral Changes in the Trial of New Products, Journal of Consumer Research, 2, 104-109.

Sieben, F. (2002), Rückgewinnung verlorener Kunden: Erfolgsfaktoren und Profitabilitätspotenziale, Wiesbaden.

Simon, H. (1992), Preismanagement, 2. Aufl., Wiesbaden.

Sink, D. (1985), Productivity Management: Planning, Measurement and Evaluation, Control and Improvement, New York.

Slater, S.F., Narver, J.C. (1994), Does Competitive Environment Moderate the Market Orientation-Performance Relationship?, Journal of Marketing, 58, 1, 46-55.

Slater, S.F., Narver, J.C. (2000), Intelligence Generation and Superior Customer Value, Journal of the Academy of Marketing Science, 28, 1, 120-127.

Smith, R.E., Swinyard, W.E. (1983), Attitude Behavior Consistency: the Impact of Product Trial versus Advertising, Journal of Marketing Research, 20, 8, 257-267.

Specht, G. (1985), Industrielles Beschaffungsverhalten, Frankfurt/M.

Speier, C., Venkatesh, V. (2002), The Hidden Minefields in the Adoption of Sales Force Automation Technologies, Journal of Marketing, 65, 98-111.

Spekman, R.E. (1988), Perceptions of Strategic Vulnerability among Industrial Buyers and its Effect on the Purchasing Manager's Role Formation and its Correlates, Journal of Business-to-Business Marketing, 2, 4, 37-63.

Spence, M. (1976), Informational Aspects of Market Structure: An Introduction, Quarterly Journal of Economics, 90, 4, 591-597.

Spiro, R.L., Weitz, B.A. (1990), Adaptive Selling: Conceptualization, Measurement, and Nomological Validity, Journal of Marketing Research, 27, 1, 61-69.

Srinivasan, R., Lilien, G. (1999), Leveraging Customer Information for Competitive Advantage, ISBM Report 17, Institute for the Study of Business Markets, Pennsylvania.

Stahl, H.K., Matzler, K. (2001), Continuous Prospect Scanning – Ein Ansatz der kompetenzorientierten Entwicklung von Kundenakquisitionsstrategien, JFB, 2, 56-69.

Stauss, B. (2000), Perspektivenwandel. Vom Produkt-Lebenszyklus zum Kundenbeziehungs-Lebenszyklus, Thexis, 17, 15-18.

Steenkamp, J., Baumgartner, H. (1998), Assessing Measurement Invariance in Cross-National Consumer Research, Journal of Consumer Research, 25, 78-90.

Steiger, J.H. (1989), EzPATH: A Supplementary Module for SYSTAT and SYGRAPH, Evanston.

Stock, R. (2001), Der Zusammenhang zwischen Mitarbeiter- und Kundenzufriedenheit: direkte, indirekte und moderierende Effekte, Wiesbaden.

Stone, R., Mason, J. (1995), Attitude and Risk: Exploring the Relationship, Psychology & Marketing, 12, 2, 135-153.

Stuhldreier, U. (2002), Mehrstufige Marktsegmentierung im Bankmarketing, Wiesbaden.

Stump, R., Joshi, A. (1998), To Be or Not to Be (Locked In): An Investigation of Buyer's Commitments of Dedicated Investments to Support New Transactions, Journal of Business-to-Business Marketing, 5, 33-63.

Sujan, H., Weitz, B.A., Kumar, N. (1994), Learning Orientation, Working Smart, and Effective Selling, Journal of Marketing, 58, 7, 39-52.

Sujan, H., Weitz, B.A., Sujan, M. (1988), Increasing Sales Productivity by Getting Salespeople to Work Smarter, Journal of Personal Selling and Sales Management, 8, 2, 9-19.

Swan, J.E., Trawick, I.F., Silva, D.W. (1985), How Industrial Salespeople Gain Customer Trust, Industrial Marketing Management, 14, 203-211.

Swenson, M..J., Herche, J. (1994), Social Values and Salesperson Performance: An Empirical Examination, Journal of the Academy of Marketing Science, 22, 3, 283-289.

Szyperski, N., Winand, U. (1980), Grundbegriffe der Unternehmensplanung, Stuttgart.

Szymanski, D.M. (1988), Determinants of Selling Effectiveness: The Importance of Declarative Knowledge to the Personal Selling Concept, Journal of Marketing, 52, 1, 64-77.

Szymanski, D.M., Bharadwaj, S.G., Varadarajan, P.R. (1993), An Analysis of the Market Share-Profitability Relationship, Journal of Marketing, 57, 2, 1-18.

Thomas, J.S. (2001), A Methodology for Linking Customer Acquisition to Customer Retention, Journal of Marketing Research, 5, 262-268.

Thomas, R.W., Soutar, G.N., Ryan, M.M. (2001), The Selling Orientation-Customer Orientation (SOCO) Scale: A Proposed Short Form, Journal of Personal Selling and Sales Management, 21, 1, 63-69.

Tolle, E. (1994), Informationsökonomische Erkenntnisse für das Marketing bei Qualitätsunsicherheit der Konsumenten, Zeitschrift für betriebswirtschaftliche Forschung, 46, 11, 926-946.

Tomczak, T., Karg, M. (1999), Grundstrategien der Kundenakquisition, Thexis, 2, 4-8.

Tomczak, T., Reinecke, S. (1998), Best Practice in Marketing: Auf der Suche nach Marketing-Spitzenleistungen, in: Tomczak, T., Reinecke, S. (Hrsg.): Best Practice in Marketing – Erfolgsbeispiele zu den vier Kernaufgaben im Marketing, 9-34.

Tomczak, T., Reinecke, S., Karg, M., Mühlmeyer, J. (1998), Best Practice in Marketing: Empirische Studie zum aufgabenorientierten Ansatz, Fachbericht für Marketing, St. Gallen, 2, 12-101.

Tullous, R., Munson, J.M. (1992), Organizational Purchasing Analysis for Sales Management, Journal of Personal Selling and Sales Management, 12, 2, 15-26.

Treacy, M., Wiersema, F. (1995), Marktführerschaft – Wege zur Spitze, Frankfurt/M.

Venkatesan, R., Kumar, V. (2004), A Customer Lifetime Value Framework for Customer Selection and Resource Allocation Strategy, Journal of Marketing, 68, 106-125.

Venkatraman, N. (1989), Strategic Orientation of Business Enterprises: The Construct, Dimensionality, and Measurement, Management Science, 35, 8, Aug.89, 942-962.

Venkatraman, N., Ramanujam, V. (1986), Measurement of Business Performance in Strategy Research: A Comparison of Approaches, Academy of Management Review, 11, 4, 801-814.

Venkatraman, N., Ramanujam, V. (1987), Measurement of Business Economic Performance: An Examination of Method Convergence, Journal of Management, 13, 1, 109-123.

Verhoef, P.C., Langerak, F. (2002), Eleven Misconceptions about Customer Relationship Management, Business Strategy Review, 13, 4, 70-76.

Walker, O.C., Churchill, G.A., Ford, N.M. (1977), Motivation and Performance in Industrial Selling: Present Knowledge and Needed Research, Journal of Marketing Research, 14, 156-168.

Walker, O.C., Churchill, G.A., Ford, N.M. (1979), Where do we go from here: Selected Conceptual and Empirical Issues Concerning the Motivation and Performance of the Industrial Salesforce, in: Albaum, G., Churchill, G.A. (Hrsg.), Critical Issues in Sales Management: State-of-the-Art and Future Research Needs, Eugene, 10-75.

Walker, O.C., Ruekert, R.W. (1987), Marketing's Role in the Implementation of Business Strategies: A Critical Review and Conceptual Framework, Journal of Marketing, 51, 2, 15-33.

Wathne, K.H., Biong, H., Heide, J.B. (2001), Choice of Supplier in Embedded Markets: Relationship and Marketing Program Effects, Journal of Marketing, 65, 2, 54-66.

Webster, F.E., Wind, Y. (1972), Organizational Buying Behaviour, Englewood Cliffs.

Weiber, R., Adler, J. (1995a), Der Einsatz von Unsicherheitsreduktionsstrategien im Kaufprozess: Eine informationsökonomische Analyse, in: Kaas, K.P. (Hrsg.), Kontrakte, Geschäftsbeziehungen, Netzwerke – Marketing und Neue Institutionenökonomik, Düsseldorf, 61-77.

Weiber, R., Adler, J. (1995b), Informationsökonomisch begründete Typologisierung von Kaufprozessen, Zeitschrift für betriebswirtschaftliche Forschung, 47, 1, 43-65.

Wehrmeister, D. (2001), Customer Relationship Management – Kunden gewinnen und an das Unternehmen binden, Köln.

Weiss, P. (1992), Die Kompetenz von Systemanbietern: Ein neuer Ansatz im Marketing für Systemtechnologien, Berlin.

Weitz, B.A. (1981), Effectiveness in Sales Interactions: A Contingency Framework, Journal of Marketing, 45, 1, 85-103.

Weitz, B.A., Bradford, K.D. (1999), Personal Selling and Sales Management: A Relationship Marketing Perspective, Journal of the Academy of Marketing Science, 27, 2, 241-254.

Weitz, B.A., Sujan, H., Sujan, M. (1986), Knowledge, Motivation, and Adaptive Behavior: A Framework for Improving Selling Effectiveness, Journal of Marketing, 50, 4, 174-191.

Welge, M.K., Al-Laham, A. (1999), Strategisches Management, 2.Aufl., Wiesbaden.

Werner, H. (1997), Relationales Beschaffungsmarketing: Ausprägungen und Determinanten, Wiesbaden.

Wernerfelt, B. (1984), A Resource-Based View of the Firm, Strategic Management Journal, 5, 2, 171-180.

Wernerfelt, B. (1985), Brand Loyalty and User Skills, Journal of Economic Behavior and Organizations, 6, 381-385.

Westbrook, K.W., Peterson, R.M. (1998), Business-to-Business Selling Determinants of Quality, Industrial Marketing Management, 27, 1, 51-62.

Wilden, P. (1991), Erfolgscontrolling und Produktivitätsmanagement, München.

Wilson, D.T. (1975), Dyadic Interaction: An Exchange Process, in: Anderson, B. (Hrsg.), Advances in Consumer Research, Cincinatti, OH, Association of Consumer Research, 394-397.

Wilson, D.T. (1995), An Integrated Model of Buyer-Seller Relationships, Journal of the Academy of Marketing Science, 23, 335-345.

Wind, Y. (1967), The Determinants of Industrial Buyer's Behavior, in: Robinson, P.J., Faris, C.W., Wind, Y. (Hrsg.), Industrial Marketing and Creative Marketing, Boston, 151-180.

Wind, Y. (1970), Industrial Source Loyalty, Journal of Marketing Research, 7, 11, 450-457.

Winkelmann, P. (2004), Sales Automation – Grundlagen des Computer Aided Selling, in: Hippner, H., Wilde, K.D. (Hrsg.), IT-Systeme im CRM, 302-332.

Wittmann, W. (1959), Unternehmung und Unvollkommene Information, Köln.

Woodside, A.G., Davenport, J.W. (1974), The Effect of Salesman Similarity and Expertise on Consumer Purchasing Behavior, Journal of Marketing Research, 11, 198-202.

Wotruba, T.R. (1996), The Transformation of Industrial Selling: Causes and Consequences, Industrial Marketing Management, 25, 327-338.

Youndt, M.A., Snell, S.A., Dean, J.W., Lepak, D.P. (1996), Human Resource Management, Manufacturing Strategy, and Firm Performance, Academy of Management Journal, 39, 4, 836-865.

Zahn, E. (1997), Vertrieb und Verkauf 2000, München.

Zeithaml, V. (1988), Consumer Perceptions of Price, Quality and Value: A Means-End Model and Synthesis of Evidence, Journal of Marketing, 52, 2-22.